U0655581

普通高等教育实验实训规划教材

电力技术类

电气设备检修实训

编　著　刘　丽

主　审　梁清华

中国电力出版社

http://jc.cepp.com.cn

内 容 提 要

本书为普通高等教育实验实训规划教材（电力技术类）。

本书从实用角度出发，根据高职高专教育的特点，参照电力行业职业技能鉴定及中级技术工人等级考核标准进行编写，注重培养学生的实际应用能力。全书共分六个项目，主要内容包括电工安全用电知识、电工检修操作技能、照明线路的安装、变压器、电动机的安装与维修、常用低压电器及应用等。

本书可作为高职高专院校电力技术类及自动化类电气自动化技术专业实训教材，也可作为相关工程技术人员的培训教材和参考书。

图书在版编目（CIP）数据

电气设备检修实训/刘丽编著. —北京：中国电力出版社，2009.7（2021.2 重印）

普通高等教育实验实训规划教材. 电力技术类
ISBN 978－7－5083－9077－2

Ⅰ. 电… Ⅱ. 刘… Ⅲ. 电气设备－检修－高等学校：技术学校－教材 Ⅳ. TM07

中国版本图书馆 CIP 数据核字（2009）第 116164 号

中国电力出版社出版、发行

（北京市东城区北京站西街 19 号 100005 http：//www. cepp. sgcc. com. cn）

北京九天鸿程印刷有限责任公司

各地新华书店经售

＊

2009 年 7 月第一版　　2021 年 2 月北京第七次印刷

787 毫米×1092 毫米　16 开本　12.5 印张　302 千字

定价 **36.00** 元

版 权 专 有　侵 权 必 究

本书如有印装质量问题，我社营销中心负责退换

前　言

　　本书结合高职高专教育主要培养学生的基本技能和应用能力这一特点，参照电力行业职业技能鉴定及技术工人等级考核标准进行编写，重点培养学生实际应用能力。本书在内容安排上力求循序渐进、由浅入深，更多的应用图文、图表使文字表达尽量通俗易懂，便于学生将跨学科内容有机联系、相互贯通。本书在编写过程中打破传统教材的编写模式，以实际的工作任务为驱动，将传统教材中的不同知识点分解在每个真实项目中。

　　全书内容共分为六个项目，即电工安全用电知识、电工检修操作技能、照明电路的安装、变压器、电动机的安装与维修、常用低压电器及应用。六个项目教学内容覆盖了从基本知识到专业技能培养的全过程。所编写内容以够用为度，强调基本技能的训练，力求增强学生的实践动手能力，从而培养具有工程师素质的实用型人才。

　　本书由沈阳职业技术学院电气工程系刘丽副教授编著。在本书的编写过程中，米其林（沈阳）轮胎有限公司胡乃宏、沈阳机床集团刘刚、沈阳职业技术学院高级实验师金世红三位专家给予作者大量的企业基本素材和宝贵意见，辽宁工业大学软件学院院长梁清华教授对全书进行了审定并提出了宝贵意见，编者深表感谢。

　　本书在编写的角度及侧重方向上难免有疏失之处，恳请读者提出宝贵意见。

编　者
2009 年 7 月

目　　录

项目1　电工安全用电知识

【教学目标】

掌握常用的电工安全知识，能处理一般的安全事故。

掌握常用的急救方法。

掌握电气设备安全运行操作的方法。

1.1　概　　述

安全用电包括供电系统的安全、用电设备的安全及人身安全三个方面，它们之间又是紧密联系的。供电系统的故障可能导致用电设备损坏或人身伤亡事故，而用电事故也可能导致局部或大范围停电，甚至造成严重的社会灾难。

安全操作规程是安全用电的技术措施，是电业人员的从业守则，是生命、财产的安全守护神。

电气安全操作规程的种类很多，主要包括高压电气设备及线路的操作规程、低压电气设备及线路的操作规程、家用电器操作规程、特殊场所电气设备及线路操作规程、弱电系统电气设备及线路操作规程等。

1.1.1　安全电压

交流工频安全电压的上限值，即在任何情况下两导体间或任一导体与地之间都不得超过50V。我国的安全电压的额定值为42、36、24、12、6V。例如手提照明灯、危险环境的携带式电动工具，应采用36V安全电压；金属容器、隧道、矿井等工作场合，狭窄、行动不便及周围有大面积接地导体的环境，应采用24V或12V安全电压，以防止因触电而造成的人身伤害。

1.1.2　安全距离

为了保护电气工作人员在电气设备运行操作、维护检修时不致误碰带电体，规定了工作人员离带电体的安全距离；为了保护电气设备在正常运行时不会出现击穿短路事故，规定了带电体离附近接地物体和不同相带电体之间的安全距离。安全距离主要有以下几个方面内容：

（1）设备带电部分到接地部分和设备不同相带电部分之间的安全距离，见表1-1。

表1-1　　　　设备带电部分到接地部分和设备不同相带电部分之间的安全距离

设备额定电压（kV）		1~3	6	10	35	60	110①	220①	330①	500①
带电部分到接地部分（mm）	屋内	75	100	125	300	550	850	1800	2600	3800
	屋外	200	200	200	400	650	900	1800	2600	3800
不同相带电部分之间	屋内	75	100	125	300	550	900			
	屋外	200	200	200	400	650	1000	2000	2800	4200

① 中性点直接接地系统。

（2）设备带电部分到各种遮栏间的安全距离，见表1-2。

表1-2　　　　　　　　　设备带电部分到各种遮栏间的安全距离

设备额定电压（kV）		1～3	6	10	35	60	110①	220①	330①	500①
带电部分到遮栏（mm）	屋内	825	850	875	1050	1300	1600			
	屋外	950	950	950	1150	1350	1650	2550	3350	4500
带电部分到网状遮栏（mm）	屋内	175	200	225	400	650	950			
	屋外	300	300	300	500	700	1000	1900	2700	500
带电部分到板状遮栏（mm）	屋内	105	130	155	330	580	880			

① 中性点直接接地系统。

（3）无遮栏裸导体到地面间的安全距离，见表1-3。

表1-3　　　　　　　　　无遮栏裸导体到地面间的安全距离

设备额定电压（kV）		1～3	6	10	35	60	110①	220①	330①	500①
无遮栏裸导体到地面间的安全距离（mm）	屋内	2375	2400	2425	2600	2850	3150			
	屋外	2700	2700	2700	2900	3100	3400	4300	5100	7500

① 中性点直接接地系统。

（4）电气工作人员在设备维修时与设备带电部分间的安全距离，见表1-4。

表1-4　　　　　　　　　电气工作人员与带电设备间的安全距离

设备额定电压（kV）	10及以下	20～35	44	60	110	220	330
设备不停电时的安全距离（mm）	700	1000	1200	1500	1500	3000	4000
工作人员工作时正常活动范围与带电设备的安全距离（mm）	350	600	900	1500	1500	3000	4000
带电作业人员与带电体之间的安全距离（mm）	400	600	600	700	1000	1800	2600

1.1.3　绝缘安全用具

绝缘安全用具是保证作业人员安全操作带电体及人体带电体安全距离不够时所采取的绝缘防护工具。绝缘安全用具按使用功能可分为以下几种。

一、绝缘操作用具

绝缘操作用具主要用来进行带电操作、测量及其他需要直接接触电气设备的特定工作。常用的绝缘操作用具一般有绝缘操作杆（见图1-1）、绝缘夹钳（见图1-2）等。这些绝缘操作用具均由绝缘材料制成。

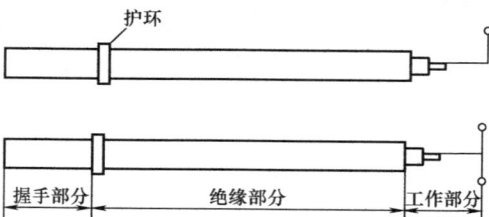

图1-1　绝缘操作杆

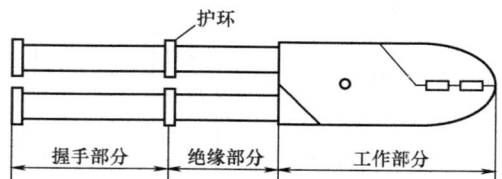

图1-2　绝缘夹钳

正确使用绝缘操作用具，应注意以下两点：

（1）绝缘操作用具本身必须具备合格的绝缘性能和机械强度；

（2）只能在和其绝缘性能相适应的电气设备上使用。

二、绝缘防护用具

绝缘防护用具则对可能发生的有关电气伤害起到防护作用。它主要用于对泄漏电流、接触电压、跨步电压和其他接近电气设备存在的危险等进行防护。常用的绝缘防护用具有绝缘手套、绝缘靴、绝缘隔板、绝缘垫、绝缘站台等，如图 1-3 所示。当绝缘防护用具的绝缘强度足以承受设备的运行电压时，才可以用来直接接触运行的电气设备，一般不直接触及带电设备。使用绝缘防护用具时，必须做到使用合格的绝缘防护用具，并掌握正确的使用方法。

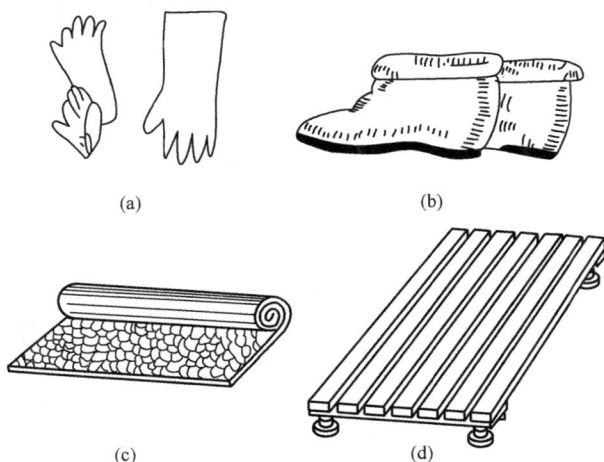

图 1-3 绝缘防护用具

（a）绝缘手套；（b）绝缘靴；（c）绝缘垫；（d）绝缘站台

1.1.4 认清安全标志

常用的安区标志有禁止类、警告类、指令类和提示类。图 1-4 为两种安全标志的图形。

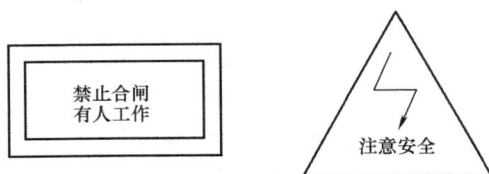

图 1-4 安全标志图形

安全标志应安装在管线充足且明显之处，高度略高于人的视线，使人容易发现，严禁误动电气开关，以保安全。

1.1.5 电气设备的安全防护

为保护电气设备和操作人员的安全，必须参照不同的供电网络系统，对电气设备采取相应的保护接地或保护接零措施；定期检查用电设备，进行耐压试验，若发现电源插座、开关、导线等器件损坏，应及时更换，使电气设备安全可靠地运行。

1.2 触电的危害与急救方法

人体是导电体，一旦有电流通过时，将会受到不同程度的伤害。由于触电的种类、方式及条件的不同，受伤害的后果也不一样。

1.2.1 触电的种类

人体触电有电击和电伤两类。

（1）电击是指电流通过人体时所造成的内伤。它可以使肌肉抽搐，内部组织损伤，造成发热发麻，神经麻痹等。严重时将引起昏迷、窒息，甚至心脏停止跳动而死亡。通常说的触电就是电击。触电死亡大部分由电击造成。

（2）电伤是指电流的热效应、化学效应、机械效应及电流本身作用下造成的人体外伤，常见的有烧伤、熔伤和皮肤金属化等现象。

1.2.2 触电方式

一、单相触电

单相触电是常见的触电方式。发生单相触电时，人体的某一部分接触带电体的同时，另一部分又与大地或中性线相接，电流从带电体流经人体到大地（或中性线）形成回路，如图1-5所示。

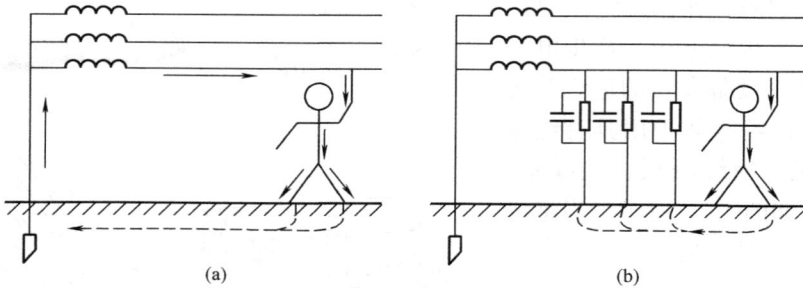

图1-5 单相触电

（a）中性点直接接地；（b）中性点不直接接地

二、两相触电

两相触电是指人体的不同部分同时接触两相电源时造成的触电，如图1-6所示。对于这种情况，无论电网中性点是否接地，人体所承受的线电压将比单相触电时高，危险更大。

三、跨步电压触电

雷电流入地或电力线（特别是高压线）断散到地时，会在导线接地点及其周围形成强电场。当人畜跨进这个区域，两脚之间出现的电位差称为跨步电压 U_{st}。在这种电压的作用下，电流从接触高电位的脚流进，从接触低电位的脚流出，从而形成触电，如图1-7（a）所示。跨步电压的大小取决于人体站立点与接地点的距离，距离越小，其跨步电压越大；当距离超过20m（理论上为无穷远处）时可认为跨步电压为零，不会发生触电危险。

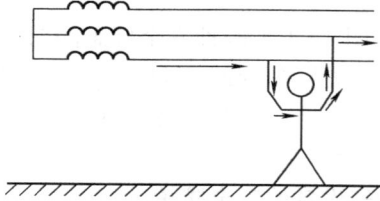

图1-6 两相触电

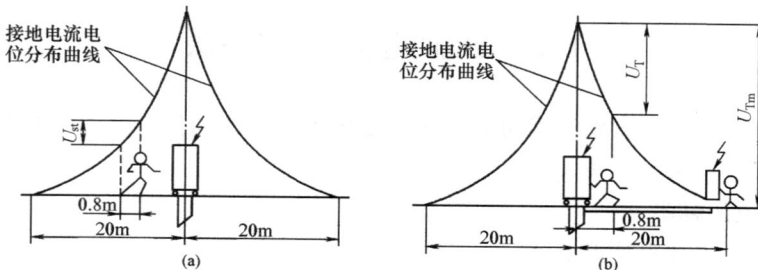

图1-7 跨步电压触电和接触电压触电

（a）跨步电压触电；（b）接触电压触电

四、接触电压触电

电气设备由于绝缘损坏或其他原因造成接地故障时，若人体两个部分（手和脚）同时接触设备外壳和地面，人体两部分会处于不同的电位，其电位差即为接触电压。由接触电压造成的触电事故称为接触电压触电。在电气安全技术中，接触电压是以站立在距漏电设备接地点水平距离为 0.8m 处的人，手触及的漏电设备外壳距地 1.8m 高时，手脚间的电位差 U_T 作为衡量基准，如图 1-7（b）所示。接触电压值的大小取决于人体站立点与接地点的距离，距离越远，则接触电压值越大；当距离超过 20m 时，接触电压值最大，即等于漏电设备上的电压 U_{Tm}；当人体站在接地点与漏电设备接触时，接触电压为零。

五、感应电压触电

感应电压触电是指当人触及带有感应电压的设备和线路时所造成的触电事故。一些不带电的线路由于大气变化（如雷电活动），会产生感应电荷，停电后一些可能感应电压的设备和线路如果未及时接地，这些设备和线路对地均存在感应电压。

六、剩余电荷触电

剩余电荷触电是指当人体触及带有剩余电荷的设备时，对人体放电造成的触电事故。带有剩余电荷的设备统称储能元件，如并联电容器、电力电缆、电力变压器及大容量电动机等，在退出运行和对其进行类似兆欧表测量等检修后，会带上剩余电荷，因此要及时对其放电。

1.2.3　影响电流对人体危害程度的主要因素

电流对人体伤害的程度与通过人体电流的大小频率、持续时间、通过人体的路径及人体电阻的大小等多种因素有关。

一、电流大小

通过人体的电流越大，人体的生理反应就越明显，感应越强烈，引起心室颤动所需的时间越短，致命的危险越大。

对于工频交流电，按照通过人体电流的大小和人体所呈现的不同状态，电流大致分为下列三种：

（1）感觉电流。感觉电流是指引起人体感觉的最小电流。实验表明，成年男性的平均感觉电流约为 1.1mA，成年女性为 0.7mA。感觉电流不会对人体造成伤害，但电流增大时人体反应的强烈，可能造成间接事故。

（2）摆脱电流。摆脱电流是指人体触电后能自主摆脱电源的最大电流。实验表明，成年男性的平均摆脱电流约为 16mA，成年女性的约为 10mA。

（3）致命电流。致命电流是指在较短的时间内危及生命的最小电流。实验表明，当通过人体的电流达到 50mA 以上时，心脏会停止跳动，可能导致死亡。

二、电流频率

一般认为 40～60Hz 的交流电对人体最危险。随着频率的增高，危险性将降低。高频电流不仅不伤害人体，还能治病。

三、通电时间

通电时间越长，电流使人体发热和人体组织的电解液成分增加，导致人体电阻降低，这样又使通过人体的电流增加，触电的危险亦随之增加。

四、电流路径

电流通过头部可使人昏迷；通过脊髓可能导致瘫痪；通过心脏会造成心跳停止，血液循环中断；通过呼吸系统会造成窒息。因此，从左手到胸部是最危险的电流路径，从手到手、从手到脚也是危险的电流路径，从脚到脚是危险性较小的电流路径。

1.2.4 触电急救

触电急救的要点是要动作迅速，救护得法，切不可惊慌失措、束手无策。

一、尽快地使触电者脱离电源

人触电以后，可能由于痉挛或失去知觉等原因而紧抓带电体，不能自行摆脱电源。这时，使触电者尽快脱离电源是救活触电者的首要因素。

（一）低压触电事故

对于低压触电事故，可采取下列方法使触电者脱离电源：

（1）触电地点附近有电源开关或插头，可立即断开开关或拔掉电源插头，切断电源。

（2）电源开关远离触电地点，可用有绝缘柄的电工钳或有干燥木柄的斧头分相切断电线，断开电源；或用干木板等绝缘物插入触电者身下，以隔断电流。

（3）电线搭落在触电者身上或被压在身下时，可用干燥的衣服、手套、绳索、木板、木棒等绝缘物作为工具，拉开触电者或挑开电线，使触电者脱离电源。

（二）高压触电事故

对于高压触电事故，可以采用下列方法使触电者脱离电源：

（1）立即通知有关部门停电。

（2）戴上绝缘手套，穿上绝缘靴，用相应电压等级的绝缘工具断开开关。

（3）抛掷裸金属线使线路短路接地，迫使保护装置动作，断开电源。注意在抛掷金属线前，应将金属线的一端可靠地接地，然后抛掷另一端。

（三）脱离电源的注意事项

（1）救护人员不可以直接用手或其他金属及潮湿的物件作为救护工具，且必须采用适当的绝缘工具且单手操作，以防止自身触电。

（2）防止触电者脱离电源后，可能造成的摔伤。

（3）如果触电事故发生在夜间，应当迅速解决临时照明问题，以利于抢救，并避免扩大事故。

二、现场急救方法

当触电者脱离电源后，应当根据触电者的具体情况，迅速地对症进行救护。现场应用的主要救护方法是人工呼吸法和胸外心脏挤压法。

（一）对症进行救护

触电者需要救治时，大体上按照以下三种情况分别处理：

（1）如果触电者伤势不重、神志清醒，但是心慌、四肢发麻、全身无力；或者触电者在触电的过程中曾经一度昏迷，但已经恢复清醒。在这种情况下，应当使触电者安静休息，不要走动，严密观察，并请医生前来诊治或送往医院。

（2）如果触电者伤势比较严重，已经失去知觉，但仍有心跳和呼吸，这时应当使触电者舒适、安静地平卧，保持空气流通；同时揭开触电者的衣服，以利于呼吸；如果天气寒冷，要注意保温，并要立即请医生诊治或送往医院。

（3）如果触电者伤势严重，呼吸停止或心脏停止跳动或两者都已停止时，则应立即实行人工呼吸和胸外心脏挤压，并迅速请医生诊治或送往医院。

应当注意，急救要尽快地进行，不能等候医生的到来；在送往医院的途中，也不能中止急救。

（二）口对口人工呼吸法

口对口人工呼吸法是在触电者呼吸停止后应用的急救方法。其具体步骤如下：

（1）触电者仰卧，迅速解开其衣领和腰带。

（2）触电者头偏向一侧，清除口腔中的异物，使其呼吸畅通，见图1-8（a）。必要时可用金属匙柄由口角伸入，使口张开。

（3）救护者站在触电者的一边，一只手托在触电者颈后，使触电者颈部上抬，头部后仰，见图1-8（b）。捏紧触电者鼻子，然后深吸一口气，用嘴紧贴触电者嘴，大口吹气，见图1-8（c）。接着放松触电者的鼻子，让气体从触电者肺部排出，见图1-8（d）。每5s吸气一次，不断重复地进行，直到触电者苏醒为止。

(a)   (b)   (c)   (d)

图1-8 口对口人工呼吸法
（a）清理口腔异物；（b）让头后仰；（c）贴嘴吹气；（d）放开嘴鼻换气

对儿童施行此法时，不必捏鼻，开口困难时可以使其嘴唇紧闭，对准鼻孔吹气（即口对鼻人工呼吸），效果相似。

（三）胸外心脏挤压法

胸外心脏挤压法是触电者心脏跳动停止后采用的急救方法。其操作步骤如图1-9所示。

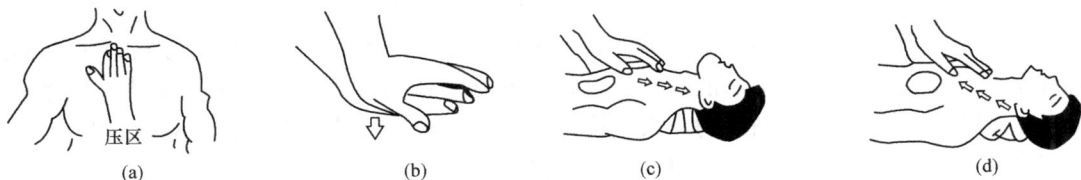

压区
(a)   (b)   (c)   (d)

图1-9 胸外心脏挤压法
（a）手掌的位置；（b）左手掌压在右手背上；（c）掌根用力下压；（d）突然松开

（1）触电者仰卧在结实的平地或木板上，松开衣领和腰带，使其头部稍后仰（颈部可枕垫软物），抢救者跪跨在触电者腰部两侧。

（2）抢救者将右手掌放在触电者胸骨处，中指指尖对准其颈部凹陷的下端，左手掌复压在右手背上（对儿童可用一只手）。

（3）抢救者借身体重量向下用力挤压，压下3~4cm，突然松开，积压和放松动作要有节奏，每秒宜挤压60次左右，不可中断，直至触电者苏醒为止。要求挤压定位准确，用力要适当，防止用力过猛给触电者造成内伤和用力过小挤压无效。对儿童用力要适当小些。

（4）触电者呼吸和心跳都停止时，允许同时采用口对口人工呼吸法和胸外心脏挤压法。如图1-10所示，单人救护时，可先吹气2~3次，再挤压10~15次，交替进行；双人救护时，每 5s 吹气一次，每秒钟挤压一次，两人同时进行操作。

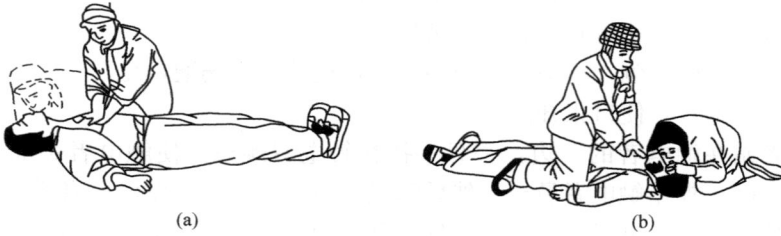

图 1-10　无心跳无呼吸触电者急救
(a) 单人操作；(b) 双人操作

　　抢救既要迅速又要有耐心，即使在送往医院途中也不能停止急救。此外，注意不能给触电者打强心针、泼冷水或压木板等。

1.3　电气设备安全运行操作

1.3.1　接地

一、接地的基本概念

　　接地是将电气设备或装置的某一点（接地端）与大地之间做符合技术要求的电气连接。其目的是利用大地为正常运行、绝缘损坏或遭受雷击等情况下的电气设备等，提供对地电流流通回路，保证电气设备和人身的安全。

二、接地装置

　　接地装置由接地体和接地线两部分组成，如图 1-11 所示。接地体是埋入大地中并和大地直接接触的导体组，它分为自然接地体和人工接地体。自然接地体是利用与大地有可靠连接的金属构件、金属管道、钢筋混凝土建筑物的基础等作为接地体。人工接地体是用型钢，如角钢、钢管、扁钢、圆钢制成的。人工接地体一般有水平敷设和垂直敷设两种。电气设备或装置的接地端与接地体相连的金属导线称为接地线。

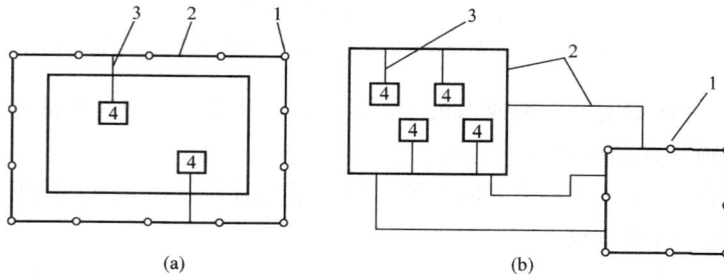

图 1-11　接地装置示意图
(a) 回路式；(b) 外引式
1—接地体；2—接地干线；3—接地支线；4—电气设备

三、中性点与中性线

　　星形连接的三相电路中，三相电源或负载连在一起的点称为三相电路的中性点。由中性点引出的线称为中性线，用 N 表示，如图 1-12 所示。

1.3.2 电气设备接地的种类

一、工作接地

为保证电气设备能可靠运行，将电路中的某一点通过接地装置与大地可靠地连接起来称为工作接地，如电源变压器中性点接地、三相四线制系统中性线接地、电

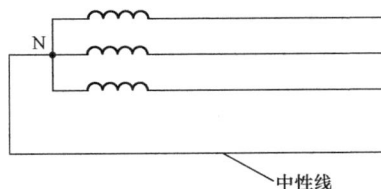

图 1-12 中性点和中性线

压互感器和电流互感器二次侧某点接地等，如图 1-13 所示。实行工作接地后，当单相对地发生短路故障时，短路电流可使熔断器或自动断路器跳闸，从而起到保护作用。

二、保护接地

如图 1-14 所示，保护接地就是将电气设备正常情况下不带电的金属外壳通过保护接地线与接地体相连，宜用于中性点不接地的电网中。采取了保护接地后，当一相绝缘损坏碰壳时，由于人体与接地电阻并联，人体电阻远大于接地电阻，可使通过人体的电流很小不会有危险。

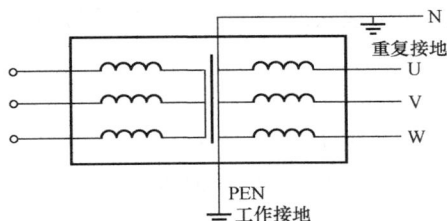

图 1-13 工作接地

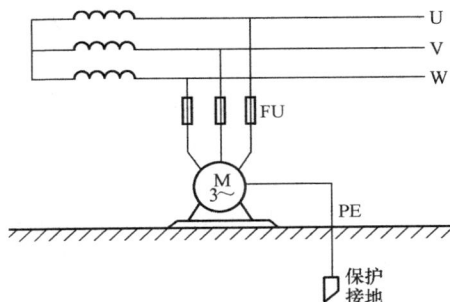

图 1-14 保护接地

三、保护接零

保护接零是目前我国应用最广泛的一种安全措施，即将电气设备的金属外壳接到中性线上，如图 1-15 所示。当一相绝缘损坏碰壳时，形成单相短路，短路电流从事故相→外壳→中性线→中性点而形成回路，使此相上的保护装置迅速动作，切断电源，避免人体触电及设备损坏。

注意：在中性点接地系统中，宜采用保护接零，而不采用保护接地。因为若采用保护接地，设接地电阻为 R'_0，工作接地电阻为 R_0，且 $R_0 = R'_0 = 4\Omega$，当发生绝缘损坏而漏电时，机壳上的电压 $U = [220/(R_0 + R'_0)] \times R'_0 = 110V$，这个电压对人体来说也是极其危险的，同时相线碰壳时形成的短路电流 $I = 220/(4+4) = 27.5A$。这个电流只能引起 18.3A 以下的自动开关（掉闸按 1.5 倍额定电流考虑）掉闸，或引起 6.9A 以下的熔断器（熔断器按 4 倍额定电流考虑）熔断，这显然是不安全的。

为确保安全，中性线和接零线必须连接牢固，开关和熔断器不允许装在中性线上，但引入室内的一根相线和一根中性线上一般都装有熔断器，以增加短路

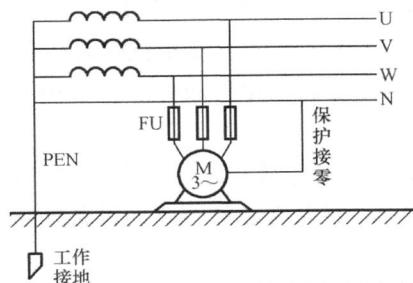

图 1-15 保护接零

时的熔断机会。

四、重复接地

在中性点接地系统中为提高安全性能，除采用保护接零外，还要采用重复接地，即将中性线相隔一定距离多处进行接地，如图1-16所示。采取重复接地后，减轻了中性线断线时的危险，降低了漏电设备外壳的对地电压，缩短了故障持续时间，改善了配电线路的防雷性能。

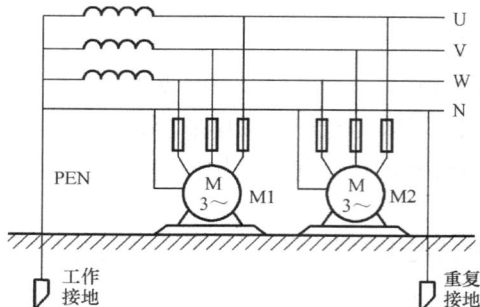

图1-16　重复接地

重复接地的接地点一般有：

（1）电源端、架空线路的干线和分支终端的沿线每隔1km处；

（2）电缆或架空线在引入车间或大型建筑物内的配电柜处。

五、低压交流电力保护接地系统类型

（一）接地系统类型及符号

接地系统按系统及电气设备的外露导电体所连接的接地状况分类，其类型符号由三位字母构成，意义如下。

第一位：T——电力系统一点（一般为中性线）直接接地；

　　　　　I——电力系统所有带电部分与地绝缘或一点通过阻抗接地。

第二位：T——电气设备外露导电体可直接接地，而与电力系统任何接地点无关；

　　　　　N——电气设备外露导电体与电力系统的中性线直接连接。

第三位：S——中性线N和保护接地线PE分开；

　　　　　C——中性线N和保护接地线PE合二为一为保护中性线PEN。

（二）各种保护接地系统的形式及特点

（1）TN-S系统。PE线和N线分开，如图1-17（a）所示。故障时易切断电源，安全性高。适用于环境较差的场合或精密仪器、数据处理系统的电气装置。

（2）TN-C系统。PE线和N线合并为PEN线，如图1-17（b）所示。当三相负荷不平衡时，此线上有不平衡电流流过，要选用合适的保护装置，加粗PEN线导线截面，但不能用漏电保护器。这种接地形式属最普及的保护接零方式，应用较广，适用于一般场合。

（3）TN-C-S系统。在近电源端，PE线和N线合并为PEN线，然后PE线和N线分开，分开后不能再合并，如图1-17（c）所示，适用于线路末端环境较差的场合。

（4）TT系统。系统有一个直接接地点，而电气设备外露导电体另外单独接地，如图1-17（d）所示。故障时其回路电流较小，不易使保护装置动作，安全性较差。一般用于功率不大的电气设备或医疗器械、电子仪器的屏蔽接地。

（5）IT系统。系统不接地或经阻抗接地，而电气设备外露导电体接地，如图1-17（e）所示。单相故障时其对地短路电流很小，保护装置不会动作，设备继续运行，而设备外露导电体不会带电，但中性线电位抬高，应另用设备监视。一般用于尽可能少停电的场合，如电厂自用电、矿井等地的供电设备。

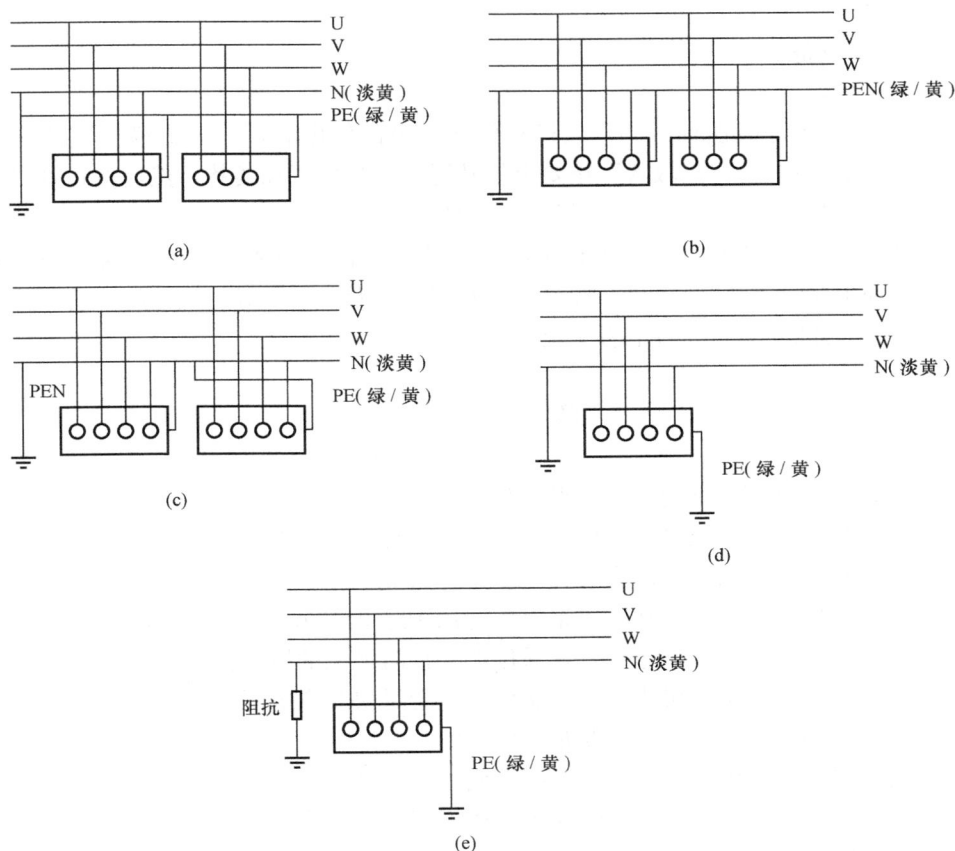

图 1-17　保护接地系统的形式

(a) TN-S 系统；(b) TN-C 系统；(c) TN-C-S 系统；(d) TT 系统；(e) IT 系统

1.3.3　电气设备安全运行措施

(1) 必须严格遵守操作规程，合上电流时，先合隔离开关，再合负荷开关；分断电流时，先断负荷开关，再断隔离开关。

(2) 电气设备一般不能受潮，在潮湿场合使用时，要有防雨水的防潮措施。电气设备工作时会发热，应有良好的通风散热条件和防火措施。

(3) 所有电气设备的金属外壳应用可靠的保护接地。电气设备运行时可能会出现故障，所以应采用短路保护、过载保护、欠压保护和失压保护等保护措施。

(4) 凡是可能被雷击的电气设备，都要安装防雷措施。

(5) 对电气设备要做好安全运行检查工作，对出现故障的电气设备和线路应及时检修。

1.4　技　能　训　练

一、训练内容

(1) 学习口对口人工呼吸法的操作要领。

(2) 学习胸外心脏挤压法的操作要领。

二、器材准备

棕垫、录像设备。

三、训练要求

（1）口对口人工呼吸法训练。一人模拟停止呼吸的触电者，另一人模拟实施救人。使"触电者"仰卧于棕垫上，"施救者"按要求将其置于恰当位置和姿势，然后按正确要领进行吹气和换气。"施救者"必须掌握好吹气、换气时间和动作要领。

（2）胸外心脏挤压法训练。一人模拟心脏停止跳动的触电者，另一人模拟施救者。将"触电者"仰卧于棕垫上，"施救者"按要求摆好"触电者"的姿势，找准胸外挤压位置，然后按正确手法和时间要求对"触电者"施行胸外挤压。

思　考　题

1-1　人体触电有哪几种类型？有哪几种方式？

1-2　在电气设备操作和日常用电中，哪些因素会导致触电？

1-3　电流伤害人体与哪些因素有关？各是什么关系？

1-4　什么叫安全电压？为什么安全电压常用 12、24V 和 36V 三个等级？

1-5　在电气操作和日常用电中，常采用哪些预防触电的措施？

1-6　若发现有人触电，可用哪些方法使触电者尽快脱离电源？

1-7　怎样判断触电者呼吸和心跳是否停止？

1-8　将触电者脱离电源后，怎样根据不同情况对其进行救治？

1-9　口对口人工呼吸法在什么情况下使用？试述其动作要领。

1-10　简述保护接地、保护接零、重复接地的特点。

项目 2　电 工 检 修 操 作 技 能

【教学目标】
掌握电工工具的使用方法。
掌握常用电工仪表的使用方法。
掌握常用起重搬运工具的使用方法。

2.1　电工工具及使用方法

电工工具使用是电气设备操作的基本手段之一。电工工具不合规格，质量不好或使用不当，都将影响施工质量，降低工作效率，甚至造成事故。操作人员必须掌握电工常用工具的结构、性能和正确的使用方法。

2.1.1　螺丝刀的使用

螺丝刀用来紧固或拆卸螺钉，也称为螺钉旋具、改锥、起子或解刀。它的种类很多，按照头部的形状的不同，可分为一字和十字两种；按照手柄的材料和结构的不同，可分为木柄、塑料柄、夹柄和金属柄等四种；按照操作形式可分为自动、电动和风动等形式。

一字形螺丝刀如图 2-1 所示。这种螺丝刀主要用来旋转一字槽形的螺钉、木螺丝和自攻螺丝等。它有多种规格，通常说的大、小螺丝刀是用手柄以外的刀体长度来表示的，常用的有 100、150、200、300mm 和 400mm 等几种。要根据螺丝的大小选择不同规格的螺丝刀，若用型号较小的螺丝刀来旋拧大号的螺丝很容易损坏螺丝刀。

十字形螺丝刀如图 2-2 所示，这种螺丝刀主要用来旋转十字槽形的螺钉、木螺丝和自攻螺丝等。使用十字形螺丝刀时，应注意使旋杆端部与螺钉槽相吻合，否则容易损坏螺钉的十字槽。十字螺丝刀的规格和一字螺丝刀相同。

图 2-1　一字形螺丝刀　　　　图 2-2　十字形螺丝刀

多用途螺丝刀是一种多用途的组合工具，手柄和头部是可以随意拆卸的。它采用塑料手柄，一般都带有试电笔的功能。此外，还有电动螺丝刀等，在此不作一一介绍。

螺丝刀的具体使用方法如图 2-3 所示。

2.1.2　钳类工具的使用

一、钢丝钳

钢丝钳的结构如图 2-4 (a) 所

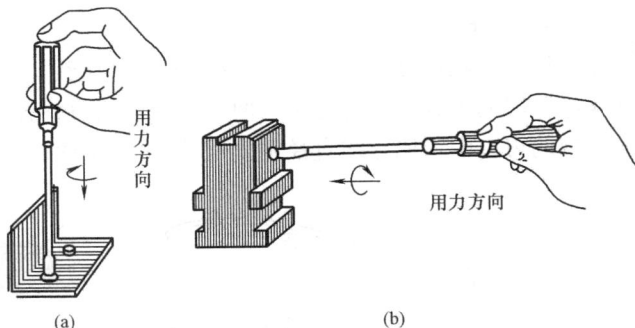

图 2-3　螺丝刀的使用方法
(a) 小螺丝刀的使用；(b) 大螺丝刀的使用

示。它由钳头和钳柄两大部分组成，其中，钳口用来弯绞或钳夹导线线头，齿口用来紧固或起松螺母，刃口用来剪切导线或剖削软导线绝缘层，铡口用来铡些导线线心、钢丝或铅丝等较硬的金属。钳子的绝缘塑料管耐压 500V 以上，有了它可以带电剪切电线。注意：使用中切忌乱扔钢丝钳，以免损坏绝缘塑料管；不可用钳子剪切双股带电电线，会短路的。

　　电工常用的钢丝钳有 150、175、200 及 250mm 等多种规格，可根据内线或外线工种需要选购。钢丝钳的使用方法如图 2-4（b）～（e）所示。

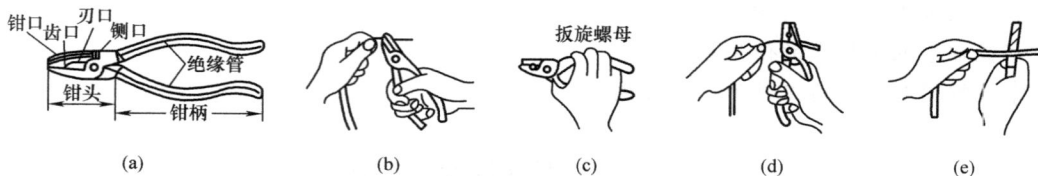

图 2-4　钢丝钳的结构及使用方法
（a）结构；（b）弯绞导线；（c）紧固螺母；（d）剪切导线；（e）铡刀钢切

二、尖嘴钳

　　尖嘴钳的结构如图 2-5 所示。其头部尖细，适用于在狭小的空间内操作，是电工（尤其是内线电工）常用的工具之一，主要用来剪切线径较细的单股与多股线以及给单股导线接头弯圈、剥塑料绝缘层等。用尖嘴钳弯导线接头的操作方法是：先将线头向左折，然后紧靠螺杆依顺时针方向向右弯即成。尖嘴钳的握法如图 2-6 所示。

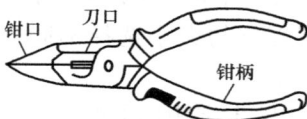

图 2-5　尖嘴钳结构

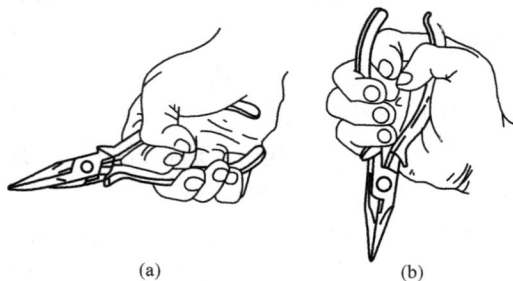

图 2-6　尖嘴钳的握法
（a）平握法；（b）立握法

三、斜口钳

　　斜口钳又称断线钳，其外形如图 2-7 所示。它是剪断较细的金属线、电线及电缆时所用的工具。

四、剥线钳

　　剥线钳的结构如图 2-8 所示。它由刀口、压线口、钳柄三部分组成。剥线钳是剥削小直径导线绝缘层的工具，具有使用方便、绝缘层切口整齐、不会损伤线芯等点。使用时，将导线放入相应的刀口中（比导线直径稍大），用手将钳柄一握，导线的绝缘层即被割破并自动弹出。

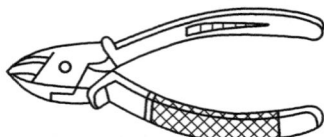

图 2-7　斜口钳外形　　　　　图 2-8　剥线钳结构

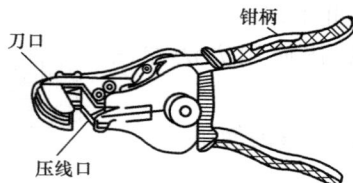

五、压接钳

压接钳，即导线压接接线钳，是一种用冷压的方法来连接铜、铝导线的工具，特别是在铝绞线和铜芯铝绞线敷设施工中常要用到它。如图 2-9 和图 2-10 所示，压接钳大致可分手压和油压两类。35mm² 级以下导线用手压钳，35mm² 以上用齿轮或油压钳。

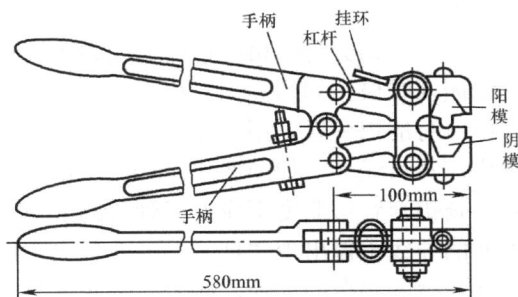

图 2-9　手压钳结构

由于铝的产量多、价格便宜，因此铝线已越来越广泛地代替铜线，目前生产的铝线有镀锡和不镀锡的两种。镀锡铝线一般可采用像铜线一样的连接方法。不镀锡的铝线，很容易氧化，若连接不妥，连接处就会发热，甚至会影响电路的安全。现介绍一种效果较好的不镀锡铝线的连接方法——压接法。

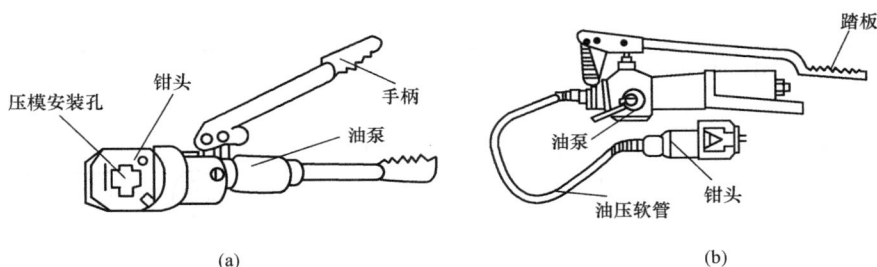

图 2-10　油压钳
（a）手动油压钳；（b）脚踏油压钳

（一）铝芯多（单）股电线直线的连接

铝芯多（单）股电线直线连接步骤如下。

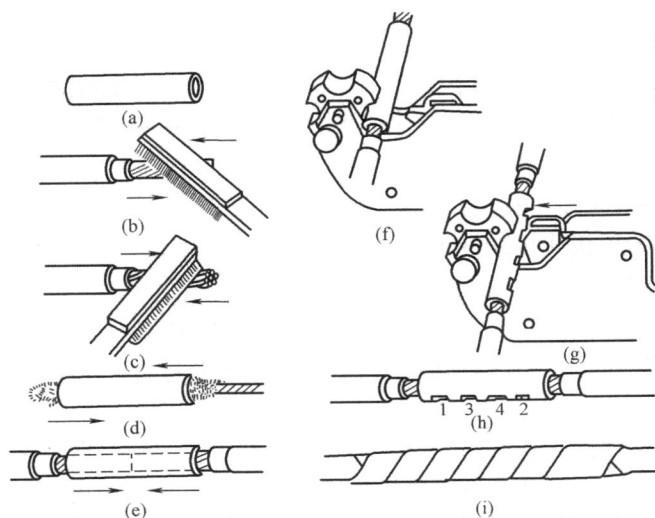

图 2-11　铝芯多股电线的直线压接操作步骤示意图

（1）根据导线截面选择压模和椭圆形铝套管（参见表 2-1），如图 2-11（a）所示。

（2）把连接处的导线绝缘护套剥除，剥除长度应为铝套管长度一半加上 5～10mm（裸铝线无此项），用钢丝刷刷去芯线表面的氧化层（膜），如图 2-11（b）所示。

（3）最好用另一清洁的钢丝刷蘸一些凡士林锌粉膏（注意：这种油膏有毒，切勿与皮肤接触）均匀地涂抹在芯线上，以防氧化层重生，如图 2-11（c）所示。

（4）用圆条形钢丝刷消除铝套管内壁的氧化层及油垢，最好也在管子内壁涂上凡士林锌粉膏，如图2-11（d）所示。

（5）把两根芯线相对地插入铝套管，使两个线头恰好在铝套管的正中连接，如图2-11（e）所示。

（6）根据铝套管的粗细选择适当的线模装载压接钳上，拧紧定位螺丝后，把套有铝套管的芯线嵌入线模，如图2-11（f）所示。

（7）对准铝套管，用力捏夹钳柄，进行压接。先压两端的两个坑，再压中间的两个坑，压坑应在一直线上，如图2-11（g）、（h）所示。压接时的要求参看表2-1。接头压接完毕后要检查铝套管弯曲度不应大于管长的2%，否则要用木锤校直。铝套管不应有裂纹；铝套管外面的导线不得出现"灯笼"形鼓包或"抽筋"形不齐等现象。

（8）擦去残余的油膏，在铝套管两端及合缝处涂刷一层快干沥青漆，然后在铝套管及裸露导线部分先包两层黄蜡带，再包两层黑胶布，一直包到绝缘层20mm的地方，如图2-11（i）所示。

表2-1　　　　　　　　　　　　　　圆形铝套管与铝电线的配用

电线截面积（mm²）	铝套管尺寸（mm）			管压接尺寸（mm）		应压槽数	图　　文
	d_1	d_2	L	B	C		
2.5	1.8	3.8	31	2	2	4	
4	2.3	4.7	31	2	2	4	
6	2.8	5.2	31	2	1.5	4	
10	3.6	6.2	31	2	1.5	4	
16	5.2	10	62	2	2	4	
25	6.8	12	62	2	2	4	
35	7.7	14	62	2	2	4	
50	9.2	16	71	3	3	4	
70	11	18	77	4	3	4	
95	13	21	85	4	3	4	
120	14.5	22.5	95	5	4	4	
150	16	24	100	5	4	4	

（二）铝芯多（单）股电线与设备的螺栓压接式接线桩头的连接

铝芯多（单）股电线与设备的螺栓压接式接线桩头的连接步骤如下。

（1）根据芯线的粗细选用合适的铝质接线耳（线鼻子）见表2-2。

（2）刷去芯线表面的氧化层，最好均匀地涂上凡士林锌粉膏，如图2-12（a）所示。

（3）把接线耳插线孔内壁的氧化层也刷去，最好也在内壁涂上凡士林锌粉膏，如图2-12（b）所示。

（4）把芯线插入接线耳的插线孔，要插到孔底，如图2-12（c）所示。

（5）选择适当的线模，在接线耳的正面压两个坑；先压外坑，再压里坑，两个坑要在一直线上，如图2-12（d）所示。

（6）在接线耳根部和电线剖去绝缘层之间包裹绝缘带（绝缘带要从电线绝缘层包起），

如图 2 - 12 （e）所示。

（7）刷去接线耳背面的氧化层，并均匀地涂上凡士林锌粉膏，如图 2 - 12 （f）、（g）所示。

（8）使接线耳的背面向下，套在接线桩头的螺丝上，然后依次套上平垫圈和弹簧垫圈，用螺母紧紧地固定，如图 2 - 12 （h）所示。

表 2 - 2							铝质接线耳压坑的部位和尺寸
电线截面积（mm²）	A（mm）	C（mm）	B（mm）	L（mm）	内径（mm）	外径（mm）	图　文
16	13	2	2	32	5.2	10	
25	13	2	2	32	6.8	12	
35	13	2	2	32	7.7	14	
50	14	3	3	37	9.2	16	
70	15	3	4	40	11.0	18	
95	17	3	4	45	13.0	21	
120	17	5	5	48	14.5	22.5	
150	18.4	5	5	50	16.0	24	

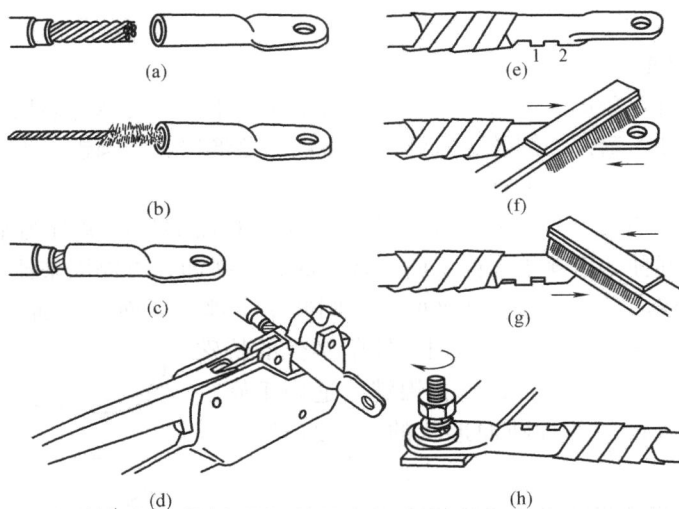

图 2 - 12　铝芯多股电线与设备的螺栓压接式接线桩头的连接压接操作步骤示意图

2.1.3　手用钢锯

如图 2 - 13 （a）所示，手用钢锯由铁锯弓和锯条两部分组成。它是手工锯割的主要工具，可用于锯割零件的多余部分，锯断机械强度较大的金属板、金属棍或塑料板等。锯弓用以安装并张紧锯条，由钢质材料制成。锯条也用钢质材料制成，并经过热处理变硬。锯条的长度以两端安装孔的中心距离来表示，常用的为 300mm。锯条的锯齿有粗细之分，通常以每 25mm 长度内的齿数来表示，有 14、18、24 和 32 等几种。锯条可分为粗齿、中齿和细齿三种。粗齿适用于锯铜、铝和木板等材料，细齿一般可锯较硬的铁板、穿线铁管和塑料管等。

锯条的安装方法如图 2 - 13 （b）所示，应使齿尖朝着向前推的方向。锯条的张紧程度要适当，过紧，容易在使用中崩断；过松，容易在使用中扭曲、摆动，使锯缝歪斜，也容易折断锯条。握锯一般以右手为主，握住锯柄，加压力并向前推锯；以左手为辅，扶正锯弓。根据加工材料的状态（如板料、管材或圆棒），可以做直线式或上下摆动式的往复运动，如图2-14所示。向前推锯时应均匀用力，向后拉锯时双手自然放松；快要锯断时，应注意轻轻用力。对手用钢锯的使用来说，要注意：①不同的加工对象，如何选择不同的锯；②锯割的准确性如何；③如何正确固定被锯割的零件。

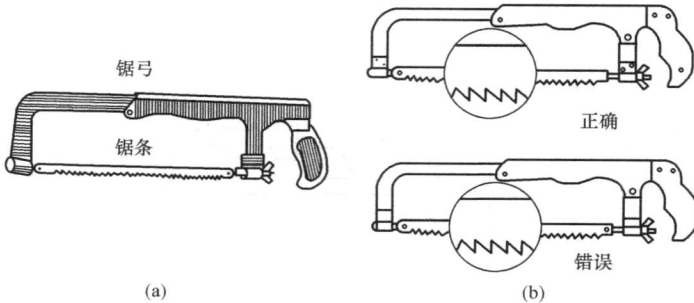

图2-13　手用钢锯结构及锯条的安装方法
(a) 手用钢锯结构；(b) 锯条的安装方法

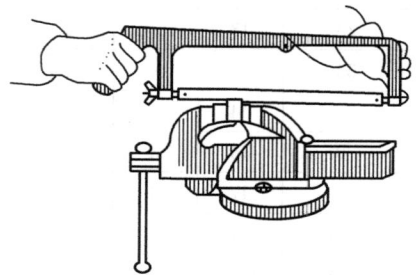

图2-14　钢锯的使用方法

2.1.4　锉刀的使用

锉刀是手工工具，条形、多刃，主要用于对金属、木料、皮革等表层做微量加工。锉刀按横截面的不同可分为扁锉、圆锉、方锉、三角锉、菱形锉、半圆锉、刀形锉等；按用途大致可分为普通锉、特种锉和整形锉（什锦锉）三类。

普通锉刀的结构如图2-15所示。普通锉按锉刀断面的形状又分为平锉、方锉、三角锉、半圆锉和圆锉五种。平锉用来锉平面、外圆面和凸弧面；方锉用来锉方孔、长方孔和窄平面；三角锉用来锉内角、三角孔和平面；半圆锉用来锉凹弧面和平面；圆锉用来锉圆孔、半径较小的凹弧面和椭圆面。特种锉用来锉削零件的特殊表面，有直形和弯形两种；整形锉（什锦锉）适用于修整工件的细小部位，有许多各种断面形状的锉刀组成一套，如图2-16所示。

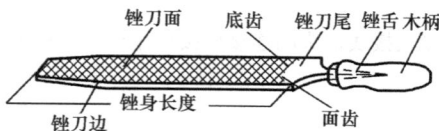

图2-15　普通锉刀结构

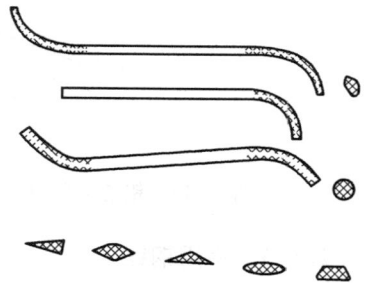

图2-16　特种锉和整形锉

最典型的钢锉使用方法如图2-17所示。右手握锉柄，用力方向与锉的方向一致，左手握住锉头处；锉的方向与工件成45°角，还要保持锉成水平状态。对于锉刀的使用来说，要注意：①不同的加工对象，如何选择不同的锉刀；②如何正确固定被锉的零件；③被锉刀加工的工件的表面的平滑（不是光滑）与准确程度如何。

2.1.5 活络扳手的使用

活络扳手又叫活扳手，用于旋动螺杆螺母，其结构如图2-18（a）所示。电工常用的活络扳手有200、250、300mm三种，使用时应根据螺母的大小选配。其卡口大小可在规格所定范围内任意调整。使用活动扳手时，呆扳唇在上，活扳唇在下，不能反方向用力；旋动螺母、螺杆时，必须将工件的两个侧面夹牢，以免损坏螺杆或螺母，使用时，右手握手柄。手越靠后，扳动起来越省力，如图2-18（b）所示。扳动小螺母时，因需要不断地转动蜗轮，调节扳口的大小，所以手应握在靠近呆扳唇，并用大拇指调制蜗轮，以适应螺母的大小，如图2-18（c）所示。在扳动生锈的螺母时，可在螺母上滴几滴煤油或机油，这样更易拧动。在拧不动时，切不可采用钢管套在活络扳手的手柄上来增加扭力，因为这样极易损伤活扳唇。不得把活络扳手当锤子用。

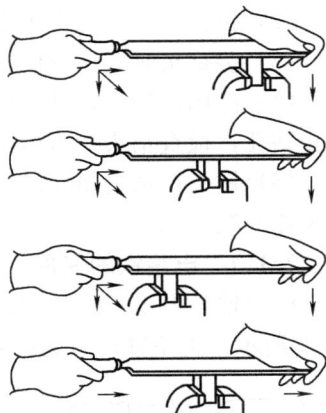

图2-17 钢锉的使用方法

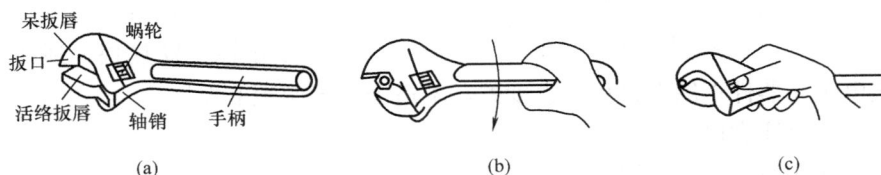

图2-18 活络扳手结构及其使用方法
（a）活络扳手结构；（b）扳较大螺母时的握法；（c）扳较小螺母时的握法

另外，常用的扳手还有开口扳手（亦叫呆扳手）。它有单头和双头两种，其开口是和螺钉头、螺母尺寸相适应的，并根据标准尺寸做成一套。

整体扳手有正方形、六角形、十二角形（俗称梅花扳手）。其中梅花扳手在农村电工中应用颇广，它只要转过30°，就可改变扳动方向，所以在狭窄的地方工作较为方便。

内六角扳手用于装拆内六角螺钉，常用于某些机电产品的拆装。

2.1.6 电钻的使用

电钻是电工安装维修工作中常用的工具之一，它体积小、质量轻，还能随意移动。电钻的外形及钻头结构如图2-19所示。电钻常用于在金属、木质材料上打孔。

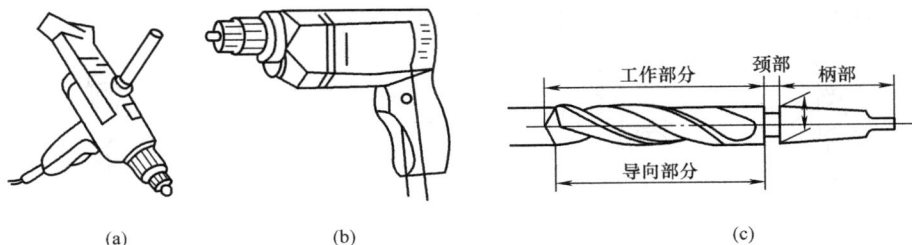

图2-19 电钻外形及钻头结构
（a）侧面图；（b）正面图；（c）钻头

使用电钻时应注意以下五点：

（1）使用前应检查电源线绝缘是否良好，如果电线有破损处，可用胶布包好。

（2）折、装钻头时应用专用钥匙，不能用螺丝刀和手锤敲打电钻夹头。

（3）装钻头时要注意使钻头与钻夹保持同一轴线，以防钻头在转动时来回摆动。

（4）使用过程中，钻头应垂直于被钻物体，用力要均匀。当钻头被被钻物体卡住时，应停止钻孔，检查钻头是否卡得过松，若过松应中心紧固后再用。

（5）钻头在钻金属孔过程中，若温度过高，很可能引起钻头退火，为此在钻金属孔时要适量加些润滑油。

2.1.7　电烙铁的使用

电烙铁是电工常用的焊接工具，可用来焊接电线线头、电气元件接触点，其外形如图2-20所示。电烙铁可分为外热式电烙铁、内热式电烙铁和感应式电烙铁三种。外热式电烙铁具有耐振动、机械强度大等优点，适用于体积较大的电线接头的焊接；缺点是预热时间长，效率较低。内热式电烙铁体积小、质量轻、发热快，适于在印刷电路板上焊接电子元器件；缺点是机械强度差，不适于作大面积上焊接。

图2-20　电烙铁外形图
(a)外热式；(b)内热式

使用电烙铁时注意以下几点：

（1）新烙铁在使用前应先用砂纸将烙铁头打磨干净，然后在焊接时和松香一起在烙铁头上沾一层锡；

（2）电烙铁不能在易爆场所或腐蚀性气体中使用；

（3）在使用中电烙铁一般用松香做焊剂，特别是在电线接头、电子元件的焊接时一定要用松香做焊剂，严禁用含有盐酸等腐蚀性物质的焊锡膏焊接，以免腐蚀印制电路板或使用电气线路短路；

（4）在使用电烙铁焊接金属铁、锌等物质时，可以用焊锡焊接；

（5）在焊接时发现烙铁头氧化不易沾锡时，可用锉刀锉去氧化层，在酒精中浸泡后再用；

（6）焊接电子元器件时，最好选用低温焊丝，头上涂上一层薄锡后再焊接；

（7）使用外热式电烙铁还要常取下铜头，清除氧化层，以免损坏管子；

（8）电烙铁使用完后，拔下插头，冷却后放置于干燥处。

电烙铁握法见图2-21。电烙铁铜头上锡过程见图2-22所示。

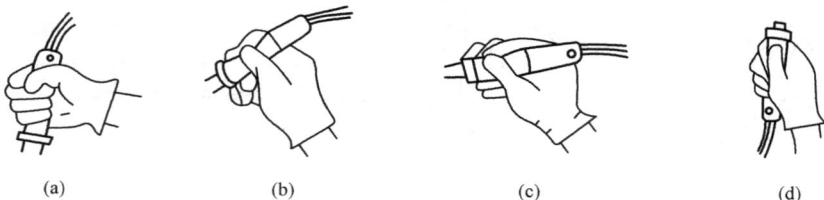

图2-21　电烙铁的握法
(a)大烙铁的握法；(b)小烙铁的握法；(c)向下烙铁的握法；(d)向上烙铁的握法

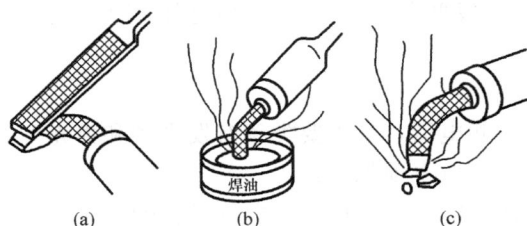

图 2-22 电烙铁铜头上锡过程
(a) 打磨烙铁头；(b) 沾锡；(c) 焊接

2.2 常用电工仪表的使用

2.2.1 验电器的使用

一、低压验电器

低压验电器又称为试电笔或电笔，是检验低压导体和电气设备是否带电的一种常用工具，其验电范围为 60～500V。低压验电器的结构如图 2-23 所示。

低压验电器使用方法和注意事项如下：

(1) 正确握笔。以手指触及笔握的金属体（钢笔式）或顶部的螺丝钉（螺丝刀式），如图 2-24 所示。要防止笔尖金属体触及皮肤，以免触电。

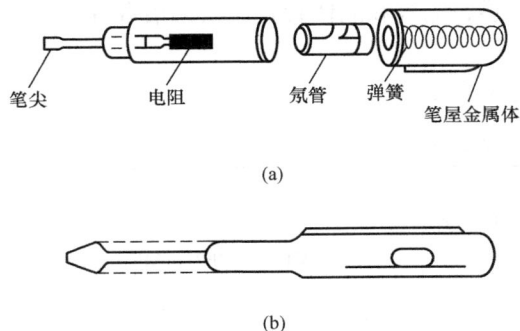

图 2-23 低压验电器结构
(a) 钢笔式；(b) 螺丝刀式

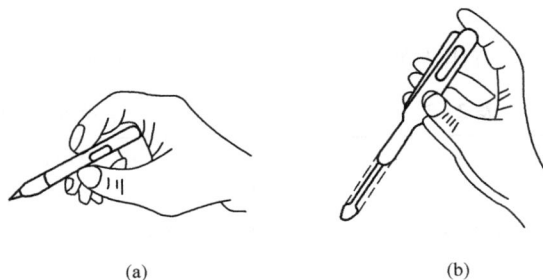

图 2-24 低压验电器的握法
(a) 钢笔式；(b) 螺丝刀式

(2) 使用前先要在有电的导体上检查低压验电器能否正常发光。

(3) 应避光检测，看清氖管的辉光。

(4) 低压验电器的金属探头虽与螺丝刀相同，但它只能承受很小的扭矩，使用时注意以防损坏。

(5) 低压验电器不可受潮，不可随意拆装或受到剧烈震动，以保证测试可靠。

低压验电器除了用于检查低压电气设备或线路是否带电外，还可用于下列场合：

(1) 区分相线和中性线。氖泡发亮的是相线，不亮的是中性线。

(2) 区分交、直流电。交流电通过时两极都发亮，而直流电通过时仅一个电极附近发亮。

（3）判断高低压。氖泡发暗红、轻微亮，则电压较低；氖泡发黄红色、很亮，则电压高。

二、高压验电器

高压验电器又称为高压测电器，其主要类型有发光型和声光型等。

高压验电器使用方法和注意事项如下：

（1）注意高压验电器额定电压应与被检验电气设备的电压等级相适应，以免危及操作人员安全或产生误判。

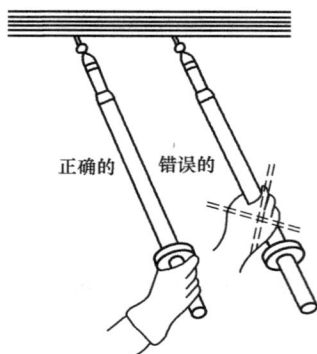

图 2-25　高压验电器握法

（2）如图 2-25 所示，操作人员应戴绝缘手套，手握在护环以下部分，同时应有人监护。

（3）先在有电的设备上检验验电器性能完好，然后再对验电设备进行检测。注意操作时将验电器逐渐移向带电设备，当有发光或发声指示时，立即停止验电。

（4）验电时人体与导体应保持足够的安全距离，10kV 以下的电压安全距离为 0.7m 以上。

（5）须在气候良好的情况下使用，以保证操作人员安全。

（6）验电器应每半年进行一次预防性试验。

2.2.2　万用表的使用

万用表又称为多用表、复用表、万能表等，是一种多功能、多量程的维护检修常用电工仪表。万用表一般可用来测量交、直流电压、直流电流和直流电阻等多种物理量，有些还可测量交流电流、电感、电容和晶体管直流放大倍数等。

一、常用万用表的种类

万用表的种类很多，常用万用表的种类及功能见表 2-3。

表 2-3　　　　　　　　　　　常用万用表的种类及功能

类　别	特点及功能	主要产品系列
袖珍式万用表	体积小、结构简单、价格便宜，通常只能测量 50V 以下交直流电压、500mA 以下直流电流和 1MΩ 以下直流电阻	MF15，MF16，MF27，MF30，FM72
中型便携式万用表	体积、价格适中，可测量 2500V 以下交直流电压、10A 以下（到 μA 级）直流电流和 20MΩ 以下电阻等	500 型，MF4，MF10，MF14，MF25，MF64
高准确度万用表	具有放大电路、价格贵，可测量交直流电流和电压等	MF18，MF20，MF24，MF35
电子电路测量用万用表	灵敏度高、频率响应好、功能齐全、价格较贵，可测量高频电路参数	MF45，MF60，MF63
数字式万用表	数字量液晶显示，准确度高，读数方便，功能较全	PF5，PF3，2215，2010

二、万用表的使用

万用表的型号很多，结构型式多种多样，面板上的开关、旋钮的布局也各有差异，其指示有指针和数字式，但使用方法基本相同。现以 DT-9202 型数字万用表为例说明。

（一）面板结构

DT-9202 型数字万用表具有准确度高、性能稳定、可靠性高、功能全等特点，其面板如图 2-26 所示。

（二）基本使用方法

（1）首先检查数字万用表外壳及表笔是否无损伤，然后进行如下检查：

1）将电源开关打开，显示器应有数字显示。若显示器出现低电压符号应及时更换电池。

2）表笔孔旁的"MAX"符号表示测量时被测电路的电流、电压不得超过量程规定值，否则损坏内部测量电路。

3）测量时应选择合适量程。若不知被测值大小，可将转换开关置于最大量程档，在测量中按需要逐步下降。

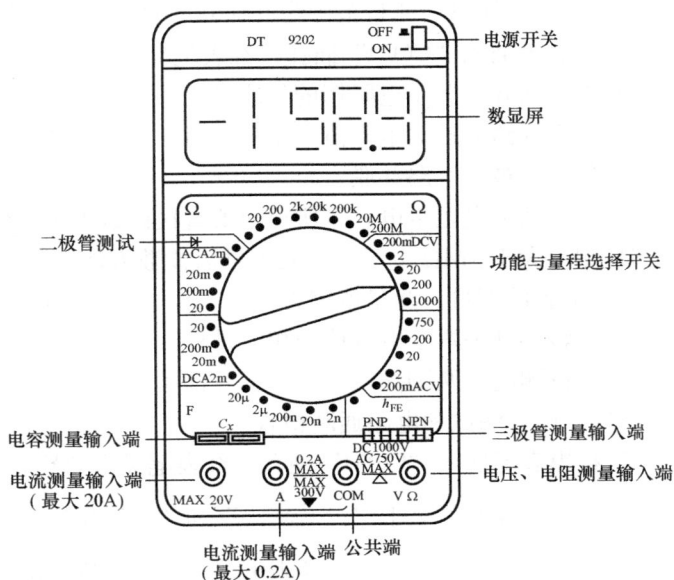

图 2-26 DT-9202 型数字万用表面板图

4）如果显示器显示"1"，一种表示量程偏小，称为"溢出"，需选择较大的量程；另一种表示无穷大。

5）当转换开关置于"Ω"、"◁—"档时，不得引入电压。

（2）直流电压的测量。直流电压的测量范围为 0～1000V，共分五档。被测量值不得高于 1000V 的直流电压。

1）将黑表笔插入"COM"插孔，红表笔插入"V/Ω"插孔。

2）将转换开关置于直流电压档的相应量程。

3）将表笔并联在被测电路两端，红表笔接高电位端，黑表笔接低电位端。

（3）直流电流的测量。直流电流的测量范围 0～20A，共分四档。

1）范围在 0～220mA 时，将黑表笔插入"COM"插孔，红表笔插"mA"插孔；测量范围在 200mA～20A 时，红表笔应插"20A"插孔。

2）转换开关置于直流电流档的相应量程。

3）两表笔与被测电路串联，且红表笔接电流流入端，黑表笔接电流流出端。

4）被测电流大于所选量程时，电流会烧坏内部保险。

（4）交流电压的测量。测量范围为 0～750V，共分五档。

1）将黑表笔插入"COM"，红表笔插入"V/Ω"插孔。

2）将转换开关置于交流电压档的相应量程。

3）红黑表笔不分极性且与被测电路并联。

（5）交流电流的测量。测量范围为 0～20A，共分四档。

1）表笔插法与直流电流测量时相同。

2）将转换开关置于交流电流档的相应量程。

3）表笔与被测电路串联，红黑表笔不需考虑极性。

（6）电阻的测量。测量范围为 0～200MΩ，共分七档。

1）黑表笔插入"COM"插孔，红表笔插入"V/Ω"插孔（红表笔极性为"＋"）。

2）将转换开关置于电阻档的相应量程。

3）表笔开路或被测电阻值大于量程时，显示为"1"。

4）仪表与被测电路并联。

5）严禁被测电阻带电，且所得阻值直接读数无须乘倍率。

6）测量大于 1MΩ 电阻时，几秒钟后读数方能稳定，这属于正常现象。

（7）电容的测量。测量范围为 0～2μF，共分五档。

1）将转换开关置于电容档的相应量程。

2）将待测电容两脚插入"C_x"插孔即可读数。

（8）二极管测试和电路通断检查。

1）将黑表笔插入"COM"插孔，红表笔插入"V/Ω"插孔。

2）将一转换开关至于"——▷|——"和"·"位置。

3）红表笔接二极管正极，黑表笔接其负极，则可测得二级管正向压降的近似值。

4）将两只表笔分别触及被测电路两点，若两点电阻值小于 70Ω 时，表内蜂鸣器发出叫声则说明电路是通的；反之，则不通。以此可用来检查电路通断。

（9）三极管共发射极直流电流放大系数 h_{FE} 的测试。

1）将转换开关置于"h_{FE}"位置。

2）测试条件为 $I_B=10\mu A$，$U_{CE}=2.8V$。

3）三只引脚分别插入仪表面板的相应插孔，显示器将显示出 h_{FE} 的近似值。

（三）注意事项

（1）数字万用表内置电池后方可进行测量工作，使用前应检查电池电源是否正常。

（2）检查仪表正常后方可接通仪表电源开关。

（3）用导线连接被测电路时，导线应尽可能短，以减少测量误差。

（4）接线时先接地线端，拆线时后拆地线端。

（5）测量小电压时，逐渐减小量程，直至合适为止。

（6）数显表和晶体管（电子管）电压表过负荷能力较差。为防止损坏仪表，通电前应将量程选择开关置于最高电压档位置，并且每测一个电压以后，应立即将量程开关置于最高档。

（7）多数电压表测量的是电压有效值（有的仪表测量的基本量为最大值或平均值）。

2.2.3 兆欧表的使用

兆欧表又称为摇表、高阻计或绝缘电阻测定仪。它是一种简便的、常用来测量高电阻（主要是绝缘电阻）的直读式仪表，一般用来测量电路、电机绕组、电缆电气设备等的绝缘电阻。

一、常用兆欧表的种类

常用兆欧表的种类见表 2-4。其外形如图 2-27 所示。

表 2-4 常用兆欧表的种类

分类方法	品 种	型号系列	说 明
按结构原理	交流发电机型	ZC1、ZC7、ZC11	内含手摇交流发电机，整流器
	直流发电机型	0101、5050	内含手摇直流发电机
	整流器型	ZC13	交流 220V，整流器
	晶体管型	ZC14、ZC30	电子电路
按电压等级（V）	250、500、1000、2500、5000 等		

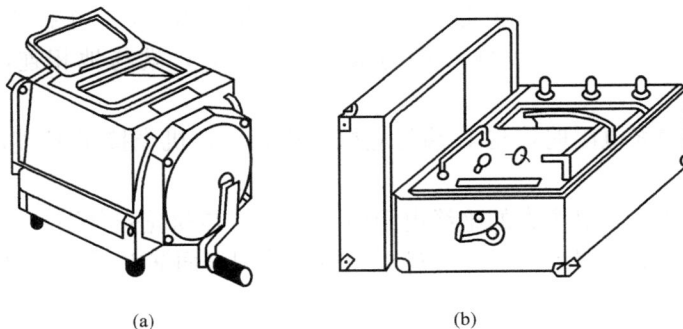

图 2-27 兆欧表外形图
（a）手摇式兆欧表；（b）晶体管兆欧表

二、兆欧表的使用

（一）兆欧表的规格选用

兆欧表的选择，主要是选择其电压及测量范围。高压电气设备绝缘电阻要求高，须选用电压高的兆欧表进行测试；低压电气设备内部绝缘材料所能承受的电压不高，为保设备安全，应选择电压低的兆欧表。

兆欧表的常用规格有 250、500、1000、2500V 和 5000V。一般额定电压在 500V 以下的设备选用 500V 或 1000V 的兆欧表；额定电压在 500V 以上的设备选用 1000V 或 2500V 的兆欧表；而绝缘子、母线、隔离开关等应选 2500V 或 5000V 的兆欧表。

选择兆欧表测量范围的原则是：不使测量范围过多地超出被测绝缘电阻的数值，以免因刻度较粗而产生较大的读数误差。另外，选用兆欧表时还要注意有些兆欧表的标尺不是从零开始，而是从 1MΩ 或 2MΩ 开始。这类兆欧表不宜用来测量低压电气设备的绝缘电阻，因为这类电气设备的绝缘电阻有可能小于 1MΩ，所以在兆欧表上得不到读数，易误认为其绝缘电阻为零而得出错误结论。

兆欧表的选择举例见表 2-5。

表 2-5 兆欧表的选择举例

被测对象	被测设备额定电压（V）	兆欧表额定电压（V）
线圈的绝缘电阻	500 以下	500
线圈的绝缘电阻	500 以上	1000
电机、变压器绕组的绝缘电阻	500 以下	1000

续表

被 测 对 象	被测设备额定电压（V）	兆欧表额定电压（V）
电机、变压器绕组的绝缘电阻	500 以上	1000～2500
电气设备的绝缘电阻	500 以下	500～1000
电气设备的绝缘电阻	500 以上	2500
绝缘子、母线、隔离开关的绝缘电阻		2500～5000

（二）接线方法

兆欧表上有 E（接地）、L（线路）、G（保护环或屏蔽端子）三个接线端。

（1）测量电路绝缘电阻时，将 L 端与被测端相连，E 端与地相连，如图 2-28（a）所示。

（2）测量电机绝缘电阻时，将 L 端与电机绕组相连，机壳接于 E 端，如图 2-28（b）所示。

（3）测量电缆的缆芯对缆壳的绝缘电阻时，除将缆芯和缆壳分别接于 L 和 E 端外，还须将电缆壳、芯之间的内层绝缘物接于 G 端，以消除因表面漏电而引起的误差，如图 2-28（c）所示。

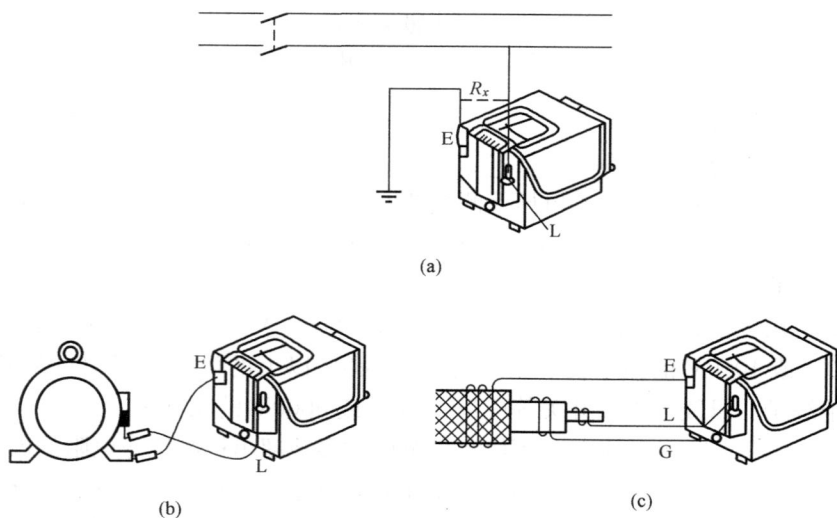

图 2-28 兆欧表的接线图

（a）测电路绝缘电阻；（b）测电机绝缘电阻；（c）测电缆绝缘电阻

（三）使用方法及注意事项

（1）兆欧表须放置在平稳、牢固的地方，被测物体表面应干燥、清洁。

（2）先对兆欧表进行一次开路和短路试验，检查兆欧表是否良好。空摇兆欧表，指针应指在"∞"处，然后再慢慢摇动手柄，使 E 和 L 两端钮瞬时短接，指针应迅速指在"0"处，若指示不对，则须调整后使用。

（3）不可在设备带电的情况下测量绝缘电阻，且对具有电容的高压设备应先进行放电（约 2～3min），然后再进行测量。

（4）兆欧表与被测线路或设备的连接导线要用绝缘良好的单根导线，不能用双股绝缘线或绞线，避免因绝缘不良引起误差。

（5）摇动手柄的速度要均匀，一般规定为 120r/min，允许有±20％的变化。通常要摇动 1min，待指针稳定后再读数。如被测电路中有电容时，先持续摇动一段时间，让兆欧表对电容充电，指针稳定后再读数。若测量中发现指针指零，应立即停止摇动手柄。

（6）在兆欧表未停止摇动前切勿用手去触及设备的测量部和兆欧表的接线端。测量完毕后应对设备充分放电，否则容易引起触电事故。

（7）禁止在雷电时或附近有高压导体的设备处使用兆欧表。只有在设备不带电，又不可能受其他电源感应而带电的情况下才可进行测量。

（8）仪表使用时须小心轻放，避免剧烈振动，以防轴尖宝石轴承受损而影响指示。

（9）仪表应保存在温度为 0～40℃、相对湿度不超过 85％的地方，且空气中不含有腐蚀性气体。

2.2.4　钳形电流表的使用及测量

钳形电流表又称为钳形表，是电流互感器的一种变形，是可在不断开电路的情况下直接测量电流的携带式电工仪表。钳形表在电气检修中使用相当广泛、方便，一般用于测量电压不超过 500V 的负荷电流。有的钳形表还带有测电杆，可用来测量电压。

一、常用钳形电流表的种类

常用钳形电流表的种类及用途见表 2-6。其外形如图 2-29 所示。

表 2-6　　　　　　　　　　　　常用钳形电流表的种类及用途

种　类	用　途	型　号
交流钳形表	测量交流电流、电压	MG4，MG24，MG26
	测量交流电流、电压和直流电阻	MG27
	测量交流电流	MG30
交直流钳形表	测量交、直流电流	MG20，MG21
	测量交、直流电流、电压和直流电阻	MG28

二、测量原理及使用

钳形表主要由一只电流互感器和一只电磁式电流表组成，如图 2-29（a）所示。电流互感器的一次绕组为被测导线，二次绕组与电流表相连接，电流互感器的变化可以通过旋钮来调节，量程从 1A 至几千安。

测量时，按动钳形电扳手，打开钳口，将被测载流导线置于钳口中，如图 2-29（b）所示。当被测导线中有交变电流通过时，在电流互感器的铁芯中便有交变磁通通过，互感器的二次绕组中感应出电流。该电流通过电流表的线圈，使指针发生偏转，在表盘标度尺上指出被测电流值。

三、钳形电流表使用的注意事项

（1）测量前，应检查仪表指针是否在零位。若不再零位，则应调到零位。同时应对被测电流进行粗略估计，选择适当的量程。如果被测电流无法估计，则应先把钳形表置于最高档，逐渐下调切换，至指针在刻度的中间段为止。

（2）应注意钳形电流表的电压等级，不得将低压表用于测量高压电路的电流。

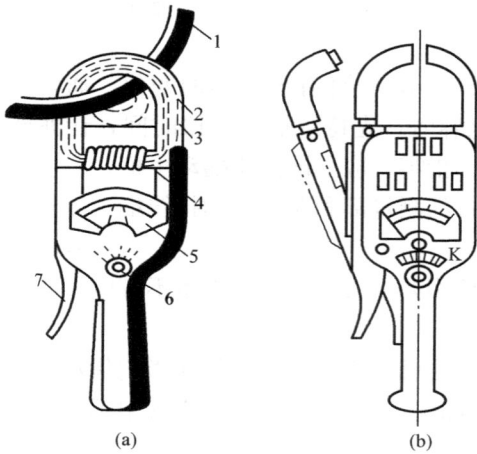

图 2-29 钳形电流表结构图

(a) 结构；(b) 钳口张开

1—载流导体；2—铁芯；3—二次绕组；4—表头；
5—量程转换开关；6—胶木手柄；7—扳手

（3）每次只能测量一根导线的电流，不得将多根载流导线都夹入钳口测量。被测导线应置于钳口中央，否则误差将很大（大于 5%）。当导线夹入钳口时，若发现有振动或碰撞声，应将仪表扳手转动几下，或重新开合一次，直到没有噪声才能读取电流值。测量大电流后，如果立即测量小电流，应开合钳口数次，以消除铁芯中的剩磁。

（4）在测量过程中不得切换量程，以免造成二次回路瞬间开路，感应出高电压而击穿绝缘。必须变换量程时，应先将钳口打开。

（5）在读取电流读数困难的场所测量时，可先用制动器锁住指针，然后到读数方便的地点读值。

（6）若被测导线为裸导线，则必须事先将临近各相用绝缘板隔离，以免钳口张开时出现相间短路。

（7）测量时，如果附近有其他载流导线，所测值会受载流导体的影响产生误差。此时，应将钳口置于远离其他导体的一侧。

（8）每次测量后，应把调节电流量程的切换开关置于最高挡位，以免下次使用时因未选择量程就进行测量而损坏仪表。

（9）对于有电压测量挡的钳形表，电流和电压要分开测量，不得同时测量。

（10）测量时操作人员应带绝缘手套，站在绝缘垫上；读数时要注意安全，切勿触及其他带电体。

2.2.5 功率表

功率表又称瓦特表，是用来测量有功功率和无功功率的仪表。

功率表有电压线圈和电流线圈，电压线圈并接在负荷线路上，而电流线圈串接在电路中。功率表的电流量程和电压量程要分别满足负荷的电流和电压的要求，这是选择功率表大小的原则。

功率表型式的选择方法是：直流电选用磁电系的指针式或数字式功率表，交流电选用电动系或数字功率表。

图 2-30（a）是改变接线方式来改变量程的指针式功率表外形，图 2-30（b）是转变旋转按钮来改变量程的指针式功率表外形，图 2-30（c）是三相指针式功率表外形。

图 2-30（d）是单相功率测量线路常见的测量电路，图 2-30（e）带电流互感器的单相功率测量线路，图 2-30（f）是带电流互感器两表法三相功率测量电路。

图 2-30（d）～（e）中，带"*"的电流端钮应接在电源端，带"*"的电压端钮应接在负荷前端。两表法测三相功率时，三相功率为两个功率表的代数和。两表读数同号时，为两数相加；异号时为两数相减，即三相有功功率和三相无功功率表达式为

$$P = |P_1 \pm P_2|, \quad Q = |\sqrt{3}(P_1 - P_2)|$$

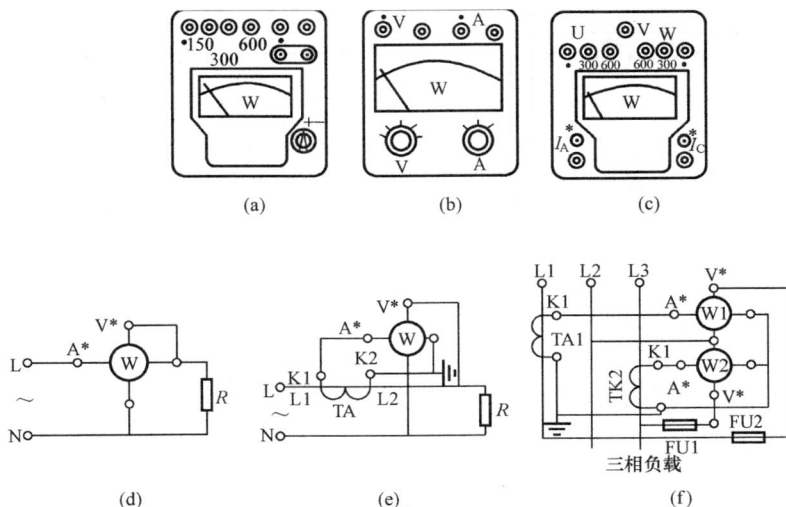

图 2-30　功率表及测量线路

2.2.6　电压表和电流表

一、电压表

电压表的外形如图 2-31（a）所示。电压表要与被测电路并联，如图 2-31（b）所示。测量较高电压的电压表，为不影响电路本身的工作状态，都串联一只附加电阻 R，以减小电压表中通过电流，防止电压表烧毁，如图 2-31（c）所示。图 2-31（d）所示为三相电压表的接线图（后接法）。

电压表除了交流电压表外，还有直流电压表，在接负荷时要使直流电压表的正负极与负荷极性一致，如图 2-31（e）所示。在测量较高的直流电压时，需在电压表外串联附加电阻 R_U，如图 2-31（f）所示。

测量前，按被测量电压大小选择电压表量程，应大于被测值。测直流电压时，要选用磁电式电压表，而电磁式电压表和电动式电压表虽然可交直两用，但没有磁电式灵敏度高。利用电压互感器时电压表的接法如图 2-31（g）所示。

二、电流表

电流表外形如图 2-32（a）所示。测量较小电流时，电流表直接串入负荷电路进行测量，见图 2-32（b）；如果测量较大电流时，需要配接电流互感器，接线方式如图 2-32（c）所示。

按被测的电流大小选择电流表的量程，使量程大于被测的电流值。要求电流表指针工作在满量程分度的 2/3 区域，电流表与负荷要串联连接。测量直流电流时，可选用磁电式电流表，灵敏度较高。在测量交流电流时，只能选用电磁式或电动式电流表。测量直流电流时，要注意让电流从电流表的"＋"极性端钮流入。

2.2.7　转速表

转速表是测量电动机或其他设备转速的一种常用仪表，见图 2-33 所示。使用转速表时，要把分度盘转到所需的测量范围，不知转速时，可放高档位，然后在停转后再向下调到合适档。

使用转速表测量转速的方法：用手端平转速表，表盘朝上，将测量器（橡胶头）插入转

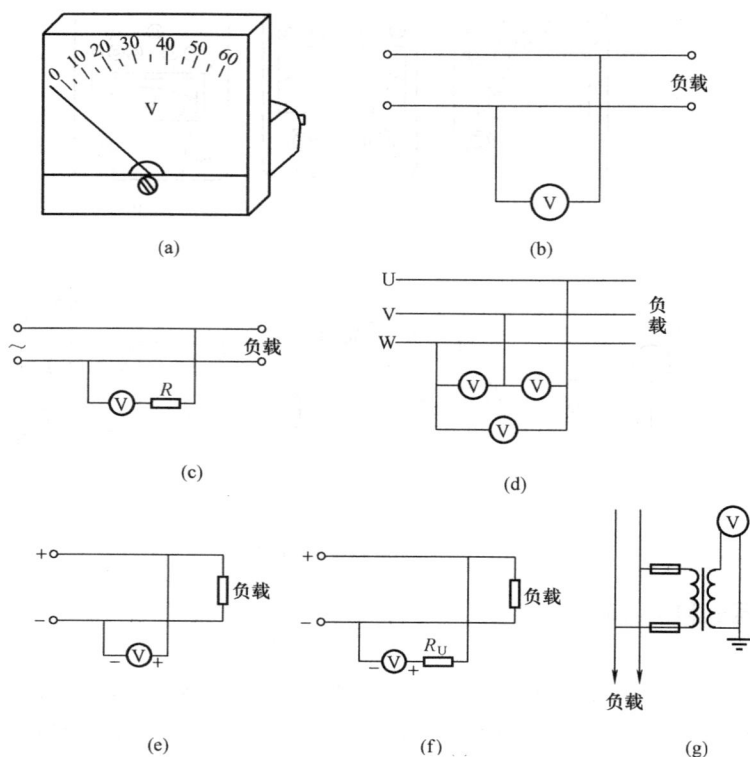

图 2-31　交、直流电压表及接线

（a）电压表外形；（b）交流电压表接法；（c）高电压时交流电压表接法；（d）三相交流电压表接法；
（e）直流电压的测量；（f）高电压时直流电压表接法；（g）用交流互感器测交流电压

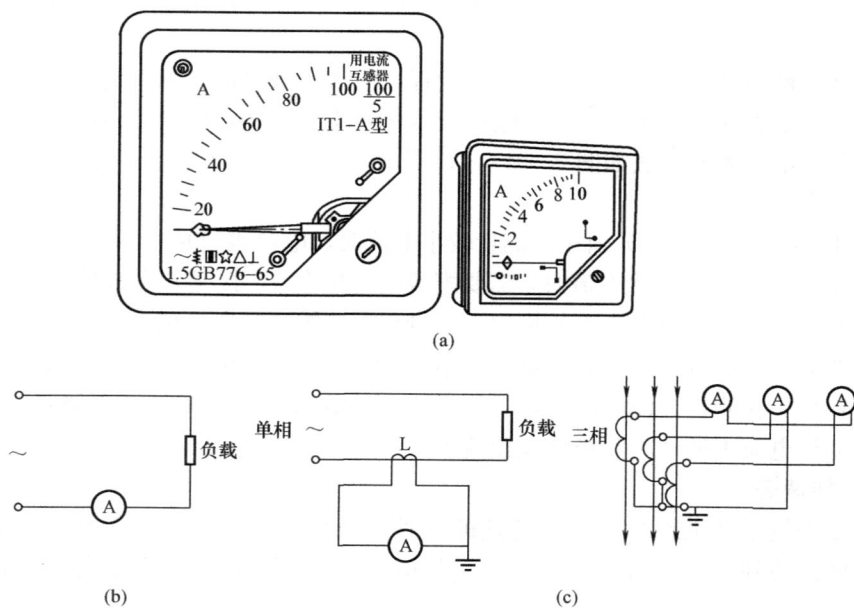

图 2-32　交流电流表及接线

轴的顶螺纹孔内，用力要适中，先轻接触，后逐渐增加接触力。表盘上给出被测设备的转速，稳定时再记录。

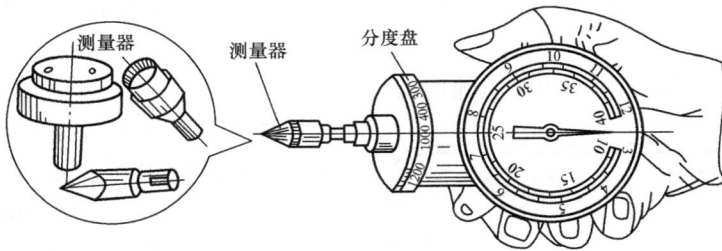

图 2-33　转速表的结构和外形图

2.2.8　直流电桥

直流电阻电桥用于电机或电器线圈的直流电阻的测量。常用的直流电桥有两种，一种是测量电阻值较大的单臂电桥，测量电阻范围是 $1 \sim 10^6 \Omega$；另一种测量电阻值较小的双臂电桥，测量电阻范围是 $10^{-6} \sim 1\Omega$。

一、单臂电桥使用方法

QJ23 型单臂电桥是经常使用的一种电桥。其面板图如图 2-34 所示。

QJ23 型单臂电桥的使用方法：

（1）电桥内装有三节 2 号干电池，若外接电池时，应该正、负极接在端钮 3 上。

（2）先将检流计按钮 10（G）打开，再旋转调零 2 打开，把指针调到零位。

（3）接入被测电阻 R_x 时，应用粗而短的导线，并保证接触良好。

（4）估计被测电阻 R_x 时的大致数值，然后选择合适的倍率旋钮 4。例如，被测的电阻为几欧时，应选×0.001 的比率臂，这是如比率臂的读书为 6789，则被测电阻

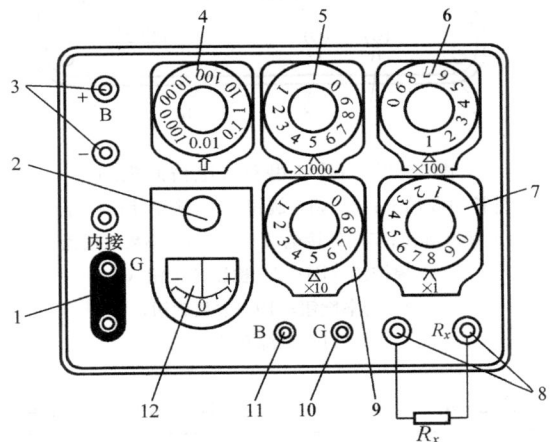

图 2-34　QJ23 型单臂电桥面板图

1—检流计封开端子和连接片；2—检流计调零旋钮；
3—外接电源端子；4—倍率旋钮；5—×1000 旋钮
6—×100 旋钮；7—×1 旋钮；8—接被测电阻端子；
9—×10 旋钮；10—检流计按钮；
11—电源按钮；12—检流计

$R_x = 10^{-3} \times 6789 = 6.789\Omega$。同理，被测电阻为几十欧时，应选×0.01 的比率臂，可参考表 2-7 进行选用。

表 2-7　　　　QJ23 型单臂电桥比率臂（倍率）与测量范围对应表

被测电阻范围（Ω）	1～9.999	10～99.99	100～999.9	1000～9999	10 000～99 990
应选倍率（%）	0.001	0.01	0.1	1	10

（5）在进行测量时，应先按下电源按钮 B，然后再按下检流计的按钮 G；测量结束后，应先断开检流计按钮 G，在断开电源按钮 B，否则会因自感电动势而损坏检流计。

（6）电桥电路接通后，如果检流计指针向"＋"方向偏转，则表示需要增加比率臂电阻

值；反之，如指针向"－"向偏转，则应减少比率臂的电阻值。反复调节比率臂（5、6、7、9）电阻，使检流计指针向零位趋近，直到平衡为止。

（7）使用完后，要将检流计的锁扣锁上，以防搬运中将检流计的悬丝损坏。如无锁扣装置可将按钮 G 断开。

（8）长时间不用时，应将内装电池取出。

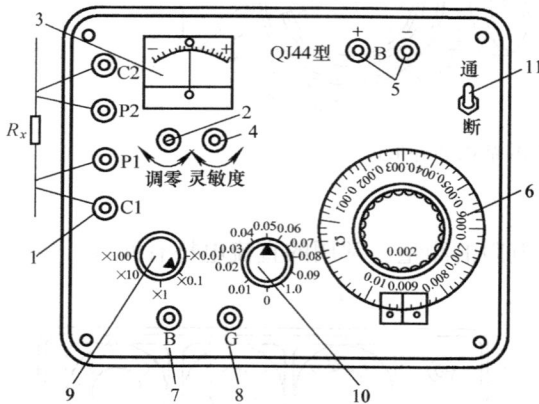

图 2-35　QJ44 型双臂电桥面板图
1—外接引线端子；2—调零旋钮；3—检流计；4—检流计灵敏度旋钮；5—外接电源端子；6—小数值拨盘；7—电源按钮（B）；8—检流计按钮（G）；9—倍率旋钮；10—大数旋钮；11—电源开关

二、双臂电桥使用方法

直流双臂电桥是专门用来测量低电阻值的专用仪表，其测量范围为 $10^{-6} \sim 11\Omega$。

下面以 QJ44 型双臂电桥为例介绍其使用方法。其面板图如图 2-35 所示。

（1）先装好所需电池，注意"＋"、"－"极性。

（2）接被测电阻 R_x 时，电压端钮 P1、P2 靠近被测电阻，电流端钮 C1、C2 在外，接线要牢固以减小接触电阻。

（3）将电源开关 11 拨向"通"的一边，接通电源，将灵敏度旋钮 4 旋到较低的灵敏度位置。

（4）调整调零旋钮 2，使检流计 3 的指针指在零位。

（5）估计被测电阻值，选倍率（9）或数值（10），可参考表 2-8。

表 2-8　　　　　　　　　QJ44 型双臂电桥（倍率）与测量范围对应表

被测电阻范围（Ω）	1~11	0.1~1.1	0.01~0.11	0.001~0.011	0.0001~0.0011
应选倍率（×）	100	10	1	0.1	0.01

（6）先按下电源按钮 B，再按下检流计按钮 G，先调大数旋钮 10，然后再细调大转盘的小数值拨盘 6，一直调完。

（7）测量完毕，将电源开关 11 拨向"断"的位置，电源断开。

2.3　起　重　搬　运

常用的起重机具主要有千斤顶、链条葫芦（倒链）、手搬葫芦、滑轮、绞车和绳等。它们具有质量轻、体积小、便于搬运和使用等优点。

2.3.1　千斤顶

千斤顶是一种广泛应用于载重车辆或移动设备上，支承设备自重、调整设备水平的一个重要液压元件。千斤顶主要用于厂矿、交通运输等部门，用于车辆修理及其他起重、支撑等工作。千斤顶是用刚性顶举件作为工作装置，通过顶部托座或底部托爪在小行程内顶升重物的轻小起重设备。千斤顶包括螺旋千斤顶、爪式千斤顶、卧式千斤顶、分离式千斤顶、油压千斤顶五大类。

油压式千斤顶是一部小型的油压机，其结构如图 2 - 36 所示。其起重量为 0.5～500t，起重高度一般不超过 200mm。

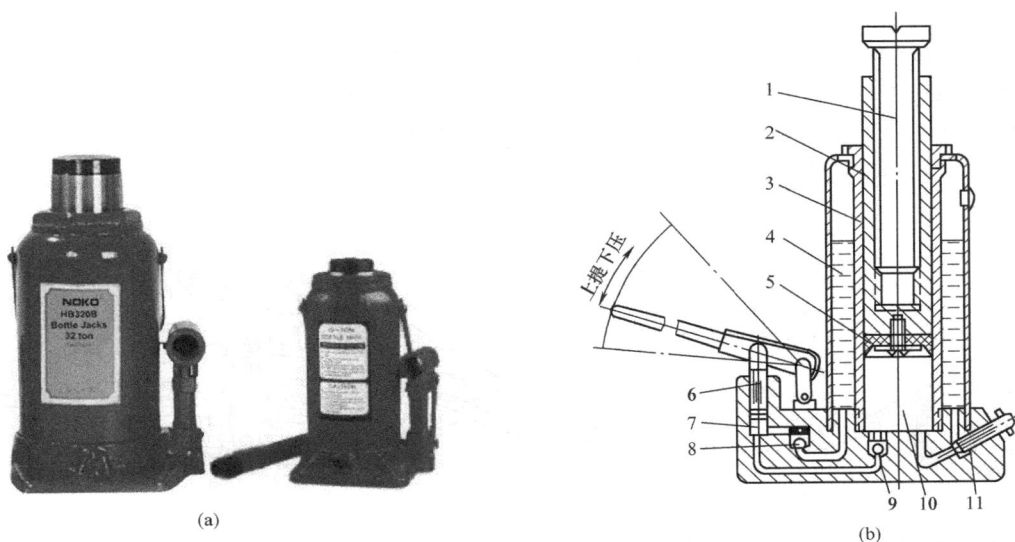

图 2 - 36 千斤顶

（a）外形图；（b）油压式千斤顶结构图

1—丝杆；2—工作活塞；3—缸套；4—油室；5—橡皮碗；6—压力活塞；7—压力缸；

8、9—止回阀；10—工作缸；11—回油阀

2.3.2 链条葫芦

链条葫芦又称倒链，它适用于小型设备的吊装或短距离的牵引。链条葫芦是由主链轮、手链轮等组成，如图 2 - 37 所示。

链条葫芦使用与保养的注意事项如下：

（1）在使用前，应检查吊钩、主链是否有变形、裂纹等异常现象，转动部分是否灵活。

（2）在链条葫芦受力之后，应检查制动机构是否能自锁。

（3）在起吊重物时，不许两人同时拉手拉链，因为在设计链条葫芦时，是以一个人的拉力为准计算的，超过允许拉力，就相当于链条葫芦超载。以起重量为 3t 的链条葫芦为例，其设计拉力为 350N（相当于一个普通劳动力的正常拉力），当超过 350N 时，就意味着重物已超过 3t。

（4）重物吊起后，如暂时不需放下，则此时应将手拉链拴在固定物上或主链上，以防制动机构失灵，发生滑链事故。

（5）转动部位应定期加润滑油，但要严防油浸进摩擦片内而失去自锁作用。

2.3.3 手扳葫芦

手扳葫芦包括钢丝绳手扳葫芦和环链手扳葫芦。

图 2 - 37 链条葫芦

　　钢丝绳手扳葫芦又名钢丝绳牵引机，是一种新型、高效、安全、耐用的起重机械产品，如图 2-38 所示。它具有起重、牵引、张紧三大功能，整机结构设计合理，安全系数高，使用寿命长其主要额定起重量为 800、1600、3200kg。特别适用于野外无动力源状况下使用。

　　环链手扳葫芦主要额定起重量为 250、500、750、1500、3000、6000、9000kg。这种手扳葫芦适用于工厂、矿山、建筑工地码头、运输等各种场合，是设备安装、货物起吊、物体固定、绑扎和牵引的理想工具，尤其是在需要任意角度的牵引、场地狭小、露天作业和无电源的情况下，更显示其优越性。如图 2-38 所示。

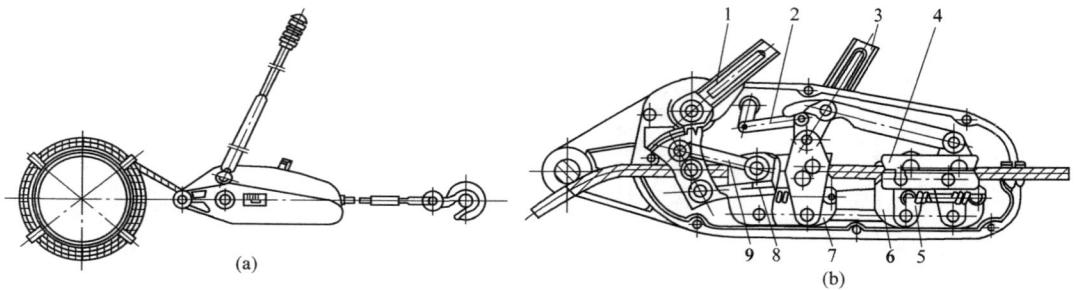

图 2-38　钢丝绳手扳葫芦

(a) 外形图；(b) 内部结构图

1—前进手柄；2—松卸手柄；3—倒退手柄；4—夹钳；5—夹紧板；
6—后侧板；7—前侧板；8—长连杆；9—短连杆

　　钢丝绳手扳葫芦的使用方法如下：

　　(1) 前进。摇动前进手柄 1，带动杠杆，杠杆两端各有一个连杆（长连杆 8 与短连杆 9）分别连着，夹住钢丝绳的夹钳 4。当手柄摇动时，向前运动的夹钳夹紧钢丝绳，拉动钢丝绳向前运动，向后运动的夹钳放松钢丝绳。

　　(2) 支持。前进手柄 1 与倒退手柄 3 都是松的，载荷钢丝绳被夹持停止不动，两连杆各分提载荷的 1/2。

　　(3) 后退。摇动倒退手柄 3，向前移动时夹钳的支持力减小，从而使夹钳向前滑动；向后移动时夹钳夹紧力增大，紧握钢丝绳，使其向后退下。

　　(4) 松卸。当需要穿进或卸下钢丝绳时，在无载的情况下，扳动松卸手柄 2，使前后两夹钳都松开。

　　钢丝绳手扳葫芦广泛用于水平、垂直、倾斜及任意方向上的提升与牵引作业。对于狭窄巷道，以及其他起重设备不能使用的地方，用它来起吊和牵引之用最为方便，此外，还可用来收紧设备的系紧缆索。使用中，钢丝绳的窜动长度不受限制。若重物超过手扳葫芦的牵引能力时，还可以与滑车组配合使用。

2.3.4　滑轮

　　滑轮结构如图 2-39 所示。它分为定滑轮和动滑轮两种。

　　一、定滑轮

　　定滑轮安装在固定的轴上，常用来改变绳索的拉力方向，故又称转向滑轮，如图2-40 (a)所

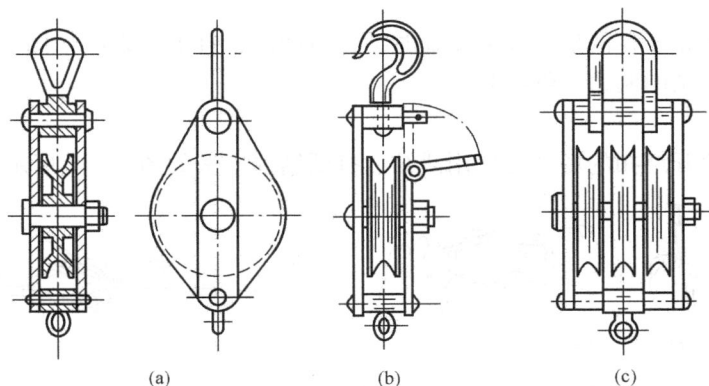

图2-39 滑轮结构
(a) 单滑轮；(b) 开口单滑轮；(c) 三门滑轮

示。定滑轮不省力，也不会改变绳索的牵引速度。

二、动滑轮

动滑轮安装在运动的轴上，可与牵引的重物一起升降，但不能改变绳索的拉力方向。

动滑轮又可分为省力滑轮和增速滑轮两种，如图2-40（b）和图2-40（c）所示。在其中作业中，大都采用省力滑轮。

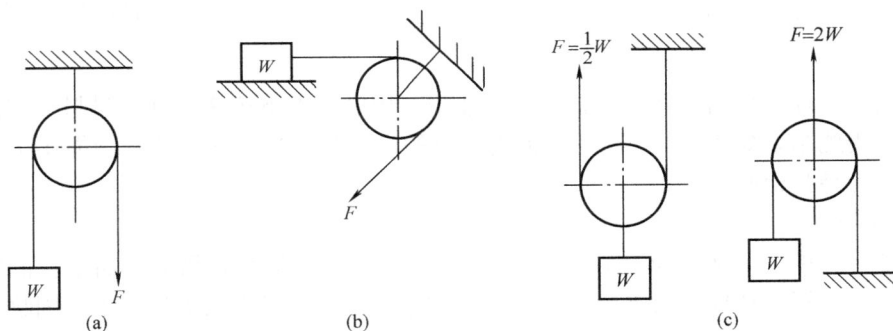

图2-40 滑轮
(a) 定滑轮；(b) 动滑轮（省力滑轮）；(c) 动滑轮（增速滑轮）
F—力；W—重物重量

2.3.5 绳与绳结

一、麻绳

麻绳（锦纶绳）有较大的柔软性，在起重工作中主要用于捆绑重物或人工搬抬物品，一般不作为起重机械的牵引索具。

近年来，由于锦纶绳强度大约是新麻绳的3.5倍，并具有抗油、吸水少、耐腐蚀及弹性好的优点，在起重作业中将逐渐替代麻绳。在使用绳索时，根据用途不同，可打成各种绳扣。对绳扣打法要求方便、牢固，既容易解开，又能在受力情况下不松脱。

（一）平结

平结又称接绳扣。在两根麻绳需要临时结扣时使用。打平结方法如图 2-41 所示。为防止结扣松开，可在结的两边用细绳扎紧。

（二）活结

在需要迅速解开结扣的场合可使用活结。打活结的方法如图 2-42 所示。

图 2-41　打平结方法示意图

图 2-42　打活结方法示意图

（三）死结

死结又称死绳圈，如图 2-43 所示。用麻绳或钢丝绳横向提吊重物时可用此种结扣，其中图 2-43（b）所示方式容易解开。

（四）节结

若需把两根麻绳临时结扣在一起，则可采用节结，如图 2-44 所示。绳头需用扎绳绑紧。

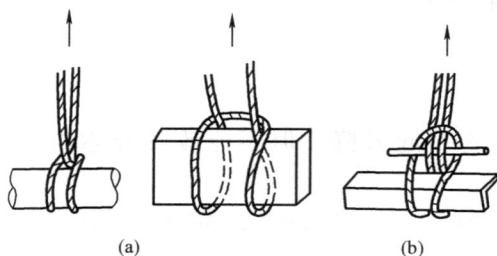

(a)　　　　　(b)

图 2-43　提吊重物的死结示意图

（a）形式一；（b）形式二

图 2-44　两根绳间的节结示意图

（五）木工结

木工结，又称活套结、背扣。在高空作业中，用麻绳上下传递工件和材料（如圆木、管子等）时可用此结，如图 2-45 所示。但需注意的是要使结扣中互相缠绕的绳尾头被吊件牢牢压紧，以防结扣松脱。

（六）倒背结

倒背结，又称垂运结或管子结，如图 2-46 所示。用麻绳垂直吊取轻而细长的物件（如长圆木、角铁、管子和横担及支架等）时可用此结。倒背结是靠向上拉力来紧固物件的，这种结扣很容易解开。结扣的方法是在结的下端采用木工结（见图 2-45），上端打一倒扣。有

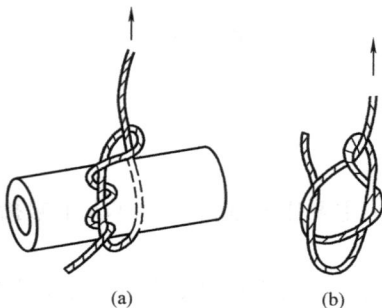

(a)　　　　　(b)

图 2-45　木工结及其打结方法示意图

（a）木工结；（b）木工结的打结方法

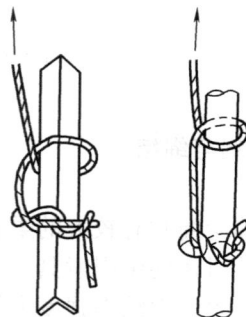

图 2-46　垂直吊运的倒背结示意图

时为了防止所吊物件下滑，上端可连续打几个倒扣；或一手提绳，另一只手朝反方向推所吊物件，使上端倒扣紧缠绕所吊物件。

（七）扛棒结

扛棒结，又称扛物结、抬扣，用来扛抬工件，如图2-47（a）所示。用麻绳抬运物体时可采用此结。如图2-47（b）所示，打结时先把A端折成椭圆圈1；将B端绕过被抬运物件，再向上在绳套1上顺绕一圈半，形成圈2和3；然后在3和绳B端之间折成圆4，并穿过圈2；最后将圈4翻上，与圈1形成两个等高平齐的绳圈，穿入扛棒即可。

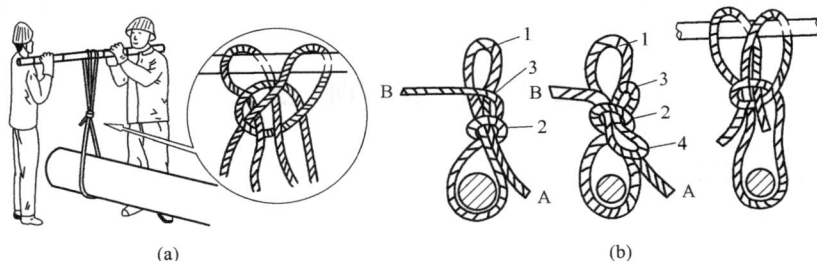

图2-47 扛棒结及其打结方法示意图
（a）扛棒结示意图；（b）扛棒结打结方法示意图

（八）紧线结

在用麻绳拴拉电线时可采用紧线结。可按图2-48所示方法绑结在导线的一端。导线短线头须用绑线绑扎牢固。

（九）拽导线结

拽导线结用来拽拉各种导线，使导线展直。例如牵引敷设的铝绞线（钢芯铝绞线）、通信线路的铁线等。打结方法如图20-49所示。

图2-48 拴拉电线的紧线结示意图

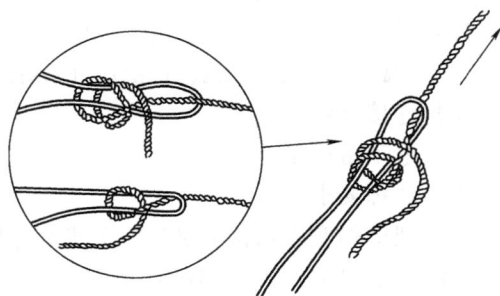

图2-49 拽导线结打结方法示意图

二、钢丝绳

钢丝绳的特点为弹性好、韧性好，能承受冲击载荷，高速运行中没有噪声，破断前有断丝预兆等。因此，在起重运输工作中钢丝绳是必不可少的牵引索具。一般将钢丝绳的两端做成绳套使用。

钢丝绳的型号由三组数字组成：第一组表示钢丝绳股数；第二组表示每股中的钢丝根数；第三组表示油浸绳芯数。例如6×37+1，表示此钢丝绳有6股，每股37根钢丝，中间1根油浸绳芯。钢丝绳允许拉力的计算式为

$$F = \frac{F_1}{K}$$

式中　F——钢丝绳的允许拉力，N；

F_1——钢丝绳的破断拉力，N；

K——安全系数，参见表2-9。

表2-9　　　　　　安全系数 K 及滑轮最小允许直径 D

钢丝绳用途和性质	D（mm）	K
缆风绳和牵引绳	≥12d	3.5
人力驱动	≥16d	4.5
捆绑绳		10

注　d 为钢丝绳直径，mm。

2.4 技 能 训 练

2.4.1 常用仪表的使用

一、训练内容

（1）用万用表测量交流电压、直流电压、直流电流、电阻。

（2）用直流单臂电桥测量电阻。

（3）用兆欧表测量三相异步电动机相对相、相对地（外壳）的绝缘电阻。

（4）用钳形电流表测量三相异步电动机空载运行时的电流。

二、器材准备

（1）万用表、直流单臂电桥、兆欧表、钳形电流表　　　　　　　　　　各1只

（2）多绕组单相变压器（一次电压为220V，二次电压为6、36V）　　　　1只

（3）晶体管稳压电源、小型三相异步电动机　　　　　　　　　　　　各1台

（4）10Ω、220Ω、1kΩ、12kΩ、150kΩ电阻　　　　　　　　　　　各1只

（5）连接导线　　　　　　　　　　　　　　　　　　　　　　　　　若干

（6）电工常用工具

三、训练要求

（1）把单相变压器接入220V交流电源用万用表交流电压档分别测量变压器一、二次侧电压，测量结果填入表2-10中。

表2-10　　　　　　万 用 表 的 使 用 练 习

测量项目	测量内容	测量结果	测量项目	测量内容	测量结果
交流电压	交流6V		直流电压	直流3V	
	交流36V			直流15V	
	交流220V			直流30V	
电阻	10Ω		直流电流（各电阻接直流3V电压时的电流）	接10Ω	
	220Ω			接220Ω	
	1kΩ			接1kΩ	
	12kΩ			接12kΩ	
	150kΩ			接150kΩ	

（2）调节稳压直流电源输出旋钮，分别输出3、15、30V直流电压，用万用表直流电压

档测量，测量结果填入表 2-10 中。

（3）把 10Ω、220Ω、1kΩ、12kΩ、150kΩ 电阻分别接于晶体管稳压电源输出直流 3V 电压上，用万用表直流电流档测量通过各电阻的电流，测量结果填入表 2-10 中。

（4）用万用表电阻档测量电阻阻值，测量结果填入表 2-10 中。

（5）用直流单臂电桥测量电阻阻值，测量结果填入表 2-11 中。

表 2-11　　　　　　　　直流单臂电桥、兆欧表、钳形电流表使用练习

测量仪表	测量内容	测量结果	测量仪表	测量内容	测量结果
直流单臂电桥	电阻 10Ω		兆欧表	W—U 相间绝缘电阻	
	电阻 220Ω			U 相—外壳间结缘电阻	
	电阻 1kΩ			V 相—外壳间结缘电阻	
	电阻 12kΩ			W 相—外壳间结缘电阻	
	电阻 150kΩ		钳形电流表	L1 线电流	
兆欧表	U—V 相间绝缘电阻			L2 线电流	
	V—W 相间绝缘电阻			L3 线电流	

（6）把三相异步电动机接线盒打开，拆除各相绕组连接片，用兆欧表分别测量电动机三相绕组 U、V、W 之间的绝缘电阻和 U、V、W 绕组对电动机外壳的绝缘电阻，测量结果填入表 2-11 中。

（7）在教师指导下，连接三相异步电动机绕组（Y 或△连接），接通三相电源，用钳形电流表测量各线电流，测量结果填入表 2-11 中。

（8）注意事项：

1）用万用表测量交、直流电压或测量直流电流及电阻时，必须把转换开关拨到相应测量档，否则会损坏万用表。测量交流 220V 电压时要注意安全操作，不能用手接触表笔导电部分。测各电阻时要注意，换电阻档时要重新电调零。

2）由于兆欧表测量时输出为高压，测量绝缘电阻时要注意安全。

3）用直流单臂电桥测量各电阻时要正确选择比例臂。

四、成绩评定（见表 2-12）

表 2-12　　　　　　　　成　绩　评　定　标　准

项　目　内　容	配　分	评　分　标　准	扣　分	得　分
万用表的使用	30	（1）拨错测量档，每项扣 10 分 （2）读数错误，每次扣 5 分 （3）测量结果误差大，每次扣 5 分		
直流单臂电桥的使用	20	（1）选择比例臂有错误，每次扣 20 分 （2）读数错误，每次扣 5 分		
兆欧表的使用	20	（1）接线错误，每次扣 10 分 （2）读数错误，每次扣 5 分		
钳形电流表的使用	20	读数误差大，每次扣 5 分		
安全文明操作	10	（1）违反操作规程，每处扣 5 分 （2）工作场地不整洁，扣 5 分		
		工时：2h	评分	

2.4.2　常用工具使用

一、训练内容

（1）学习钢丝钳、尖嘴钳、螺钉旋具的使用方法。

（2）学习电工刀、剥线钳的使用方法。

（3）学习手电钻的使用方法等。

二、器材准备

钢丝钳、尖嘴钳、螺钉旋具、电工刀、剥线钳、手电钻、木板、木螺钉、废旧塑料单芯硬线等。

三、训练要求

（一）教师演示

（1）用螺钉旋具紧螺钉的方法。

（2）用钢丝钳、尖嘴钳剪切、弯绞导线的方法。

（3）手电钻的使用方法。

（二）学生练习

（1）用螺钉旋具紧木螺钉。

（2）用钢丝钳、尖嘴钳做剪切、弯绞导线练习。

四、成绩评定（见表2-13）

表2-13　　　　　　　　　　　　**成 绩 评 定 标 准**

项目内容	配分	评分标准	扣分	得分
螺钉旋具练习	40	（1）使用方法不正确，扣15分 （2）野蛮作业，扣10分		
钢丝钳、尖嘴钳做剪切、弯绞导线练习	50	（1）握钳姿势不正确，扣20分 （2）导线有钳伤，每处扣5分 （3）多股导线剖断，每根扣5分		
安全文明操作	10	（1）违反操作规程，每处扣5分 （2）工作场地不整洁，扣5分		
		工时：60min	评分	

思　考　题

2-1　电工操作常用的通用电工工具有哪些？试简述它们的使用方法。

2-2　电工操作常用的线路安装工具有哪些？试简述它们的使用方法。

2-3　电烙铁是什么类型的工具？使用时需注意什么？

2-4　数字万用表有哪些功能？

2-5　数字万用表在测量前的准备工作有哪些？用它测量电阻的注意事项有哪些？

2-6　为什么测量绝缘电阻要用兆欧表，而不能用万用表？

2-7　用兆欧表测量绝缘电阻时，如何与被测对象连接？

2-8　某正常工作的三相异步电动机额定电流为10A，当电动机星形连接时，钳形电流表如钳入一根电源线，其读数多大？如钳入两根或三根电源线呢？

项目3　照明线路的安装

【教学目标】
掌握导线连接及线路敷设方法。
掌握导线及熔断器的选择方法。
掌握白炽灯和日光灯的安装方法。
掌握车间电力线路、照明线路的检修方法。

3.1　导线连接及线路敷设

3.1.1　导线的几种连接方法

一、剖削导线绝缘层

可用剥线钳或钢丝钳剖削导线的绝缘层，也可用电工刀剖削塑料硬线的绝缘层。

用电工刀剖削塑料硬线绝缘层时，电工刀刀口在需要剖削的导线上与导线成45°夹角，如图3-1（a）所示。斜切入绝缘层，然后以25°度角倾斜推削，如图3-1（b）所示。最后将剖开的绝缘层折叠，齐根剖削如图3-1（c）所示。注意剖削绝缘层时不要削伤线芯。

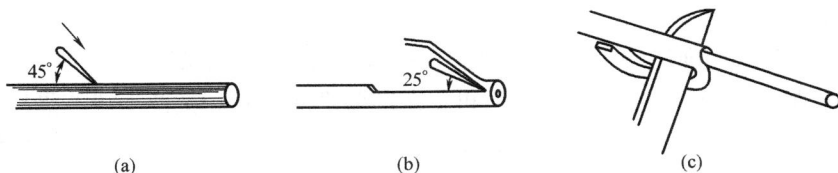

图3-1　用电工刀剖削塑料硬线绝缘层
（a）刀以45°角倾斜切入；（b）刀以25°角倾斜推削；（c）翻下余下塑料层

二、单股铜芯导线的直线连接和T形分支连接

（一）单股铜芯导线的直线连接

如图3-2所示，先将两线头剖削出一定长度的线芯，清除线芯表面氧化层，将两线芯作X形交叉，并相互绞绕2~3圈，再扳直线头，如图3-2（a）、（b）所示。将扳直的两线头向两边各紧密绕6圈，切除余下线头并钳平线头末段，如图3-2（c）所示。

（二）单股铜芯导线的T形分支连接

将剖削好的线芯与干线线芯十字相交，支路线芯根部留出约3~5mm，然后将线芯按顺时针方向在干线线芯上密绕6~8圈，用钢丝钳切除余下线芯，钳平线芯末端。如果连接导线截面积较大，两芯线十字交叉后直接在干线上紧密缠8圈即可，如图3-3（a）所示。小截面积的芯线可以不打结，如图3-3（b）所示。

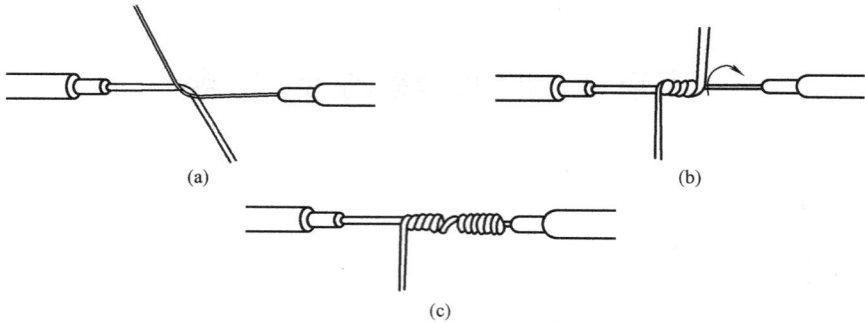

图 3-2　单股铜芯导线的直线连接
(a) 线头 X 形连接；(b) 互绞后扳直；(c) 钳平线末端

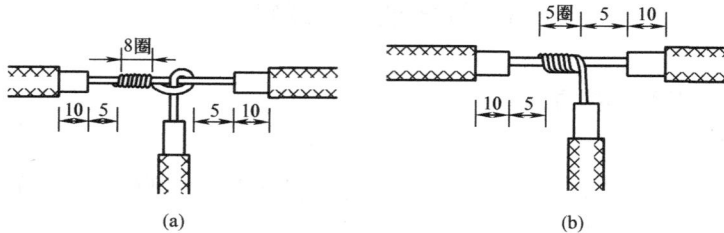

图 3-3　单股铜芯导线的 T 形分支连接（单位：mm）
(a) 紧密缠 8 圈；(b) 小截面芯线可不打结

三、7 股铜芯导线的直线和 T 形分支连接

（一）7 股铜芯导线的直线连接

首先将两线线段剖削出约 150mm 长度的线芯，并将靠近绝缘层约 1/3 段线芯绞紧，散开拉直线芯，清洁线芯表面氧化层，然后再将线芯整理成伞状，把两伞线芯隔根对叉，如图 3-4 (a)、(b) 所示。理平线芯，把 7 根线芯分成 2、2、3 三组，把第一组 2 根线芯扳成如图 3-4 (c) 所示状态，顺时针方向紧密缠绕 2 圈后扳平余下线芯；再把第二组的 2 根线芯扳垂直，如图 3-4 (d)、(e) 所示；用第二组线芯压住第一组余下的线芯紧密缠绕 2 圈，扳平余下线芯，用第三组的 3 跟线芯压住余下线芯，如图 3-4 (f) 所示，紧密缠绕 3 圈，切除余下的线芯，钳平线段，如图 3-4 (g) 所示。用同样的方法完成另一边的缠绕，完成 7 股导线的直线连接。

（二）7 股铜芯导线的 T 形分支连接

剖削干线和支线的绝缘层，绞紧支线靠近绝缘层 1/8 处的线芯，散开支线线芯，拉直并清洁表面，如图 3-5 (a) 所示。把支线线芯分成 4 根和 3 根两组排齐，将 4 根组插入干线线芯中间，如图 3-5 (b) 所示。把留在外面的 3 根组线芯，在干线线芯上顺时针方向紧密缠绕 4~5 圈，切除余下线芯钳平线段，如图 3-5 (c) 所示。再用 4 根组线芯在干线线芯的另一侧顺时针方向紧密缠绕 3~4 圈，切除余下线芯，钳平线段，如图 3-5 (d) 所示完成 T 形分支连接。

四、19 股铜芯导线的连接

19 股铜芯导线的连接方法与 7 股导线相似。因其线芯股数较多，在直线连接时可钳去

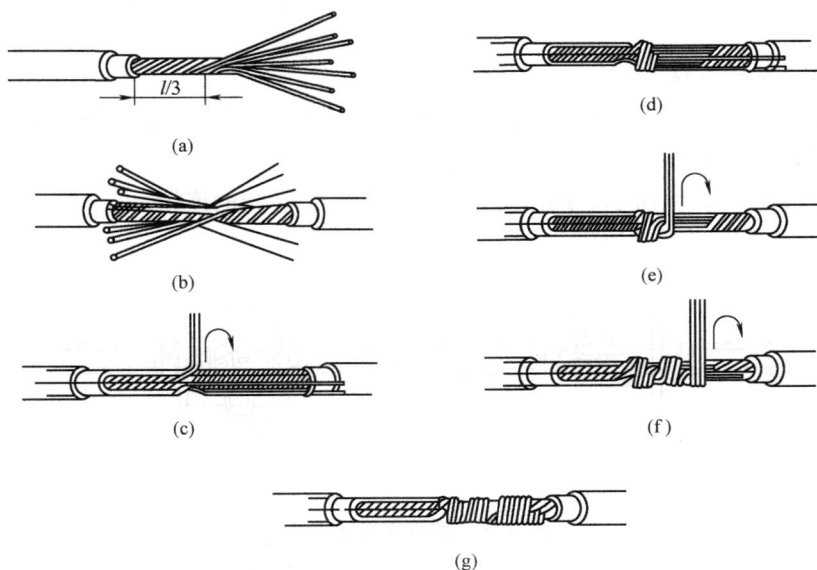

图 3-4　7 股铜芯导线的直线连接

(a) 芯线纹紧；(b) 对叉；(c) 折起；(d) 紧缠 2 圈；(e) 再折回 90°平卧；
(f) 余下芯线紧缠 3 圈；(g) 缠足、钳平

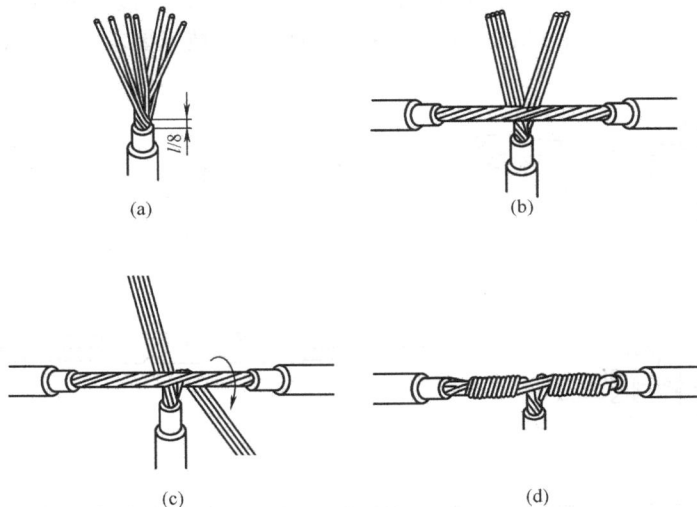

图 3-5　7 股铜芯导线的 T 形分支连接

(a) 散开支线线芯；(b) 插入干线线芯；(c) 顺时针方向缠绕；(d) 缠绕钳平

线芯中间几根。

　　导线连接好以后，为增加其机械强度，改善导电性能，还应进行锡焊处理。铜芯导线连接处锡焊处理的方法是：先将焊锡放在化锡锅内高温融化，将表面处理干净的导线接头置于锡锅上，用勺盛上融化的锡从接头上面浇下。刚开始时，由于接头处温度低，接头不易沾

锡，继续浇锡使接头温度升高、沾锡、直到接头处全部焊牢为止。最后清除表面焊渣，使接头表面光滑。

五、铝芯导线的连接

因铝线容易氧化，且氧化膜电阻率高，所以铝芯导线不易采用铜芯导线的连接方法。铝芯导线应采用螺旋压接和压接管压接的方法。

螺旋压接法如图3-6所示。此法适用于小负荷的铝芯线的连接。

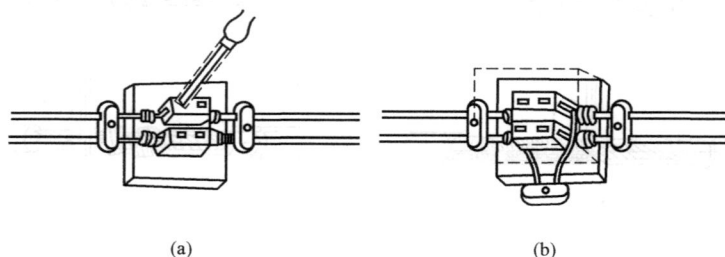

图3-6　螺旋压接法接线
(a) 在瓷接头上做直线连接；(b) 在瓷接头上再分路连接

压接管压接法适用于较大负荷的多股铝芯导线的连接（也适用于铜芯导线）。压接管压接法时采用的工具有压接钳和压接管，分别如图3-7（a）、（b）所示。压接时应根据铝芯线的规格选择合适的铝压接管，首先清理干净压接处，将两根铝芯线相对穿入压接管，使两端伸出压接管30mm左右，如图3-7（c）所示；然后用压接钳压接，如图3-7（d）所示。压接时，第一道压坑应压在铝芯端部一侧。压接质量应符合技术要求，压接好的导线如图3-7（e）所示。

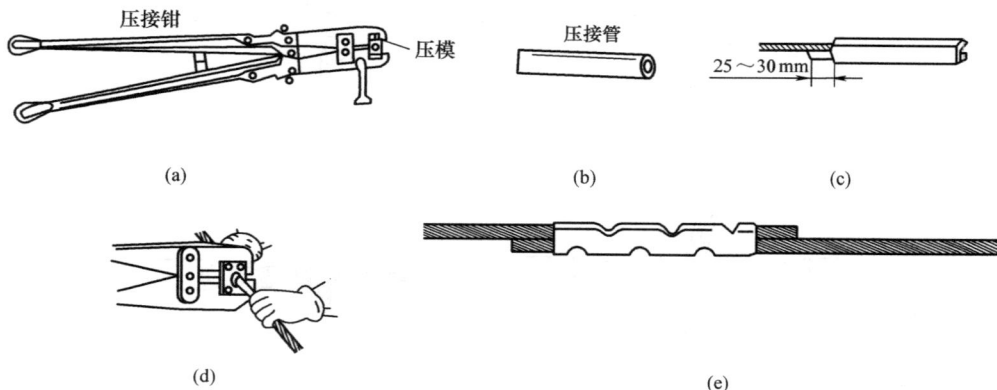

图3-7　压接管压接法接线
(a) 压接钳；(b) 压接管；(c) 线头穿进压接管；(d) 压接；(e) 完成后的铝芯线

六、导线绝缘层的恢复

导线的绝缘层因外界因素而破损或导线再做连接后，为保证安全用电，都必须恢复其绝缘。恢复绝缘后的绝缘强度不应低于原有的绝缘层的绝缘强度。通常使用的绝缘材料有黄蜡带、涤纶薄膜带和黑胶带等。

绝缘带的包缠方法如图3-8所示。做绝缘恢复时，绝缘带的起点应与线芯有两倍绝缘带宽的距离，如图 3-8（a）所示。包缠时黄蜡带与导线应保持一定倾角，即每圈压带宽的 1/2，如图 3-8（b）所示。包缠完第一层黄蜡带后，要用黑胶布带接黄蜡带尾段再反方向包缠一层，其方法与前相同，如图 3-8（c）所示，以保证绝缘层恢复后的绝缘性能。

3.1.2 线管线路的敷设

为防止动力线路或照明线路免遭机械损伤或防潮、防腐，可采用线管配线。线管配线有明敷和暗敷两种。下面线管配线的方法和要求如下。

一、选管

线管的直径应根据穿管导线的截面积大小进行选择，一般要求穿管导线的总截面积（包括绝缘管）不应超过线管内截面积的 40%；干燥场所的明、暗敷设一般采用电线管；潮湿和有腐蚀性气体的场所，应选用白铁管；腐蚀性较大的场所则采用硬塑料管；线管的内壁及管口应光滑。

二、弯管

线管的敷设应尽量减少弯曲，以方便穿线。管子弯曲角度不应小于 $90°$。如图 3-9 所示，明管敷设时，管子的曲率半径 $R \geqslant 4d$；暗管敷设时，要求管子的曲率半径 $R \geqslant 6d$、$\theta \geqslant 90°$。

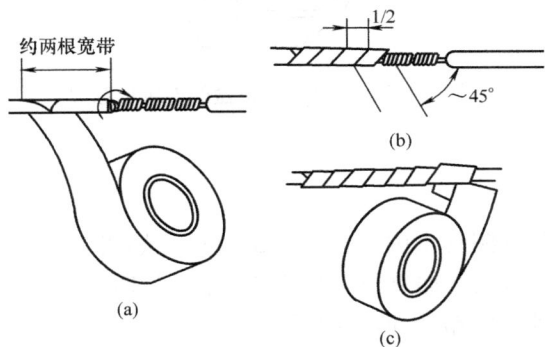

图 3-8 绝缘带的包缠方法
（a）黄蜡带包缠始端；（b）用斜叠法包缠；
（c）黑胶带接于黄蜡带尾端

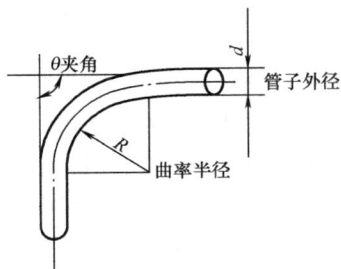

图 3-9 线管的弯度

常用弯管用具为管弯管器（见图 3-10）和滑轮弯管器（见图 3-11）。

薄壁大口径管在弯管时，管内要灌满沙子。需要加热弯曲时，管内则应灌入干沙且管的两端还应塞上木塞。为防止有缝管在弯曲时裂开，弯管时接缝面应放在弯曲的侧面，如图 3-12 所示。

图 3-10 管弯管器

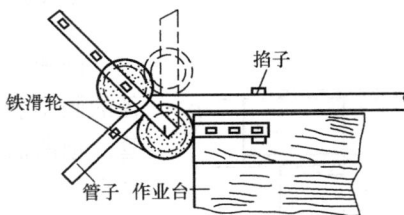

图 3-11 滑轮弯管器

三、管头处理

根据所需长度锯下线管后，应将管毛刺锉去，打磨锋口。为方便线管之间或线管与接线盒之间的连接，线管端部应套螺纹。

四、线管的连接与固定

线管无论是明敷或暗敷，尤其是需防潮、防爆的环境，线管与线管之间最好采用管箍连接。为保证接口的严密，螺纹口上应缠麻纱并涂上油漆，再用管钳拧紧。线管与连接盒等连接时，应在接线盒内外各用一锁紧螺母压紧。线管与连接盒连接示意图如图 3 - 13 所示。

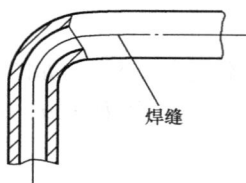

图 3 - 12　有缝管的弯曲

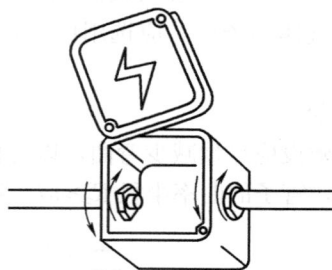

图 3 - 13　线管与连接盒的连接示意图

（一）硬塑料管连接

有插入法和套接法两种。

硬塑料管插入连接法如图 3 - 14 所示。先将阴管倒内口，阳管倒外口，如图 3 - 14（a）所示。用酒精或汽油擦干净连接段面的污渍，将阴管加热至 140℃ 左右呈柔软时，迅速插入涂有胶合剂的阳管，如图 3 - 14（b）所示立即用湿布冷却，恢复管子的硬度。

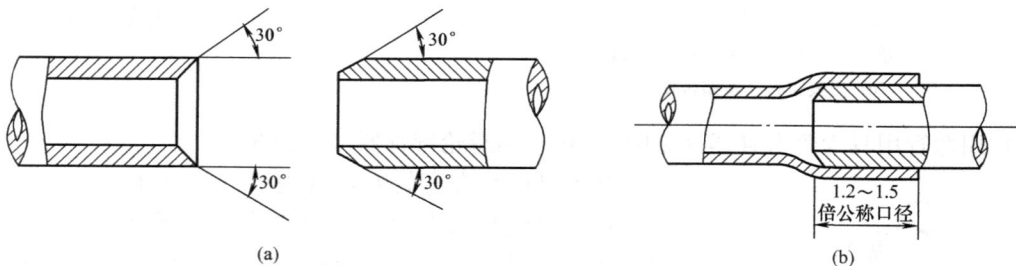

图 3 - 14　硬塑料管插入连接法

(a) 管口倒角；(b) 插入连接

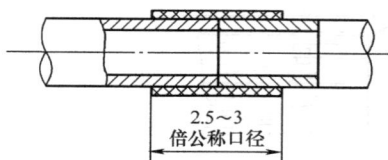

图 3 - 15　硬塑料管的管套连接

硬塑料管套接法连接法如图 3 - 15 所示。可用同直径的硬塑料管加热扩大成套管，也可用与其相配的套管。把所需连接的两管端用汽油或酒精擦拭干净，涂上粘合剂迅速插入套管中。

（二）固定线管

明敷线管采用管卡固定，固定位置一般在接线盒、配电箱及穿墙管等距离 100～300mm 处和线管弯头的两边。直线上的管卡间距，根据线管的直径和壁厚的不同约为 1～3.5m。管卡的固定方法如图 3-16 所示。

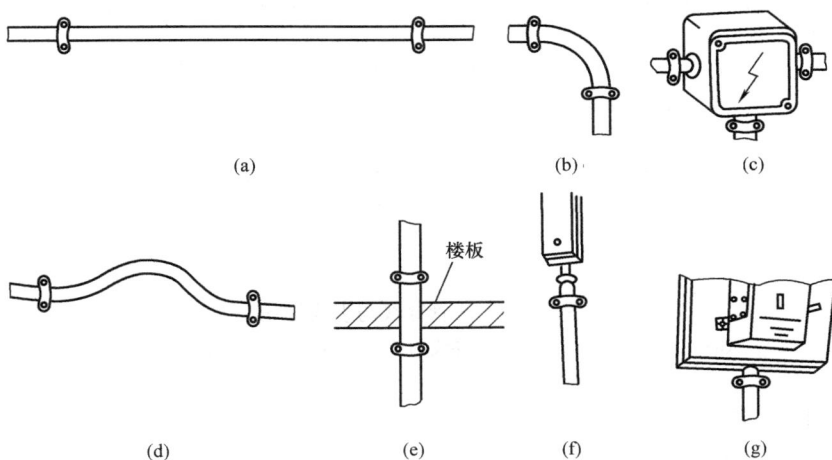

图 3-16 管卡的固定方法

(a) 直线部分；(b) 转弯部分；(c) 进入接线盒；(d) 跨越部分 (e) 穿越楼板；
(f) 与槽板连接；(g) 进入木台

采用金属线管明敷配线时，除必须可靠接地外，在线管与线管的连接处应焊接 $\phi6$～$\phi10$mm 的跨接连接，以保证线管的可靠接地，如图 3-17 所示。

五、线管穿线

穿线前应做好线管内的清扫工作，扫除残留的管内的杂物和水分。选用粗细合适的钢丝作引线，将钢丝引线由一端穿入到另一端有困难时，可采用图 3-18 所示方法。由两端各穿入一根带钩钢丝，当两引线钩在管中相遇时，转动引线使两钩相挂，由一端拉出完成引线入管。

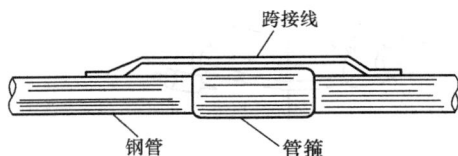

图 3-17 线管接头处的跨接线

图 3-18 两端穿入钢丝引线法

导线穿入线管前，应先在线管口上套上护圈。按线管长度加上两端余量截取导线，剖削导线端部绝缘层，按图 3-19（a）～（c）所示绑扎好引线和导线头。一端慢送导线，一端慢拉引线，如图 3-19（d）所示，完成导线穿管。最后用白布带或绝缘带包扎好管口。

六、线管配线的注意事项

线管内的导线不得有接头，导线接头应在接线盒内处理；绝缘层损坏或损坏后恢复绝缘的导线不得穿入线管内；穿入线管的导线绝缘性能必须良好；不同电压、不同回路的导线，不应穿在同一线管内；除直流回路和接地线外，不得在线管内穿单根导线；潮湿场所敷设线管时，使用金属管的壁厚应大于 2mm，并应在线管进出口处采取防潮措施；线管明敷应做

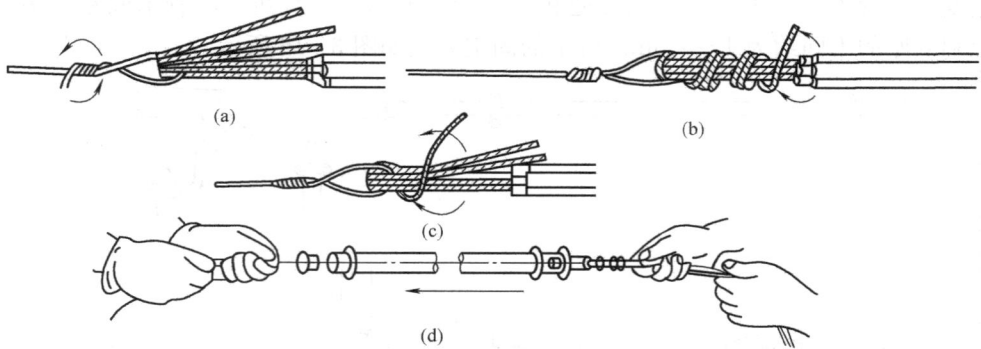

图 3-19　线管穿线与引线绑扎

（a）引线的绞缠；（b）、（c）导线的绞缠；（d）导线穿入管内的方法

到横平竖直、排列整齐。

3.1.3　塑料护套线线路的安排

塑料护套线是一种具有塑料保护层和绝缘层的双芯或多芯绝缘导线，可在墙壁及建筑物表面直接敷设，用钢精扎头或塑料钢钉线卡作为导线的支撑物。下面介绍塑料护套线的安装步骤。

一、定位划线

首先确定线路的走向、各电器元件的安装位置，用弹线袋划线，然后按每隔 150～300mm 距离划出固定线卡的位置，并在距开关、插座和灯具的木台 50mm 处设定线卡固定点。根据线路敷设的墙面或建筑物表面的硬度，确定是否用冲击钻打眼，埋设膨胀螺钉。

二、导线敷设

先在地面校直护套线，敷设直线部分时，可先固定牢一端，拉紧护套线使线路平直后固定另一端，如图 3-20（a）所示，最后再固定中间段。护套线在转弯时，圆弧不能过小，转

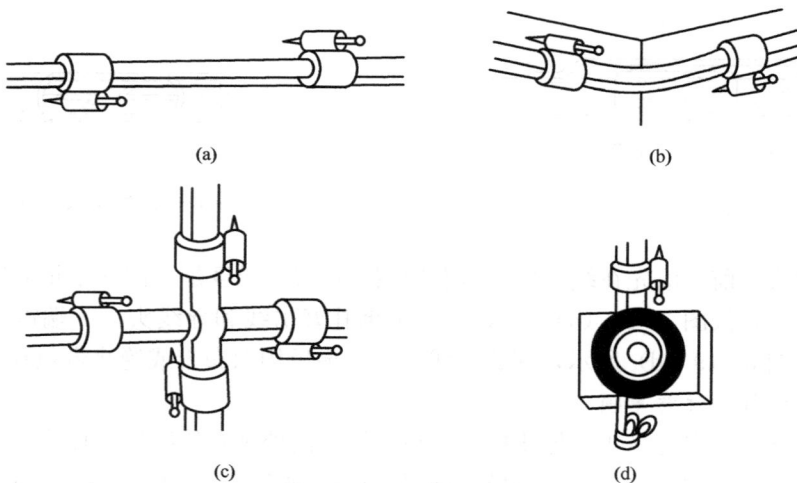

图 3-20　护套线线路的敷设

（a）直线部分；（b）转弯部分；（c）十字交叉；（d）进入木台

弯的前后应各固定一个线卡，如图 3 - 20 (b) 所示。两线交叉处要固定 4 个线卡，如图 3 - 20 (c) 所示。导线进入木台的示意图见图 3 - 20 (d)。

敷设护套线线路时，线路离地面距离不应小于 0.15m；穿越墙壁或楼板时应加护套线套管保护护套线。塑料钢钉线卡的大小应选择合适。

3.1.4　绝缘子线路的安排

绝缘子线路适用于用电量较大且又较潮湿的场合。其线路的机械强度较大。绝缘子外形如图 3 - 21 所示。

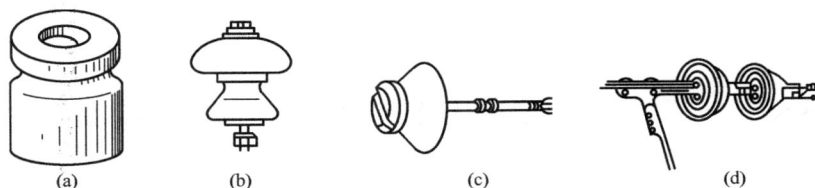

图 3 - 21　绝缘子外形图
(a) 鼓形绝缘子；(b) 蝶形绝缘子；(c) 针形绝缘子；(d) 悬式绝缘子

绝缘子配线采用绝缘子作导线的支撑物进行线路敷设。敷设时，应根据不同的线径和位置选择不同形状的绝缘子配线。较小线径的线路一般采用鼓形绝缘子配线。线路线径较粗且是终端时，可采用蝶形绝缘子。

一、绝缘子固定

在木结构墙上固定绝缘子时，应选用鼓形绝缘子，用木螺钉直接拧入，在砖墙或混凝土墙上固定绝缘子，可采用预埋木榫或膨胀螺钉的方式来固定鼓形绝缘子，也可采用预埋支架的方式来固定鼓形绝缘子、蝶形绝缘子或针形绝缘子。

二、导线敷设及绑扎方法

敷设绝缘子线路时，应事先校直导线，将一端的导线绑扎在绝缘子的颈部，然后从导线的另一端收紧绑扎固定，最后把中间导线绑扎固定在绝缘子上。

导线在绝缘子上的绑扎有直线段导线绑扎和终端导线绑扎两种。绑扎的方法如下：

(1) 直线段导线与绝缘子的绑扎。直线段上的鼓形绝缘子和蝶形绝缘子与导线的绑扎可采用单绑法或双绑法。导线截面积在 6mm² 及以下的采用单绑法，如图 3 - 22 (a) 所示。导线截面积在 6mm² 及以上的采用双绑法，如图 3 - 22 (b) 所示。

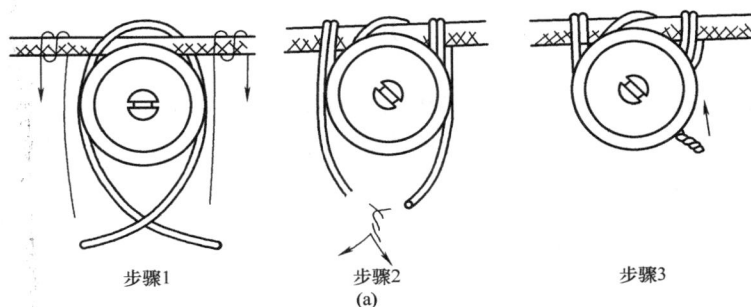

步骤1　　　　　步骤2　　　　　步骤3
(a)

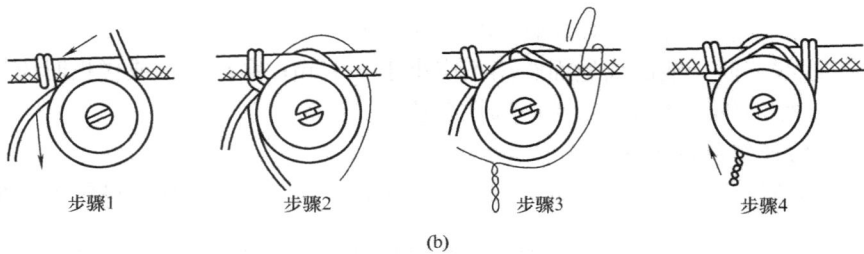

　　　步骤1　　　　　　　步骤2　　　　　　　步骤3　　　　　　　步骤4

(b)

图 3-22　直线段导线与绝缘子的绑扎

(a) 单绑法；(b) 双绑法

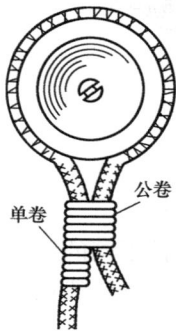

图 3-23　终端导线与
绝缘子的绑扎

　　（2）终端导线与绝缘子的绑扎。其绑扎方法如图 3-23 所示。绑扎的圈数与导线线径及导体材料有关，详见表 3-1。

表 3-1　　　　　导线线径和导体材料与绑扎圈数关系表

导线截面 (mm²)	导线直径（mm²）			绑 线 圈 数	
	纱包铁芯线	铜芯线	铝芯线	公圈数	单圈数
1.5～10	0.8	1.0	2.0	10	5
10～35	0.89	1.4	2.0	12	5
50～70	1.2	2.0	2.6	16	5
95～120	1.24	2.6	3.0	20	5

3.2　导线和熔断器的选择模块

3.2.1　导线选择

　　在实际生产过程中，经常要对所使用的低压导线、电缆的截面进行选择配线，下面具体介绍其方法、步骤。

　　一、计算电流

　　根据在线路中所接的电气设备容量计算线路中的电流。

　　（1）单相电热、照明的电流计算式为

$$I = \frac{P}{U} \quad (A)$$

式中：P 为线路中的总功率，W；U 为单相配线的额定电压，V。

　　（2）电动机电流。电动机是工厂企业的主要用电设备，大部分是三相交流异步电动机，每相中的电流值可按下式计算

$$I = \frac{1000P}{\sqrt{3}U\eta\cos\varphi} \quad (A)$$

式中：P 为电动机的额定功率，kW；U 为三相线电压，V；η 为电动机效率；$\cos\varphi$ 为电动机的功率因数。

二、选择导线

根据计算出的线路电流按导线的安全载流量选择导线。导线的安全载流量是指在不超过导线的最高温度的条件下允许长期通过的最大电流。不同截面、不同线芯的导线在不同使用条件下的安全载流量在各有关手册上均可查到。根据经验总结相关手册上的数据，得出了一套口诀，用来估算绝缘铝导线明敷设、环境温度为 25℃ 时的安全载流量及条件改变后的换算方法。口诀内容如下：

10 下五，100 上二；

25、35，四、三界；

70、95，两倍半；

穿管温度八、九折；

裸线加一半；

铜线升级算。

下面介绍口诀含义：

(1) 10 下五，100 上二。10mm² 以下的铝导线的安全载流量为该导线截面积数乘以 5；100mm² 以上的导线的安全载流量为该导线截面积数乘以 2。

(2) 25、35，四、三界。16mm²、25mm² 的铝导线的安全载流量为该导线的截面积数乘以 4；35mm²、50mm² 的铝导线的安全载流量为该导线的截面积数乘以 3。

(3) 70、95，两倍半。70mm²、95mm² 的铝导线的安全载流量为该导线的截面积数乘以 2.5。

(4) 穿管温度八、九折。当导线穿管敷设时，因散热条件变差，所以将导线的安全载流量打八折。例如：6mm² 铝导线敷设时的安全载流量为 30A，则穿管敷设时其安全载流量为 $30 \times 0.8 = 24$（A）。

环境温度过高时将导线的安全载流量打九折。例如：6mm² 铝导线敷设时的安全载流量为 30A，环境温度过高时导线的安全载流量为 $30 \times 0.9 = 27$（A）。假如导线穿管敷设，环境温度又过高，则导线的安全载流量打八折后，再打九折，即为 $0.8 \times 0.9 = 0.72$。

(5) 裸线加一半。当为裸线时，同样条件下通过导线的电流可增加，其安全载流量为同样截面积同种导线安全载流量的 1.5 倍。

(6) 铜线升级算。铜导线的安全载流量可以相当于高一级截面积铝导线的安全载流量，即 1.5mm² 铜导线的安全载流量和 2.5mm² 铝导线的安全载流量相同，以此类推。

在实际工作中可按此口诀，根据线路负荷电流的大小选择合适截面积的导线。

三、按允许的电压损失进行校验

当配电线路较长时，根据线路的负荷电流按导线安全载流量选择适当截面的导线后，还应按允许的电压损失进行校验，看所选导线是否符合要求。一般工业用动力和电热设备所允许的电压损失为 5%。

【例 3-1】 已知有一单相线路 $U = 220\text{V}$，线路长 $L = 100\text{m}$，传输功率 $P = 22\text{kW}$，允许电压损失为 5%，应选多大截面积的铝导线？（$\rho = 0.0283\Omega\text{mm}^2/\text{m}$）

解： (1) 按安全载流量选。

1) 线路中的负荷电流 I 为

$$I = \frac{P}{U} = \frac{22 \times 10^3}{220} = 100（\text{A}）$$

　　2）根据口诀选导线。35mm² 铝导线的安全载流量为

$$35 \times 3 = 105(A)$$

因为 105A＞100A，所以可选 35mm² 铝导线。

　　3）根据允许的电压损失进行校验。导线长度 L 为

$$L = 2L' = 2 \times 100 = 200(m)$$

导线的电阻 R 为

$$R = \rho \frac{L}{S} = 0.0283 \times \frac{200}{35} \approx 0.1617(\Omega)$$

则 35mm² 铝导线时的电压损失 $\Delta U'\%$ 为

$$\Delta U'\% = \frac{IR}{U} = \frac{100 \times 0.1617}{200} = 7.35\%$$

因为 7.35%＞5%，所以应再选择截面积大一些的铝导线。

　　（2）根据允许电压损失选导线。

　　1）允许电压损失为 5% 时导线上的电压降 U_R 为

$$U_R = U \times 5\% = 220 \times 5\% = 11(V)$$

　　2）导线上电压降为 11V 时，导线的电阻为

$$R' = \frac{U_R}{I} = \frac{11}{100} = 0.11(\Omega)$$

　　3）铝导线的截面积 s' 为

$$s' = \rho \frac{L}{R'} = 0.0283 \times \frac{200}{0.1} = 51.45(mm^2)$$

综合以上计算结果，应选 75mm² 铝导线。

实际工作中，计算导线的电压损失是比较复杂的，具体可参看相关的书籍。

3.2.2　熔断器的选择

熔断器经过正确的选择才能起到应有的保护作用。

一、熔体额定电流的选择

　　（1）对变压器、电炉及照明等负荷的短路保护，熔体的额定电流应稍大于线路负荷的额定电流。

　　（2）对一台电动机负荷的短路保护，熔体的额定电流 I_{RN} 应大于或等于 1.5～2.5 倍电机额定电流 I_N，即

$$I_{RN} \geqslant (1.5 \sim 2.5)I_N$$

　　（3）对几台电动机同时保护，熔体的额定电流应大于或等于其中最大容量的一台电动机的额定电流 I_{Nmax} 的 1.5～2.5 倍加上其余电动机的额定电流总和 $\sum I_N$，即

$$I_{RN} \geqslant (1.5 \sim 2.5)I_{Nmax} + \sum I_N$$

在电动机功率较大而实际负荷较小时，熔体额定电流可适当选小些，小到可以启动时熔体不断为准。

二、熔体的选择

　　（1）熔壳的额定电压必须大于或等于线路的工作电压。

　　（2）熔壳的额定电流必须大于或等于所装熔体的额定电流。

3.3　常用照明附件和白炽灯的安装

3.3.1　常用照明附件

常用照明附件包括灯座、开关、插座、挂线盒及木台等器件。

一、灯座

灯座的种类大致分为插口式和螺旋式两种。灯座外壳分瓷、胶木和金属材料三种。根据不同的应用场合灯座可分为平灯座、吊灯座、防水灯座、荧光灯座等。常用灯座外形如图3-24所示。

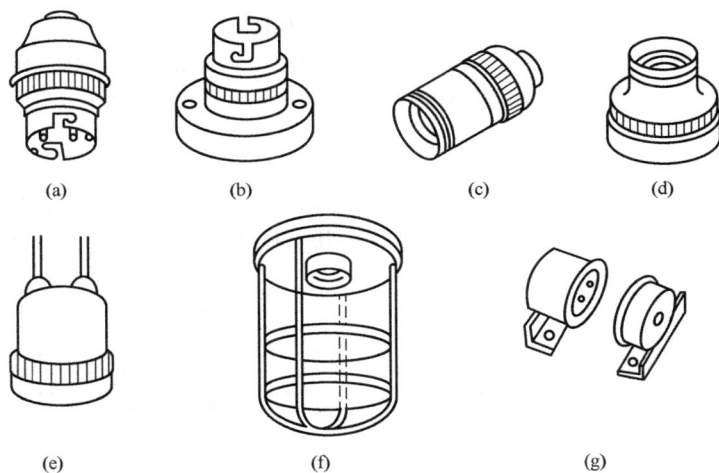

图 3-24　常用灯座外形图

(a) 插口吊灯座；(b) 插口平灯座；(c) 螺旋吊灯座；(d) 螺旋平灯座；
(e) 防水螺口吊灯座；(f) 防水螺口平灯座；(g) 安全荧光灯座

二、开关

开关的作用是在照明电路中接通或断开照明灯具的器件。按其安装形式分明装式和暗装式；按其结构分单联开关、双联开关、旋转开关等。常用开关外形如图3-25所示。

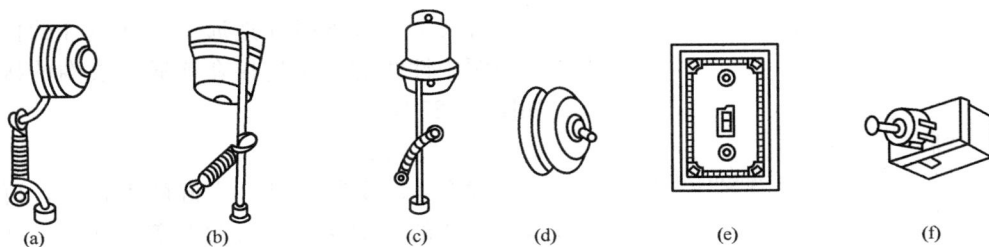

图 3-25　常用开关外形图

(a) 拉线开关；(b) 顶装式拉线开关；(c) 防水式拉线开关；
(d) 平开关；(e) 暗装开关；(f) 台灯开关

三、插座

插座是为各种可移动用电器提供电源的器件。按安装形式其可分为明装式和暗装式；按结构可分为单相双极插座、单相带接地线的三级插座及带接地的三相四极插座等。常用插座外形如图 3-26 所示。

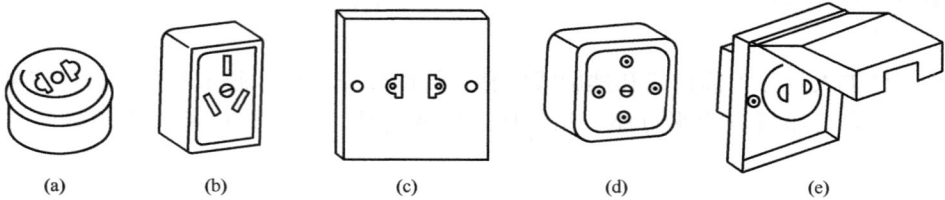

图 3-26　常用插座外形图

(a) 圆扁通用双极插座；(b) 扁式单相三极插座；(c) 暗圆扁通用双极插座；
(d) 圆式三相四极插座；(e) 防水暗式圆扁通用双极插座

四、接线盒和木台

接线盒俗称"先令"，用于悬挂吊灯并起接线盒的作用。其制作材料可分为磁质和塑料。木台用来固定挂线盒、开关、插座等。其形状有圆形和方形，材料有木质和塑料。

3.3.2　常用照明附件的安装

一、木台的安装

木台用于明线安装方式中。在明线敷设完毕后，在需要安装开关、插座、挂线盒等处先安装木台。在木质墙上可直接用螺钉固定木台；对于混凝土或砖墙应先钻孔，再插入木榫或膨胀管。

在安装木台前先对木台加工：根据要安装的开关、插座等的位置和导线敷设的位置，在木台上钻好出线孔、锯好线槽；然后将导线从木台的线槽进入木台，从出线孔穿出（在木台下留出一定长度的余量的导线），再用较长木螺钉将木台固定牢固。

二、灯座的安装

（一）平灯座的安装

平灯座应安装在已固定好的木台上。平灯座上有两个接线桩，一个与电源中性线连接，另一个与来自开关的一根线（开关控制的相线）连接。插口平灯座上的两个接线桩可任意连接上述两个线头，而对螺口平灯座有严格的规定：必须把来自开关的线头连接在连通中心弹簧片的接线桩上，把电源中性线的线头连接在连通螺纹圈的接线桩上，如图 3-27 所示。

（二）吊灯座的安装

把挂线盒底座安装在已固定好的木台上，再将塑料软线或花线的一端穿入挂线盒罩盖的孔内，并打个结，使其能承受吊灯的重量（采用软导线吊装的吊灯的重量应小于 1kg，否则应采用吊链），如图 3-28 (a) 所示。然后将两个线头的绝缘层剥去，分别穿入挂线盒底座正中凸起部分的两个侧孔里，再分别接到两个

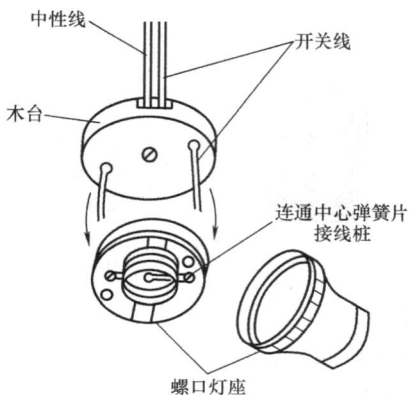

图 3-27　螺口平灯座安装

接线桩上，旋上挂线盒盖，如图 3-28（b）所示。接着将软线的另一端穿入吊灯座盖孔内，也打个结，把两个剥去绝缘层的线头接到吊灯座的两个接线桩上，罩上吊灯座盖，如图 3-28（c）所示。

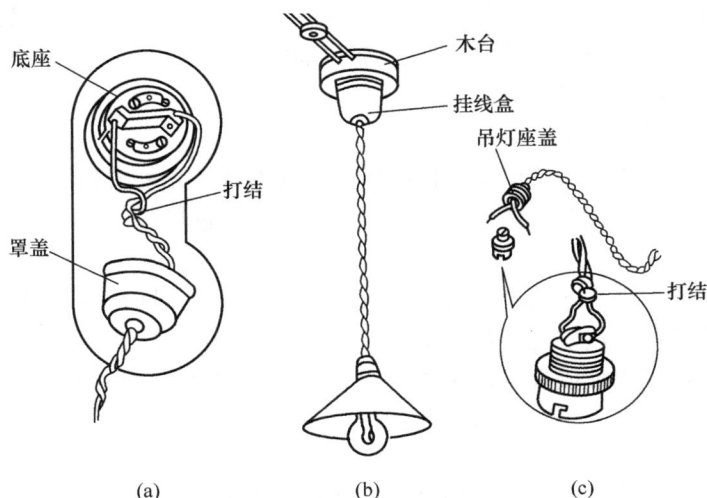

图 3-28　吊灯座安装
（a）挂线盒内接线；（b）装成的吊灯；（c）吊灯座的接线

三、开关的安装

（一）单联开关的安装

开关明装时也要装在已固定好的木台上。首先将穿出木台的两根导线（一根为电源相线，一根为开关线）穿入开关的两个孔眼，固定开关；然后把剥去绝缘层的两个线头分别接到开关的两个接线桩上；最后装上开关盖。

（二）双联开关的安装

双联开关一般用于在两处用两只双联开关控制一盏灯。双联开关的安装方法与单联开关类似，但其接线较复杂。双联开关有三个接线端，分别与三根导线相接（注意双联开关中连铜片的接线桩不能接错），一个开关的连铜片接线桩应和电源相线连接。另一个开关的连铜片接线桩与螺口灯座的中心弹簧片接线桩连接。每个开关还有两个接线桩用两根导线分别与另一个开关的两个接线桩连接。待接好线，经过仔细检查无误后才能通电使用。

四、插座的安装

明装插座应安装在木台上，安装方法与安装开关相似，穿出木台的两根导线为相线和中性线，分别接于插座的两个接线桩上。对于单相三极插座，其接地线桩必须与接地线连接，不能用插座中的中性线作为接地线。

3.3.3　照明装置安装规定

（1）对于潮湿、有腐蚀性气体、易燃、易爆的场所，应分别采用合适的防潮、防爆、防雨的开关、灯具。

（2）吊灯应装有挂线盒，一般每只挂线盒只能装一盏灯。吊灯应安装牢固，超过 1kg 的灯具必须用金属链条或其他方法吊装，使吊灯导线不承受力。

（3）使用螺口灯头时，相线必须接于螺口灯头座的中心铜片上，灯头的绝缘外壳不应有损伤，螺口白炽灯泡金属部分不准外露。

（4）吊灯离地面距离不应低于 2m，潮湿、危险场所应不低于 2.5m。

（5）照明开关必须串接于电源相线上。

（6）开关、插座离地面高度一般不低于 1.3m。特殊情况插座可以装低，但离地面不应低于 150mm。幼儿园、托儿所等处不应装设底位插座。

3.3.4　白炽灯照明线路的安装

一、白炽灯的构造和种类

白炽灯具有结构简单、安装简便、使用可靠、成本低、光色柔和等特点。一般灯泡为无色透明灯泡，也可根据需要制成磨砂灯泡、乳白灯泡及彩色灯泡。

（一）白炽灯的构造

白炽灯由灯丝、玻璃壳、玻璃之架、引线、灯头等组成。灯丝一般用钨丝制成，当电流通过灯丝时，由于电流的热效应使灯丝温度上升至白炽程度而发光。功率在 40W 及以下的灯泡，制作时将玻璃壳内抽成真空；功率在 40W 及以上的灯泡则在玻璃壳内充有氩气或氮气等惰性气体，使钨丝在高温时不易挥发。

（二）白炽灯的种类

白炽灯的种类很多，按其灯头结构可分为插口式和螺口式两种；按其额定电压分为 6、12、24、36、110V 和 220V 六种；按其用途分为普通照明用白炽灯、投光型白炽灯、低压安全灯、红外线灯及各类信号指示灯等。各种不同额定电压的灯泡外形很相似，所以在安装使用灯泡时应注意灯泡的额定电压必须与线路电压一致。

二、白炽灯照明线路

（1）用单联开关控制白炽灯。一只单联开关控制一盏白炽灯的接线原理图如图 3 - 29（a）所示。

（2）用双联开关控制白炽灯。两只双联开关控制一盏白炽灯的接线原理图如图 3 - 29（b）所示。

3.3.5　白炽灯的常见的故障及检修

一、灯泡不亮

故障原因：可能是灯泡钨丝烧断；灯头（座）、开关接触不良或者是线路中有断路现象。

处理方法：灯泡损坏更换新灯泡；属接触不良应拧紧松动的螺栓或更换灯头或开关；如果是线路断路，则应检查并找出线路断开处（包括熔丝），接通线路。

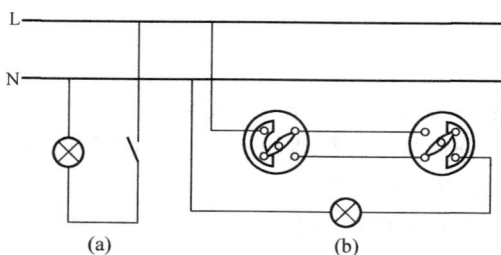

图 3 - 29　白炽灯照明线路

（a）单联开关控制白炽灯接线原理图；（b）双联开关控制白炽灯接线原理图

二、合上开关即烧断熔丝

故障原因：多数属线路发生短路。

处理方法：应检查灯头接线，取下螺口灯泡检查灯头内中心铜片与外螺纹是否短路；灯头接线是否松脱；检查线路有无绝缘损坏；估算负荷是否熔丝容量过小。

处理好灯头上的短路点。若线路老化，根据情况处理绝缘或更换新线。如果是负荷过重则应减轻负荷或加大熔断器容量。

三、灯泡忽亮忽暗（熄灭）

检查开关、灯头、熔断器等处的接线是否松动；用万用表检查电源电压是否波动过大。

处理方法：拧紧松动的接头；电压波动不需处理。

四、灯泡发出强烈白光或灯光暗淡

故障原因：灯泡工作电压与电源电压不相符。

处理方法：更换与电源电压相符的灯泡。

3.3.6 声控延时开关

声控延时开关是一种内无接触点，在特定环境光线下采用声响效果激发发音器进行声电转换来控制用电器的开启，并经过延时后能自动断开电源的节能电子开关。

声控延时开关的特点及功能如下：

（1）发声启控。在开关附近用手（或吹口哨、喊叫等）发出一定声响，就能立即开启电灯及用电器。

（2）自动测光。采用光敏控制，该开关在白天或光线强时不会因声响而开启用电器。

（3）延时自关。开关一旦受控开启便会延时数十秒后将自动关断，减少不必要的电能浪费，实用方便。

（4）用途广泛。声控开关可用于各类楼道、走廊、卫生间、阳台、地下室车库等场所的自动延时照明。

图 3-30 为楼道声控开关的原理图。

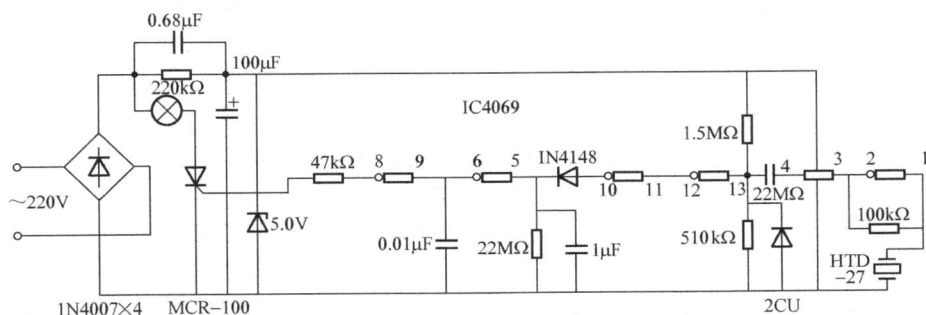

图 3-30 楼道声控开关的原理图

3.4 荧光灯照明线路

荧光灯又名叫日光灯，其照明线路与白炽灯照明线路同样具有结构简单、使用方便等特点，而且还有发光效率高的优点。因此，荧光灯也是应用较普遍的一种照明灯具。

3.4.1 荧光灯照明线路

一、荧光灯及其附件的结构

荧光灯照明线路主要由灯管、启辉器、启辉器座、镇流器、灯座、灯架等组成。

（1）灯管。灯管由玻璃管、灯丝、灯头、灯脚等组成，其外形结构如图 3-31（a）所示。玻璃管内抽成真空后充入少量汞（水银）和氩等惰性气体，管壁涂有荧光粉，在灯丝上涂有电子粉。

灯管常用规格有 6、8、12、15、20、30W 及 40W 等。灯管外形除直线形外，也有制成环形或 U 形等。

（2）启辉器。启辉器由氖泡、纸介质电容器、出脚线、外壳等组成，氖泡内有∩形动触片和静触片，如图 3 - 31（b）所示。其常用规格有 4～8W、15～20W、30～40W，还有通用型 4～40W 等。

（3）启辉器座。启辉器座常用塑料或胶木制成，用于放置启辉器。

（4）镇流器。镇流器主要由铁芯和线圈等组成，如图 3 - 31（c）所示。使用时镇流器的功率必须与灯管的功率及启辉器的规格相符。

（5）灯座。灯座有开启式和弹簧式两种。灯座规格有大型的，适用 15W 及以上的灯管；有小型的，适用 6～12W 灯管。

（6）灯架。灯架有木制和铁制两种，规格应与灯管相配合。

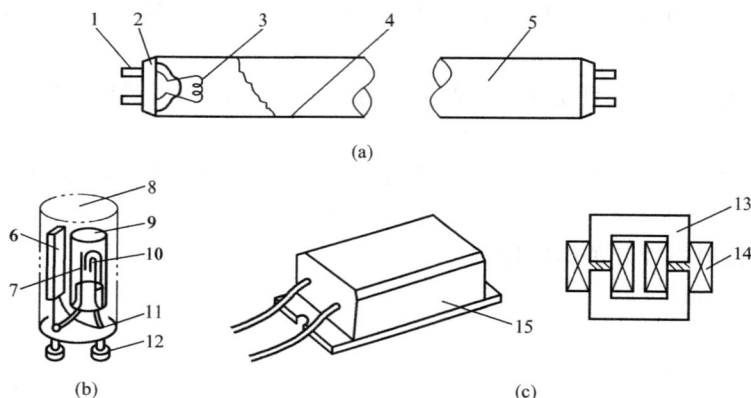

图 3 - 31　荧光灯照明装置的主要部件结构

（a）灯管；（b）启辉器；（c）镇流器

1—灯脚；2—灯头；3—灯丝；4—荧光粉；5—玻璃管；6—电容器；7—静触片；8—外壳；
9—氖泡；10—动触片；11—绝缘底座；12—出线脚；13—铁芯；14—线圈；15—金属外壳

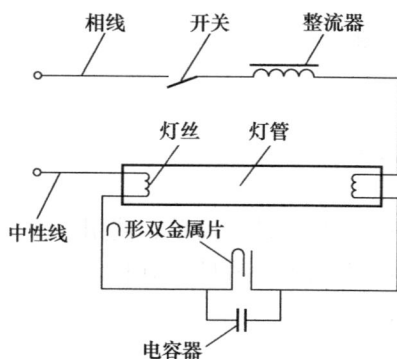

图 3 - 32　荧光灯的工作原理图

二、荧光灯的工作原理

荧光灯工作原理如图 3 - 32 所示。闭合开关接通电源后，电源电压经镇流器、灯管两端的灯丝加在启辉器的∩形动触片和静触片之间，引启辉光放电。放电时产生的热量使得用双金属片制成的∩形动触片膨胀并向外伸展，与静触片接触，使灯丝预热并发射电子。在∩形动触片与静触片接触时，二者间电压为零而停止辉光放电，∩形动触片冷却收缩并复原而在静触片分离，在动、静触片断开瞬间在镇流器两端产生一个比电源电压高得多的感应电动势，这感应电动势与电源电压串联后加在灯管两端，使灯管内惰性气体被电离而引起弧光放电。随着灯管内温度升高，液态汞汽化游离，引起汞蒸汽弧光放电而发生肉眼看不见的紫外线，紫外线激发灯管内壁的荧光粉后，发出近似日光的可见光。

镇流器在电路中除上述作用外还有两个作用：一是灯丝预热时限制灯丝所需的预热电流，防止预热电流过大而烧断灯丝，保证灯丝电子的发射能力；二是在灯管启辉后，维持灯管的工作电压和限制灯管的工作电流在额定值，以保证灯管稳定工作。

启辉器内电容器的两个作用：

一是与镇流器线圈形成 LC 振荡电路，延长灯丝的预热时间和维持感应电动势；二是吸收干扰收音机和电视机的交流杂声。

3.4.2 荧光灯照明线路的安装

荧光灯照明线路中导线的敷设，木台、接线盒、开关等照明附件的安装方法和要求与白炽灯照明线路基本相同。

荧光灯的接线装配方法如图 3 - 33 所示。

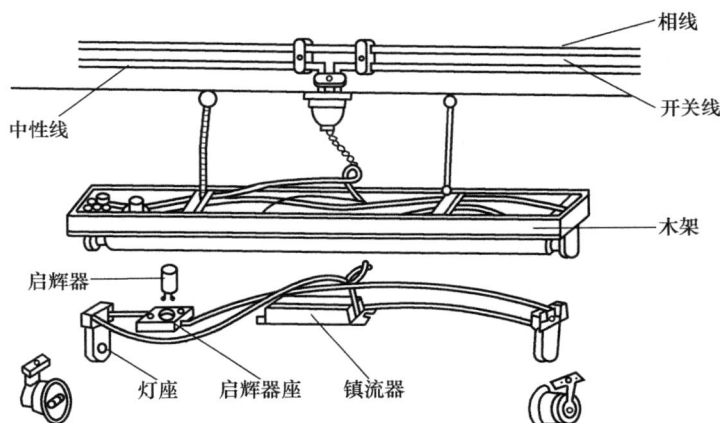

图 3 - 33 荧光灯的接线装配方法

下面介绍荧光灯的安装方法。

（1）用导线把启辉器座上的两个接线桩分别与两个灯座中的一个接线桩连接。

（2）把一个灯座中余下的一个接线桩与电源中性线连接，另一个灯座中余下的一个接线桩与镇流器的一个线头相连。

（3）镇流器的另一个线头与开关的一个接线桩连接。

（4）开关的另一个接线桩接电源相线。

接线完毕后，把灯架安装好，旋上启辉器，插入灯管。注意：当整个荧光灯重量超过 1kg 时应采用吊链，载流导线不承受重力。

3.4.3 荧光灯照明线路常见故障分析

一、接通电源后，荧光灯不亮

故障原因：

（1）灯脚与灯座、启辉器与启辉器座接触不良；

（2）灯丝断；

（3）镇流器线路断路；

（4）新装荧光灯接线错误。

对应故障原因的检修方法：

（1）转动灯管或启辉器，找出接触不良处并修复；

（2）用万用表电阻档检查灯管两端的灯丝是否断，可换新灯管；

（3）修理或调换镇流器；

（4）找出接线错误处。

二、荧光灯光闪动或只有两头发光

故障原因：

（1）启辉器氖泡内的动、静触片不能分开或电容器被击穿短路；

（2）镇流器配用规格不合适；

（3）灯脚松动或镇流器接头松动；

（4）灯管陈旧；

（5）电源电压太低。

对应故障原因的检修方法：

（1）更换启辉器；

（2）调换与荧光灯功率适配的镇流器；

（3）修复接触不良处；

（4）换新灯管；

（5）如有条件应采取稳压措施。

三、光在灯管内滚动或灯光闪烁

故障原因：

（1）新管的暂时现象；

（2）灯管质量不好；

（3）镇流器配用规格不合适或接线松动；

（4）启辉器接触不良或损坏。

对应故障原因的检修方法：

（1）开用几次可消除故障现象；

（2）换灯管试一下；

（3）调换合适的镇流器或加固接线；

（4）修复接触不良处或调换启辉器。

四、镇流器过热或冒烟

故障原因：

（1）镇流器内部线圈短路；

（2）电源电压过高；

（3）灯管闪烁时间过长。

对应故障原因的检修方法：

（1）调换镇流器；

（2）检修电源；

（3）检查闪烁原因并排除。

3.4.4 电子镇流器简介

随着电子技术的发展，出现用电子镇流器代替普通电感式镇流器和启辉器的节能型荧光灯。它具有功率因数高、低压起动性能好、噪声小等优点。其内部结构及接线如图 3-34 所示。

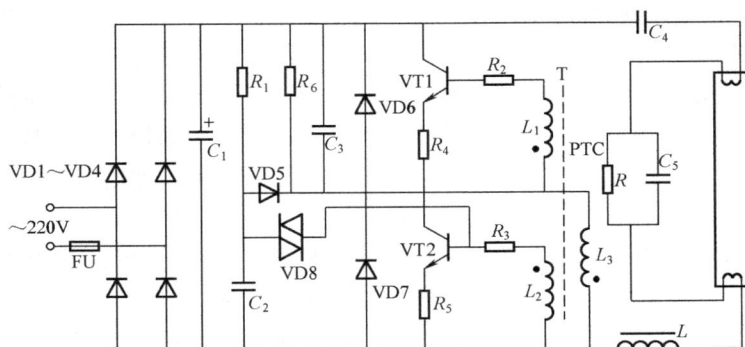

图 3-34 电子镇流器内部结构及接线图

电子镇流器由四部分组成：

（1）整流滤波器电路。它由 VD1～VD4 和 C_1 组成桥式整流电容滤波电路，把 220V 单相交流电变为 300V 左右直流电。

（2）由 R_1、C_2 和 VD8 组成触发电路。

（3）高频振荡电路。它由晶体三极管 VT1、VT2 和高频变压器等元件组成，其作用是在灯管两端产生高频正弦电压。

（4）串联谐振电路。它由 C_4、C_5、L 及荧光灯灯丝电阻组成，其作用是产生起动点亮灯管所需的高压。荧光灯启辉后灯管内阻减小，串联谐振电路处于失谐状态，灯管两端的高启辉电压下降为正常工作电压，线圈 L 起稳定电流作用。

3.5 车间电力线路、照明线路的检修

3.5.1 车间电力线路的检修

车间电力线路是车间动力的心脏，它由车间电力变压器，低压配电柜（盘）及其配电线路组成。要保证车间电气设备安全、可靠地运行，必须对变压器、配电系统等关键部位作定期检修，检修的主要内容如下：

（1）检查变压器的油温、液位和油的颜色是否正常，有无滴漏现象。定期检查变压器油的理化性能。

（2）定期清扫电气设备上的灰尘，保持绝缘子的清洁干净并检查有无裂纹和放电痕迹，以保持线路的绝缘良好。

（3）检查电气线路上的电接点是否齐全、紧固，有无松动或发热变色现象，保持电气线路的接触良好。

（4）检查各操动机构是否灵活，及时修理或更换损坏的电器元件，保持电气线路的完整

可靠。

（5）检查信号、保护及电工指示仪表等装置是否可靠、正确，检查各接地线是否完好无缺。

（6）定期检查、测量线路的绝缘性能。

3.5.2　车间信号装置的检修

在电气系统中，为表明系统的运行状态，通常设有信号装置。信号装置的种类较多，常用的有声响信号装置和灯光信号装置。信号装置常见故障及检修方法如下：

（1）信号灯不亮、声响器不响。检查灯泡和电阻，若损坏，则更换灯泡或电阻；检修装置内连线有无断线或接触不良，查出故障点后接好连接线，紧固松动处；检查声响器和控制变压器有无损坏，如有损坏则修理或更换；检查熔丝是否烧断，如熔丝烧断，查出原因处理后，重新接好熔丝。

（2）信号灯忽亮忽熄或声响器忽响忽停。检查装置接线有无松动，找出故障点后加以紧固；检查电源是否正常，如电源有问题，则应排除电源故障。

（3）信号不能撤除。检查控制触点有无熔焊，找出故障触点，处理或更换；检查有无信号回路碰线故障，断开碰线处，若是绝缘损坏，则应恢复绝缘或更换控制线。

（4）误发信号。检查信号装置元件有无损坏元件，查出损坏元件，更换修复信号装置；检查线路有无开路或短路故障，查出故障点，排除故障。

3.5.3　车间接地系统的检测

一、接地电阻的测量方法

（一）万用表测量

如图 3-35 所示，首先在距接地体 A 处约 3m 处打入 2 根测试棒 B 和 C，打入深度为 0.5m 左右，再将万用表置于 $R \times 1$ 档，测量并记录 AB、BC 和 AC 间的电阻值，通过计算可求出接地体的电阻，计算式为

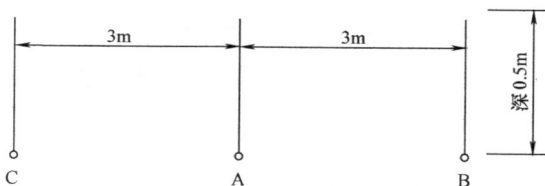

图 3-35　万用表测量接地电阻

$$R_A = \frac{R_{AB} + R_{AC} - R_{BC}}{2}$$

如果测得的数据为 $R_{AB} = 7\Omega$，$R_{AC} = 11\Omega$，$R_{BC} = 12\Omega$，则接地体 A 的接地电阻为

$$R_A = \frac{7 + 11 - 12}{2} = 3(\Omega)$$

（二）兆欧表测量

如图 3-36 所示。测量前，先拆开接地干线与接地体的连接点；将两根探测针分别插入地中 0.4m 深，并使接地极 E、电位探针 P 和电流探针 C 成一直线，各相距 20m，P 插于 E 和 C 之间；然后用专用导线分别将 E、P、C 接到接地电阻摇表的相应接线柱上。

测量时，将兆欧表水平放置。检查检流计的指针是否指在中心线上，否则可调节零位调整器把指针调整到中心线上。然后，将仪表的"倍率标度"置于适当的倍数，慢慢转动发电机手柄，同时旋转"测量标度盘"，使检流计平衡。当指针接近中心线时，

加快发电机手柄的转速，在调整"测量标度盘"，使指针指于中心线上。用"测量标度盘"的读数乘以"倍率标度"的倍数，即为所测量接地体的接地电阻值。

二、接地系统的定期检查

（1）工作接地的接地电阻每隔半年或一年检查一次。保护接地的接地电阻每年或隔年检查一次。接地电阻增大时，应及时修复。

（2）接地装置的连接点每半年或一年检查一次。螺栓压接松动的应拧紧，电焊连接处不牢的要补焊。

（3）接地线的每个支持点应定期检查、紧固。定期检查接地体之间的干线有无严重锈蚀，发现锈蚀后应及时修复，不得继续使用。

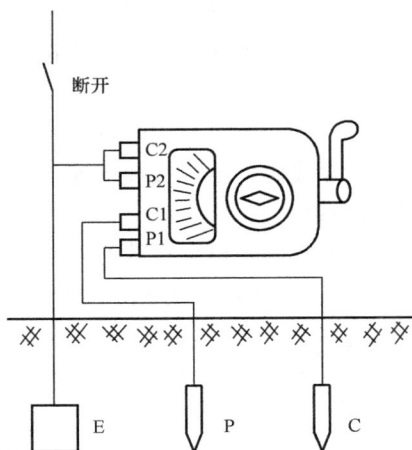

图 3-36 兆欧表测量接地电阻

3.6 技 能 训 练

3.6.1 导线连接和绝缘的恢复

一、训练内容

（1）电工常用工具的使用。

（2）单股铜芯线、多股铜芯线绝缘的剥削，直线及 T 形连接。

（3）导线绝缘的恢复。

（4）塑料护套线的剥削及与接线桩的连接。

二、器材准备

（1）电工常用工具

（2）导线：长 1m 的 BV2.5mm² （1/1.76mm）塑料铜芯线　　　4 根

　　　　　长 1m 的 BV10mm² （7/1.33mm）塑料铜芯线　　　4 根

　　　　　长 1m 的 BVV1.5mm² 塑料护套绝缘线　　　　　　4 根

（3）带宽 20mm 的黄蜡带、黑胶带　　　　　　　　　　各 1 卷

（4）RC1A15/10 插入式熔断器　　　　　　　　　　　　2 只

（5）拉线开关　　　　　　　　　　　　　　　　　　　1 只

三、训练要求

（1）2 根 BV2.5mm² 铜芯线作绝缘层剥削、直线连接、绝缘恢复。

（2）2 根 BV2.5mm² 铜芯线作绝缘层剥削、T 形连接、绝缘恢复。

（3）2 根 BV10mm² 7 股铜芯线作绝缘层剥削、直线连接、绝缘恢复。

（4）2 根 BV10mm² 7 股铜芯线作绝缘层剥削、T 形连接、绝缘恢复。

（5）2 根 BVV1.5mm² 塑料护套线先作绝缘层剥削，然后将其中一根与熔断器作针孔式接线桩连接，另一根与拉线开关作平压式接线桩连接。

（6）注意事项：

1）剥削导线绝缘层应正确使用电工工具，使用电工刀时要注意安全。

2）剖削导线绝缘层时不能损伤线芯。

3）作导线连接时缠绕方法正确，缠绕要平直、整齐和紧密，最后要钳平毛刺，以便恢复绝缘。

4）护套线线头与熔断器连接时不应露铜。

5）导线作平压式接线桩连接时，先用尖嘴钳把线头弯成圆环；螺钉拧紧方向与导线弯环方向一致。

6）训练内容可反复练习。

四、成绩评定（见表3-2）

表3-2　　　　　　　　　　　成 绩 评 定 标 准

项目内容	配分	评 分 标 准	扣分	得分
绝缘导线剖削	25	（1）导线剖削方法不正确，每根扣5分 （2）导线损伤：刀伤或钳伤，每根扣5分；多股线芯有剪断现象，每根扣10分		
导线连接	40	（1）缠绕方法不正确，每根扣10分 （2）缠绕不整齐不紧密，每根扣5分 （3）针孔式接线桩连接有露铜，扣10分 （4）平压式接线桩连接差，扣5分		
绝缘恢复	25	（1）包缠方法不正确，每根扣10分 （2）包缠不紧密，每根扣5分		
安全文明操作	10	（1）违反操作规程，每处扣5分 （2）工作场地不整洁，扣5分		
工时：1h			评分	

3.6.2　室内照明线路安装

一、训练内容

（1）照明附件的安装。

（2）白炽灯与荧光灯的安装：

1）一只开关控制一盏白炽灯。

2）一只开关控制一盏荧光灯。

二、器材准备

（1）HK2-15/2型刀开关　　　　　　　　　　　　　　　　　　　　1只

（2）RC1A15/10型熔断器　　　　　　　　　　　　　　　　　　　2只

（3）照明附件：ϕ75mm 木台　　　　　　　　　　　　　　　　5块

　　　　　　　单联开关　　　　　　　　　　　　　　　　　　2只

　　　　　　　挂线盒、螺口平灯座、双极明插座、明装接线盒　各1只

（4）荧光灯具　　　　　　　　　　　　　　　　　　　　　　　1套

（5）木制配电板（900mm×600mm×60mm）　　　　　　　　1块

（6）导线：BVV型 1mm² 两芯塑料护套线、RVS型塑料绝缘软线（荧光灯连接线）

　　　　　　　　　　　　　　　　　　　　　　　　　　　　　若干根

（7）铝片线卡、小钉子、各种规格小螺钉　　　　　　　　　　　各 1 包

（8）黑胶带　　　　　　　　　　　　　　　　　　　　　　　　　1 卷

（9）电工常用工具。

三、训练要求

（1）安装步骤：

1）定位及划线。

2）固定铝片线卡。

3）敷设塑料护套线。

4）固定刀开关、熔断器、接线盒、木台（木台在固定前须根据敷线的位置锯出线槽及钻两个出线孔）。

5）安装灯座、开关、插座和挂线盒。

6）安装荧光灯。根据荧光灯管长度固定荧光灯座，再固定镇流器和启辉器座，然后用塑料软线连接荧光灯线路，最后插入灯管和启辉器。

（2）一只开关控制白炽灯，另一只开关控制荧光灯，插座不受开关控制。

（3）各照明附件必须安装牢固，布线整齐美观。

上述步骤完毕后，自查安装线路。照明线路的原理图和安装图如图 3-37（a）、（b）所示。

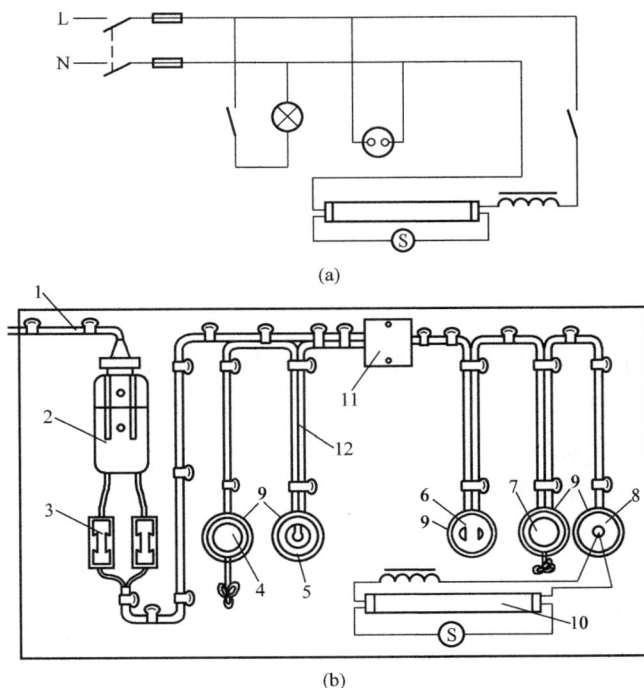

（a）

（b）

图 3-37　照明线路的原理图和安装图

（a）原理图；（b）安装图

1—电源进线；2—刀开关；3—熔断器；4—控制白炽灯的开关；5—平灯座；6—插座；

7—控制荧光灯的开关；8—挂线盒；9—木台；10—荧光灯具一套；

11—接线盒；12—两芯塑料护套线

（4）注意事项：

1）两芯塑料护套线要认准接电源中性线和接相线的塑料绝缘层的颜色。在安装过程中不宜把两种颜色混淆，以便于安装及自查。

2）从挂线盒到荧光灯用软线连接。

3）导线在接线盒和木台中的连接后，以及镇流器与导线连接后要缠绕两层黑胶带作绝缘处理。

4）经指导教师安全检查后，才能通电试验。严禁带电安装及检修。

四、成绩评定（见表3-3）

表3-3   成 绩 评 定 标 准

项目内容	配分	评 分 标 准	扣分	得分
护套线配线	30	（1）护套线敷设不平直，每处扣5分 （2）护套线转角不圆，每处扣5分 （3）铝片线卡安装不符要求，每处扣5分 （4）导线剖削损伤，每处扣5分		
灯具插座安装	60	（1）安装错误造成断路、短路故障，每通电试验一次扣20分 （2）相线未进开关，扣20分 （3）元件安装松动，每处扣5分 （4）开关、插座安装歪斜，每处扣5分		
安全文明操作	10	（1）违反操作规程，每处扣5分 （2）工作场地不整洁，扣5分		
		工时：2.5h	评分	

思 考 题

3-1　截面积大于 $4mm^2$ 的塑料硬线用什么工具剖削绝缘层？怎样剖削？

3-2　如何进行7股铜芯导线的直线连接和T形连接？

3-3　螺口白炽灯在安装时应注意哪些事项？

3-4　简述日光灯的工作原理。

项目4　变　压　器

【教学目标】

掌握变压器的结构、组成及各部件的作用。

能进行小型变压器的制作与维修。

能对小型变压器进行检测和试验。

能正确判别小型单相变压器的同名端。

4.1　常用变压器的有关知识

变压器是利用电磁感应原理制成的静止电气设备。它能将某一电压值的交流电变换成同频率的所需电压值的交流电，以满足高压输电、低压供电及其他用途的需要。

4.1.1　变压器的结构

变压器的主要部分是绕组铁芯，由它们组成器身。为了解决散热、绝缘、密封、安全等问题，变压器还需要油箱、绝缘套管、储油柜、冷却装置、压力释放阀、安全气道、温度计和气体继电器等附件。其结构如图4-1所示。

一、绕组

绕组是变压器的电路部分，常用绝缘铜线或铝线绕制而成，也有用铝箔或铜箔绕制的。接电源的绕组称一次绕组，接负荷的绕组称二次绕组；也可按绕组所接电压高低分为高压绕组和低压绕组；按绕组绕制的方式不同，可分为同心绕组和交叠绕组两种类型。

（一）同心绕组

同心绕组是将一、二次绕组套在同一铁芯柱的内外层。一般低压绕组在内层，高压绕组在外层，如图4-2所示。当低压绕组电流较大时，绕组导线较粗，也可放到外层。绕组的层间留有油道，以利绝缘和散热。同心绕组结构简单，制造方便，大多数电力变压器采用同心绕组。同心绕组又可分为圆筒式、线段式、连续式和螺旋式等结构。一般圆筒式用于容量不大的变压器绕组；线段式用于小容量高压绕组；连续式主要用于大容量、高电压绕组；螺旋式用于大容量低压绕组。

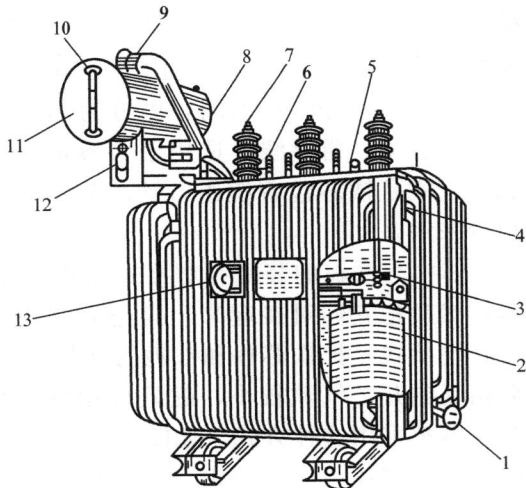

图4-1　油浸式变压器结构示意图

1—放油阀门；2—绕组；3—铁芯；4—油箱；
5—分接开关；6—低压套管；7—高压套管；
8—气体继电器；9—安全气道；10—油表；
11—储油柜；12—吸湿器；13—湿度计

（二）交叠绕组

交叠绕组是将高、低压绕组绕成饼状，沿铁芯轴向交叠放置，一般两端靠近铁轭处放置低压绕组，如图 4-3 所示，有利于绝缘。此种绕组大多用于壳式、干式变压器及电炉变压器中。

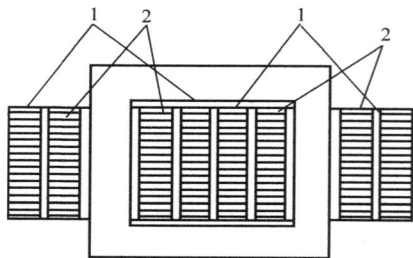

图 4-2　同心绕组
1—高压绕组；2—低压绕组

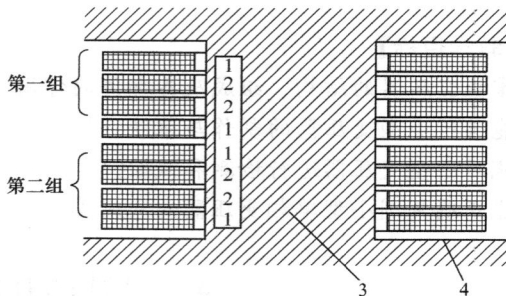

图 4-3　交叠绕组
1—低压绕组；2—高压绕组；3—铁芯；4—铁轭

二、铁芯

铁芯是主磁通 Φ_m 的通道，也是器身的骨架。为了提高铁芯导磁能力，使变压器容量增大，体积减小，效率提高，关键是采用性能好的导磁材料。铁芯常用硅钢片叠装而成，热轧硅钢片厚度有 0.35mm 和 0.5mm 两种，片间涂覆绝缘漆。冷轧硅钢片比热轧的性能更好，磁导率高而损耗小，但工艺性较差，导磁有方向性且价贵，多用于大中型变压器中。电力变压器全部都已采用冷轧硅钢片，厚度有 0.35、0.30、0.27mm 多种，越薄质量越好。例如冷轧 30Q130 型硅钢片厚 0.30mm，损耗为 1.3W/kg。目前，国内已有厂家在试制用非晶合金材料代替硅钢片，它的损耗只有冷轧硅钢片的 1/3 左右，质量又轻；但其价格较贵，脆性难加工，限制了它的推广，目前国外已开始使用。

铁芯按绕组的位置不同，可分为芯式和壳式两类。芯式指绕组包着铁芯，结构简单，装配容易，省导线，适用于大容量、高电压，所以电力变压器大多采用三相芯式铁芯。壳式是铁芯包着绕组，铁芯易散热，用线量多，工艺复杂，除小型干式变压器外很少采用。

铁芯柱与铁轭的装配有对接式和叠接式两种工艺。对接式是将铁芯和铁轭分别叠装夹紧，然后把它们对接起来，再把它们夹紧。这种工艺气隙大，从而增加磁阻和励磁电流。叠接式是把铁芯柱和铁轭的钢片一层层相互交错的重叠（每层不能多于三片），接缝相互错开，气隙较小，磁阻也相应减小，从而减少了励磁电流，改善了性能，大型变压器都采用这种方式，如图 4-4（a）所示。大、中型变压器中采用高导磁、低损耗的冷轧硅钢片。冷轧硅钢片顺碾压方向导磁性好，损耗小，所以，冷轧硅钢片叠装时要求硅钢片在对接处按 45°角剪裁，以保证磁力线与碾压方向一致，如图 4-4（b）所示。

现在铁芯加工工艺一般不打穿心孔，改用新的夹紧工艺，可以提高铁芯装配质量，减少损耗。另外，还有一种 C 形铁芯结构，它由冷轧钢带卷绕而成，铁芯端面加工精确，大大减少了气隙，提高了效率，节省了材料，装配也方便，小功率的此类铁芯变压器在电子线路

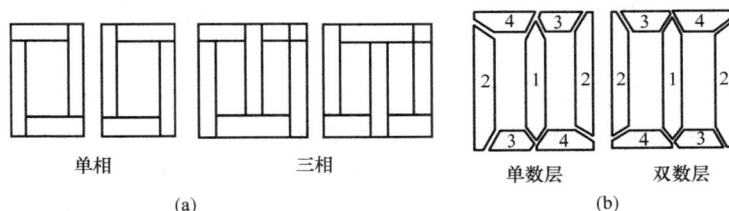

图 4 - 4 硅钢片的叠片

(a) 热轧硅钢片叠法；(b) 冷轧硅钢片叠法

中应用很广。小型变压器一般也采用叠接工艺，结构简单，经济实用。小型单相变压器常用铁芯有 E 字形、F 字形、日字形和 C 字形。

三、油箱及变压器油

油浸式变压器的器身放在充满变压器油的油箱中。油箱用钢板焊成，横断面一般为椭圆形，这样可使油箱有较高的机械强度，且需油量较少。为了增强冷却效果，油箱壁上焊有散热管或装设散热器。油箱分平顶油箱和拱顶油箱两种，前者多用于 6300kVA 及以下的变压器，后者用于 8000kVA 及以上的变压器。

变压器油为矿物油，它有两个作用：一是起加强绝缘作用；二是通过对流作用加强散热。对变压器油的要求是：介电强度高，着火点高，黏度小，水分和杂质含量低，其性能指标应符合国家标准。

四、其他附件

（一）储油柜

储油柜又称油枕，它水平安装在油箱的上部，用连通管与油箱接通。它使油面升降限制在储油柜中，可减少油受潮和氧化的程度。此外，储油柜注入变压器油，还可防止气泡进入变压器内。

（二）安全气道

安全气道又称防爆管，是一根钢质圆管。其下部与油箱连通，顶端出口处封有一块玻璃或酚醛薄膜片。当变压器内部发生严重故障，压力升高时，压力释放阀动作并接通触点报警。

（三）气体继电器

气体继电器安装在储油柜与油箱之间的连接管道中。当变压器内部发生故障产生气体或油箱漏油使油面下降时，根据油面下降至不同的位置发出报警信号或发出保护装置动作信号，自动切断变压器电源。

（四）绝缘套管

变压器的引出线从油箱内经过油箱盖时，必须经过绝缘套管，以使带电的引线和接地的油箱绝缘。绝缘套管一般为瓷质，其结构主要取决于电压等级。1kV 以下采用实心瓷套管；10~35kV 采用空心充气或油式套管；110kV 及以上采用电容式套管。为了增加表面放电距离，套管外形做成多级伞形，并且电压越高，级数越多。

4.1.2 变压器的工作原理

实际变压器主要由构成磁路的铁芯和绕在铁芯上构成电路的一次绕组和二次绕组组成（不包括空心变压器）。

人们常参照理想变压器分析实际变压器，满足以下四点假设的变压器称为理想变压器：

（1）绕组的电阻可以忽略；

（2）磁通全部通过铁芯，不存在铁芯外的漏磁通；

（3）励磁电流（变压器空载时的一次绕组所通过的电流）很小，可以忽略；

（4）忽略铁损和铁芯的磁饱和。

理想变压器模型如图 4-5 所示。图中，e_1 和 e_2 分别为磁通 Φ 在一、二次绕组中产生的感应电动势，N_1 和 N_2 分别为一、二次绕组的匝数。

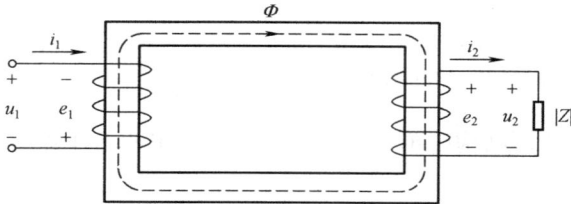

图 4-5　理想变压器模型

此时，理想变压器的输入、输出电压比等于一次、二次绕组的匝数比，即

$$\frac{U_1}{U_2} \approx \frac{E_1}{E_2} = \frac{N_1}{N_2} = K$$

式中：K 称为变压器的变比。

这就是理想变压器的电压变换作用。当输入电压（即一次绕组两端的电压 U_1）一定时，通过改变一次绕组和二次绕组的匝数比（即变比），就可以在二次绕组两端得到所需要的输出电压 U_2。

理想变压器输入电压 u_1 与磁通 Φ 的关系式为

$$U_1 = 4.44fN_1\Phi_m = 4.44fN_1B_mS \qquad (4-1)$$

式中：U_1 为 u_1 的有效值，V；Φ_m 为磁通 Φ 的最大值，Wb；S 为铁芯的截面积，m^2；f 为电源频率，Hz；B_m 为磁通密度的最大值，T，通常采用热轧硅钢片时 B_m 取 $1.1\sim1.475$T，采用冷轧硅钢片时 B_m 取 $1.5\sim1.7$T。

式（4-1）也可写为

$$N_1 = \frac{U_1}{4.44fB_mS}$$

当二次绕组连接有负荷时，将产生负荷电流 i_2，它与一次绕组电流 i_1 的关系为

$$\frac{I_1}{I_2} = \frac{N_2}{N_1} = \frac{1}{K}$$

即理想变压器有载工作的输入和输出电流之比与一、二次绕组的匝数成反比。这就是理想变压器的电流变换作用。

显然，理想变压器是不存在的，因为实际变压器总是存在绕组电阻、漏磁通和励磁电流，其模型和图形符号分别如图 4-6（a）、（b）所示。图 4-6（a）中，一次绕组的匝数为 N_1，电压为 u_1，电流为 i_1，主磁电动势为 e_1，漏磁电动势为 $e_{\sigma1}$；二次绕组的匝数为 N_2，电压为 u_2，电流为 i_2，主磁电动势为 e_2，漏磁电动势为 $e_{\sigma2}$。

虽然理想变压器不存在，但在绝大多数情况下，由于铁芯材料的磁导率远远大于周边空气的磁导率，励磁电流产生的磁通几乎全部在铁芯中通过，漏磁通可以忽略不计。虽然励磁电流不为零，但它与变压器有载工作时的输入电流相比是非常小的，在大多数场合下也可以忽略不计。同理，绕组电阻在大多数场合下也是可以忽略不计的。

因此，实际变压器的输入、输出电压比近似地等于一、二次绕组的匝数比；有载工作时

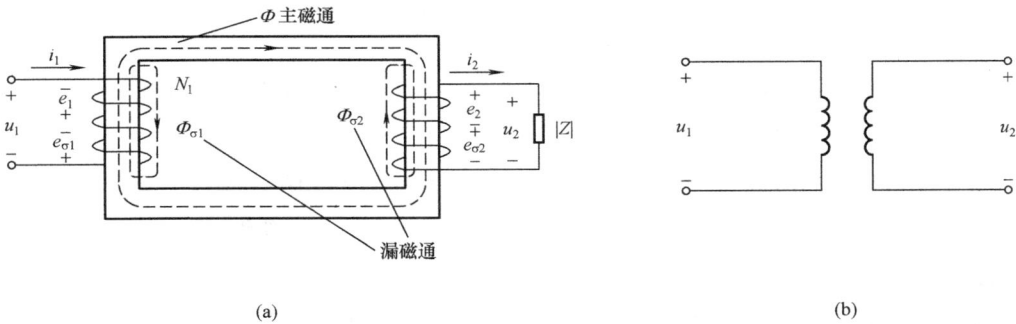

图 4-6　实际变压器模型和变压器的图形符号

（a）实际变压器模型；（b）变压器的图形符号

的输入、输出电流比近似地等于一、二次绕组匝数比的反比。

另外，变压器还具有阻抗变换作用，结论如下：

对变压器的输入电路来说，变压器的负荷阻抗模折算到输入电路的等效阻抗模为原始值增加到 K^2 倍，即

$$|Z'_L| = K^2|Z_L|$$

式中：$|Z_L|$ 为负荷的阻抗模，它折算到一次侧的等效阻抗模为 $|Z'_L|$。

可以利用变压器的阻抗变换作用，通过选择合适的匝数比将负荷阻抗变换到所需要的、比较合适的数值，这种做法通常称为阻抗匹配。

4.1.3　变压器的分类

为了适应不同的使用目的和工作条件，变压器有许多类型，且各种类型的变压器在结构上、性能上有很大差异。

变压器有许多种分类方法。

（1）按用途分为：电力变压器、调压变压器、仪用互感器、试验变压器、整流变压器、脉冲变压器等。

（2）按绕组数目分：双绕组变压器、三绕组变压器、自耦变压器。

（3）按铁芯结构分：芯式变压器和壳式变压器。

（4）按相数分：单相变压器、三相变压器、多相变压器。

（5）按冷却介质和冷却方式分：干式变压器、油浸式变压器和充气式变压器。

（6）按容量大小分：10～630kVA 的变压器为小型变压器，800～6300kVA 的变压器为中型变压器，8000～63 000kVA 及以上的变压器为大型变压器。

4.1.4　变压器的铭牌数据

每一台变压器都有一个铭牌，铭牌上标注着变压器的型号、额定数据及其他数据。

一、型号

变压器型号由字母和数字两部分组成，字母代表变压器的基本结构特点和冷却方式，数字代表额定容量（kVA）和高压侧额定电压（kV）。例如，三相强迫油循环风冷三绕组有载调压自耦变压器，额定容量 250 000kVA，高压侧额定电压 220kV，其型号可表示如下：

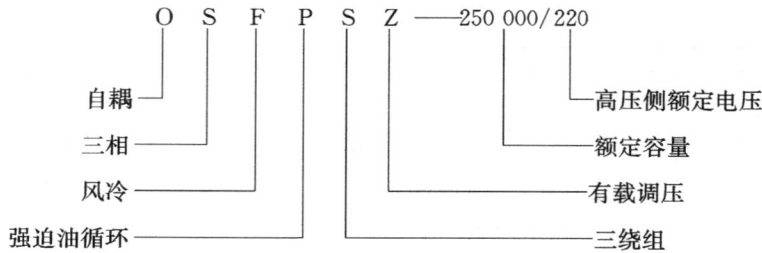

O　S　F　P　S　Z　——250 000/220

自耦 —————————————————————— 高压侧额定电压

三相 —————————————————————— 额定容量

风冷 ———————————————————————— 有载调压

强迫油循环 ——————————————————— 三绕组

二、额定值

额定值是指制造厂按照国家标准，对变压器正常工作时的有关参数所规定的数值。变压器运行在额定值状态下，称为额定运行。在额定运行时，变压器有优良的特性，并可保证长期可靠工作。

（一）额定容量 S_N

额定容量是指变压器额定运行状态下输出的视在功率，单位为 kVA 或 MVA。对于双绕组变压器，一、二次绕组的额定容量设计为相等；对三相变压器指三相总容量。

（二）额定电压 U_{1N}、U_{2N}

一次侧额定电压 U_{1N} 正常工作时加在一次侧的电压值，二次侧额定电压 U_{2N} 是指变压器一次侧加电压时二次侧的空载电压，单位为 V 或 kV。三相变压器额定电压指线电压。

（三）额定电流 I_{1N}、I_{2N}

一、二次侧额定电流 I_{1N}、I_{2N} 是根据变压器额定运行时额定容量、额定电压计算出来的，单位为 A。对于三相变压器，额定电流指线电流。

（四）额定频率 f_N

我国规定的标准工业频率为 50Hz，故 $f_N=50Hz$。

此外，变压器铭牌上还标有连接组、阻抗电压、温升等。

4.2　小型单相变压器的设计与制作

小型变压器是指用于工频范围内进行电压、电流变换的小功率变压器，容量从几十伏安到 1kVA。小型变压器应用十分广泛，常见的有灯丝变压器、电源变压器、控制变压器及行灯变压器等。

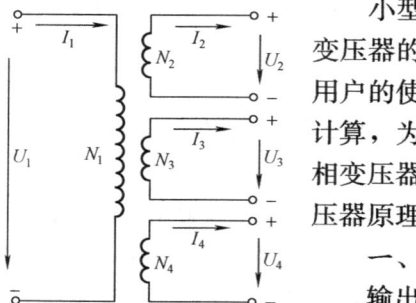

小型单相变压器的设计、制作思路是：根据负荷的大小确定变压器的容量；从负荷侧所需电压的高低计算出两侧电压；根据用户的使用要求及环境确定其材质和尺寸。经过一系列的设计、计算，为制作提供足够的技术数据，即可做出满足需要的小型单相变压器，下面介绍其设计与计算步骤。图 4-7 所示为小型变压器原理图。

图 4-7　小型变压器原理图

一、计算变压器输出容量 S_2

输出容量的大小受变压器二次侧供给负荷量的限制，多个负荷则需要多个二次绕组，各绕组的电压、电流分别为 U_2、I_2，

U_3、I_3，U_4、I_4，…，则 S_2 为

$$S_2 = U_2 I_2 + U_3 I_3 + U_4 I_4 + \cdots \quad (\text{VA})$$

二、估算变压器输入容量 S_1 和输入电流 I_1 的值

变压器在传递功率过程中，本身存在着铁损和铜损，故一次容量比二次容量大。

$$S_1 = \frac{S_2}{\eta} \quad (\text{VA})$$

式中：η 为变压器的效率。η 总是小于 1，变压器的容量越小，η 也越小，η 的数值见表 4-1。

表 4-1 小容量变压器效率值

变压器二次侧容量 S_2(VA)	小于 10	10~30	30~80	80~200	200~400	400 以上
η	0.6	0.7	0.8	0.85	0.9	0.95

输入电流 I_1 的计算式为

$$I_1 = (1.1 \sim 1.2)\frac{S_1}{U_1} \quad (\text{A})$$

式中：U_1 为一次侧电压；1.1~1.2 为考虑变压器空载电流时的经验系数，容量越大，其值越大。

变压器的额定容量一般取一、二次侧容量之和的平均值，即

$$S = \frac{S_1 + S_2}{2}$$

三、确定变压器铁芯截面积 A_{Fe} 和选用硅钢片尺寸

(1) 截面积的计算。小型单相变压器的铁芯多采用壳式结构，硅钢片的几何尺寸如图 4-8 所示。铁芯的中柱截面积 A_{Fe} 与变压器容量有关，一般可由下面的经验公式确定，即

$$A_{\text{Fe}} = k\sqrt{S} \quad (\text{cm})$$

式中：k 为经验系数，它是根据铁芯材料好坏得出的经验数据，一般可根据所采用硅钢片的磁通密度来选取，当 B 为 1.2~1.5T 时，$k=1$；B 为 0.8~1.0T 时，$k=1.6\sim1.25$；B 为 0.6~0.7T 时，$k=2$。S 为变压器的额定容量，VA。

由图 4-8 可知，铁芯截面积为

$$A_{\text{Fe}} = ab$$

式中：a 为铁芯中柱宽，cm；b 为铁芯净叠厚，cm。

由 A_{Fe} 计算值查小型变压器硅钢片的规格表即可确定 a 和 b 的大小。考虑到硅钢片间绝缘漆膜及钢片间隙的厚度，实际的铁芯厚度 b' 的计算式为

$$b' = \frac{b}{k_0} \quad (\text{cm})$$

式中：k_0 为叠片系数，其取值范围参考表 4-2。

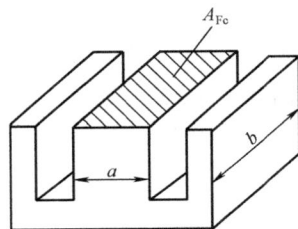

图 4-8 小型单相变压器硅钢片尺寸

表 4 - 2 叠片系数 k_0 参考值

名　　　称	硅钢片厚度（mm）	绝缘情况	k_0
热轧硅钢片	0.5	两面涂漆	0.93
	0.35		0.91
冷轧硅钢片	0.35	两面涂漆	0.92
	0.35	不涂漆	0.95

（2）硅钢片尺寸的选用。图 4 - 9 画出了小容量变压器常用标准铁芯。表 4 - 9 列出了目前国产小功率变压器常用的标准铁芯片规格，可供参考。

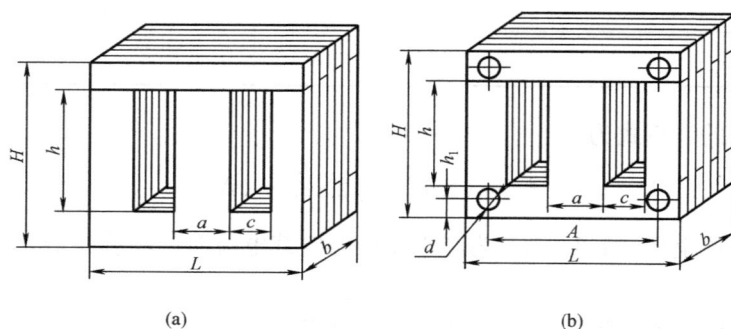

(a) (b)

图 4 - 9 小容量变压器常用标准铁芯

（a）GEI 型；（b）GEIB 型

如果计算求得的铁芯尺寸与表 4 - 3 所列标准尺寸既不符合，又不便于调整设计，则建议采用非标准铁芯片尺寸，并采用拼条式铁芯结构。

表 4 - 3 国产小容量变压器常用的标准铁芯片规格

铁芯片型号	铁芯规格（mm） ab	尺寸（mm）							参 考 数 据 中间舌片净截面积（cm²） 铁芯片厚度（mm）			
		c	H	h	L	A	d	h_1	冷　轧		热　轧	
									0.35	0.5	0.35	0.5
GEI10	10×12.5	6.5	31	18	36				1.18	1.19	1.14	1.15
	10×15								1.41	1.43	1.37	1.38
	10×17.5								1.64	1.66	1.59	1.61
	10×20								1.88	1.90	1.82	1.84
GEI12	12×15	8	38	22	44				1.69	1.71	1.64	1.66
	12×18								2.03	2.05	1.97	1.99
	12×21								2.37	2.39	2.29	2.32
	12×24								2.70	2.74	2.62	2.65

续表

铁芯片 型号	铁芯规格 (mm)	尺寸（mm）							参 考 数 据			
									中间舌片净截面积（cm²）			
		c	H	h	L	A	d	h₁	铁芯片厚度（mm）			
									冷 轧		热 轧	
	ab								0.35	0.5	0.35	0.5
GEI14	14×18	9	43	25	50				2.37	2.39	2.29	2.32
	14×21								2.76	2.79	2.68	2.70
	14×24								3.16	3.19	3.06	3.09
	14×28								3.68	3.72	3.57	3.61
GEI16	16×20	10	48	28	56				3.01	3.04	2.91	2.94
	16×24								3.61	3.65	3.49	3.53
	16×28								4.21	4.26	4.08	4.12
	16×32								4.81	4.86	4.66	4.71
GEIB19	19×24	12	57.5	33.5	67	55	4	6	4.29	4.33	4.15	4.20
	19×28								5.00	5.05	4.84	4.89
	19×32								5.72	5.78	5.53	5.59
	19×38								6.79	6.86	6.57	6.64
GEIB22	22×28	14	67	39	78	64	5	7	5.79	5.85	5.61	5.67
	22×33								6.82	6.90	6.61	6.68
	22×38								7.86	7.94	7.61	7.69
	22×44								9.10	9.20	8.81	8.91
GEIB26	26×33	17	81	47	94	77	5	8.5	8.07	8.15	7.81	7.89
	26×39								9.53	9.63	9.23	9.33
	26×45								11.0	11.1	10.6	10.8
	26×52								12.7	12.8	12.3	12.4
GEIB30	30×38	19	91	53	106	87	6	9.5	10.7	10.8	10.4	10.5
	30×45								12.7	12.8	12.3	12.4
	30×52								14.7	14.8	14.2	14.4
	30×60								16.9	17.1	16.4	16.6
GEIB35	35×44	22	105.5	61.5	123	101	6	11	14.5	14.6	14.0	14.2
	35×52								17.1	17.3	16.6	16.7
	35×60								19.7	20.0	19.1	19.3
	35×70								23.0	23.3	22.3	22.5
GEIB40	40×50	26	124	72	144	118	6	13	18.8	19.0	18.2	18.4
	40×60								22.6	22.8	21.8	22.1
	40×70								26.3	26.6	25.5	25.8
	40×80								30.1	30.4	29.1	29.4

四、计算每个绕组的匝数 N

由变压器感应电势 E 的计算式

$$E = 4.44fN\Phi_m = 4.44fNB_mA_{Fe} \times 10^{-4} \quad (V)$$

可以导出每伏所需要的匝数

$$N_0 = \frac{1}{4.44fB_mA_{Fe} \times 10^{-4}} = \frac{45}{B_mA_{Fe}} \quad (匝/V)$$

关于 B_m 值，不同的硅钢片是不一样的。当变压器容量在 100VA 以下，通常冷轧硅钢片 DW240-35、DW265-35 型的 B_m 取 $1.0 \sim 1.2$T；当变压器容量为 $100 \sim 1000$VA 时，B_m 可取 $1.2 \sim 1.5$T。当变压器容量在 100VA 以下，热轧硅钢片 DR320-35、DR280-35、DR360-50、DR315-50 型的 B_m 取 $0.8 \sim 1.0$T；当变压器容量为 $100 \sim 1000$VA 时，B_m 取 $1.0 \sim 1.2$T。

如果不知道硅钢片的牌号，按经验可以将硅钢片扭一扭，如硅钢片薄而脆，则磁性能较好（俗称高硅），B_m 可取得大些；若硅钢片厚而软，则磁性能较差（俗称低硅），B_m 值可取得小些。一般 B_m 可取在 $0.7 \sim 1.0$T 之间。然后确定铁芯柱截面积 A_{Fe}（$=ab$）及 N_0，最后根据下式求取各个绕组的匝数。

一次侧绕组的匝数为

$$N_1 = U_1N_0$$

二次侧绕组的匝数为

$$N_2 = 1.05U_2N_0$$
$$N_3 = 1.05U_3N_0$$
$$N_4 = 1.05U_4N_0$$
$$N_n = 1.05U_nN_0$$

注意：二次侧绕组中有 5% 的匝数是为补偿变压器的漏感和导线铜损所增加的裕量。

五、计算各绕组导线的直径并选择导线

导线直径计算式为

$$I = \frac{\pi}{4}d^2j = A_Sj$$

式中：I 为绕组电流，A；A_S 为导线截面积，cm^2；d 为导线直径，mm；j 为电流密度，A/mm^2。

所以有

$$d = \sqrt{\frac{4I}{\pi j}} = 1.13\sqrt{\frac{I}{j}}$$

电流密度 j 一般可按下述方法选取：100VA 以下连续使用的变压器 $j = 2.5A/mm^2$；100VA 以上连续使用的变压器取 $j = 2A/mm^2$；变压器短时工作时，电流密度可以取大一些，即 $j = 4 \sim 5A/mm^2$。以计算的直径 d 为依据，查圆铜漆包线规格（见表 4-4），选出标称直径接近而稍大的标准漆包线。

表 4-4　　　　　　　　　　　　　常用圆铜漆包线规格

导线直径 d(mm)	导线截面 A_S(mm²)	导线最大外径 d'(mm)		导线直径 d(mm)	导线截面 A_S(mm²)	导线最大外径 d'(mm)	
		油性漆包线	其他绝缘漆包线			油性漆包线	其他绝缘漆包线
0.10	0.007 85	0.12	0.13	0.12	0.011 31	0.14	0.15
0.11	0.009 50	0.13	0.14	0.13	0.0133	0.15	0.16

导线直径 d(mm)	导线截面 A_S(mm²)	导线最大外径 d'(mm)		导线直径 d(mm)	导线截面 A_S(mm²)	导线最大外径 d'(mm)	
		油性漆包线	其他绝缘漆包线			油性漆包线	其他绝缘漆包线
0.14	0.0154	0.16	0.17	0.64	0.322	0.69	0.72
0.15	0.017 67	0.17	0.19	0.67	0.353	0.72	0.75
0.16	0.0201	0.18	0.20	0.69	0.374	0.74	0.77
0.17	0.0255	0.20	0.22	0.72	0.407	0.78	0.80
0.18	0.0255	0.20	0.22	0.74	0.430	0.80	0.83
0.19	0.0284	0.21	0.23	0.80	0.503	0.86	0.89
0.20	0.031 40	0.225	0.24	0.80	0.503	0.86	0.89
0.21	0.0346	0.235	0.25	0.83	0.541	0.89	0.92
0.23	0.0415	0.255	0.28	0.86	0.581	0.92	0.95
0.25	0.0491	0.275	0.30	0.90	0.636	0.96	0.99
0.28	0.0573	0.31	0.32	0.93	0.679	0.99	1.02
0.29	0.0667	0.33	0.34	0.96	0.724	1.02	1.05
0.31	0.0755	0.35	0.36	1.00	0.785	1.07	1.11
0.33	0.0855	0.37	0.38	1.04	0.849	1.12	1.15
0.35	0.0962	0.39	0.41	1.08	0.916	1.16	1.19
0.38	0.1134	0.42	0.44	1.12	0.985	1.20	1.23
0.41	0.1320	0.44	0.47	1.16	1.057	1.24	1.27
0.44	0.1521	0.49	0.50	1.20	1.131	1.28	1.31
0.47	0.1735	0.52	0.53	1.25	1.227	1.33	1.36
0.49	0.1886	0.54	0.55	1.30	1.327	1.38	1.41
0.51	0.204	0.56	0.58	1.35	1.431	1.43	1.46
0.53	0.221	0.58	0.60	1.40	1.539	1.48	1.51
0.55	0.238	0.60	0.62	1.45	1.651	1.53	1.56
0.57	0.255	0.62	0.64	1.50	1.767	1.58	1.61
0.59	0.273	0.64	0.66	1.56	1.911	1.64	1.67
0.62	0.302	0.67	0.69				

六、计算绕组的总尺寸，核算铁芯窗口的面积

变压器绕组需绕在框架上，根据已知的绕组匝数、线径、绝缘厚度等计算出的绕组总厚度应小于铁芯窗口宽度 c，否则，应重新计算或选铁芯。

(1) 根据铁芯窗高 h (mm)，求取每层匝数 N_i 为

$$N_i = \frac{0.9 \times [h - (2 \sim 4)]}{d'} \quad (\text{匝/层})$$

式中：0.9 为考虑绕组框架两端各空出 5% 的地方不绕导线而留的裕度；2～4 为考虑绕组框架厚度留出的空间；d' 为包括绝缘厚度在内的导线直径。

(2) 每个绕组需绕制的层数 m_i 为

$$m_i = \frac{N}{N_i} \quad (\text{层})$$

（3）计算层间绝缘及每个绕组的厚度 δ_1，δ_2，δ_3，…。

通常使用的绝缘厚度尺寸主要如下：

1）一、二次绕组间绝缘的厚度 δ_0 为绕组框架厚度 1mm，外包对地绝缘为二层电缆纸（2×0.07mm）夹一层黄蜡布（0.14mm），合计厚度 $\delta_0 = 1.28$mm。

2）绕组间绝缘及对地绝缘的厚度 $r = 0.28$mm。

3）层间绝缘的厚度 δ' 导线 d 为 0.2mm 以下的用一层 $0.02 \sim 0.04$mm 厚的透明纸（白玻璃纸）；导线 d 为 0.2mm 以上的用一层 $0.05 \sim 0.07$mm 厚的电缆纸（或牛皮纸），更粗的导线用一层 0.12mm 的青壳纸。

最后可求出一次侧绕组的总厚度 δ_1 为

$$\delta_1 = m_i(d' + \delta') + r \quad (\text{mm})$$

同理可求出二次侧每个绕组的总厚度 δ_2、δ_3。

（4）全部绕组的总厚度为

$$\delta = (1.1 \sim 1.2)(\delta_0 + \delta_1 + \delta_2 + \delta_3 + \cdots) \quad (\text{mm})$$

式中：$1.1 \sim 1.2$ 为考虑绕制工艺因素而留的裕量。

若求得绕组的总厚度 δ 小于窗口宽度 c，则说明设计方案可以实施；若 δ 大于 c，则方案不可行，应调整设计。

4.3　木芯、线圈骨架与层间绝缘的制作

一、木芯的制作

木芯是套在骨架里，再连同骨架一起穿在绕线机转轴上支撑绕组骨架进行绕线的模具。

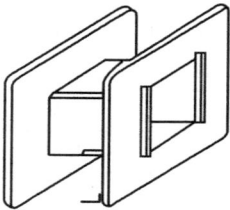

木芯一般用松木或杨木，按铁芯截面积（ab）稍大一点的尺寸 $a'b'$ 制成。木芯长度 h' 也应略大于铁芯窗口高度 h。木芯的中心钻一圆孔，孔必须平直，以防绕线时发生晃动。孔径可根据绕线机轴径确定，一般孔径为 10mm。木芯的表面及棱角用砂纸打磨光滑，其效果见图 4 - 10。

图 4 - 10　小型变压器活络骨架

二、骨架的制作

（一）材料选择

骨架的作用是支撑绕组和绕组对地的绝缘。一般骨架所用的材料是层压板、硬质塑料、酚醛纸板等。对骨板的要求是应具有足够的机械强度和绝缘强度，同时希望不要太厚，以免占据窗口位置较大。

绕组骨架有两端带框和无框的两种，可根据需要选定。无框骨架是用青壳纸在木芯上绕 $1 \sim 2$ 圈，用胶水粘牢，其高度略低于铁芯窗口高度。骨架干燥以后，木芯在骨架中能插得进、抽得出。最后用硅钢片插试，以硅钢片刚好能插入为宜。绕制时要特别注意线圈绕到两端，在绕制层数较多时容易散塌，造成返工。

有框骨架形状见图 4 - 10。骨架的内腔与简易骨架尺寸相同，具体下料如图 4 - 11 所示。

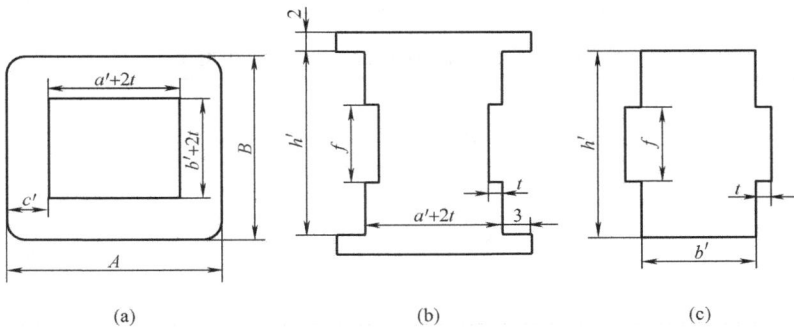

图 4-11　活络骨架下料图

（二）制作步骤

（1）照图下料。

图 4-11 所示尺寸说明如下：

$$a' = a + 0.2 (\text{mm})$$
$$b' = b + 0.2 (\text{mm})$$
$$h' = h - 0.2 (\text{mm})$$
$$c' = c - t - 0.2 (\text{mm})$$
$$f = \frac{1}{3}h$$

式中：a 为铁芯舌宽，mm；b 为铁芯实际叠厚；h 为铁芯窗口高；t 为材料厚度，mm；c 为铁芯窗口宽。

（2）工件制作工艺：

1）做出三工件的直角基准，划出三工件的所有尺寸线；

2）用钻头排出件 a 方孔，锯下件 a、件 b、件 c 的尺寸余量；

3）用 6 寸锉刀和组锉加工出件 a、件 b、件 c 的尺寸公差；

4）用砂纸将切口的毛刺打磨光滑。

（3）组装与粘接。将已下好料的骨架各面按照骨架的实际位置进行组装，用黏合剂黏结好各面，放置在通风处固化。

（4）检验。将已粘牢的骨架用硅钢片在其内腔中插试，验其舌宽和叠厚是否合适。如果尺寸合适即可投入使用，如果不合适需重新整改或重新完成以上工序。

三、层间绝缘的制作

一般情况下，变压器中相邻的两层之间存在很高的电位差。因此，导线本身绝缘层的强度会显得不够，为防止变压器绝缘层被击穿，往往在线圈各层之间垫衬绝缘纸或其他绝缘材料。

（一）绝缘材料的选择

绕组间绝缘，一般用二层电缆纸（2×0.07mm）夹一层黄蜡布构成；层间绝缘在导线直径为 0.2mm 以下的用一层 0.02~0.04mm 厚的透明纸（白玻璃纸）；导线直径为 0.2mm 以上的用一层 0.05~0.07mm 厚的电缆纸（或牛皮纸）；直径更大的导线用一层 0.12mm 的青壳纸。

层间绝缘耐压值在 400V 左右。绕组间的绝缘耐压值应更强，一般在 2000~3000V。表

4-5列出了国产小型变压器常用绝缘材料的性能和用途，可根据需要选用或替代。

表 4-5　　　　　　　　　　　国产小型变压器常用绝缘材料的性能和用途

| 品名 | 颜色 | 常用规格 | | 特　点 | 用　途 | 备　注 |
		厚度 (mm)	耐压强度 (V)			
电话纸	白色	0.04 0.05	400	坚实、不易破碎	线径小于0.4mm的漆包线的层间绝缘垫纸	代用品：相当厚度的打字纸、描图纸
电缆纸	土黄色	0.08 0.12	300～400 800	柔顺、耐拉力强	线径大于0.5mm的漆包线的层间绝缘	代用品：牛皮纸
青壳纸	青褐色	0.25	1500	坚实、耐磨	线包外层绝缘	
电容器纸	白色 黄色	0.03	475	薄、密度高	同电话纸	
聚酯薄膜	透明	0.04 0.05 0.10	3000 4000 9000	耐温140℃	层间绝缘	
玻璃漆布	黄色	0.15 0.17	2000 ～3000	耐湿好	绕组间绝缘	
聚四氟乙烯薄膜	透明	0.030	6000	耐温280℃ 耐酸碱	层间绝缘	
压制板	土黄色	1.0 1.5		坚实、易弯曲	线包骨架	又称弹性纸
黄蜡布	糖浆色	0.14 0.17	2500	光滑、耐高压	高压绕组间绝缘	
黄蜡绸	糖浆色	0.08	400	细薄、少针孔	高压绕组的层间绝缘高压绕组间绝缘（2～3层）	
高频漆				粘料	粘合绝缘纸、压制板、黄蜡布、黄蜡绸	又称洋干漆
清喷漆	透明			粘料	粘合绝缘纸、压制板、黄蜡布、黄蜡绸等	又称罩光漆

（二）绝缘纸的下料

绝缘纸的宽度稍大于活络骨架或无框骨架的宽度，长度应稍长于活络骨架或无框骨架的周长。此外，还应考虑到绕组绕大后所需的裕量。

4.4　小型单相变压器绕组的绕制及质量检测

4.4.1　小型变压器的线包绕制工艺

小型变压器绕组的绕制通常在绕线机上进行。绕组绕制的好坏，是决定变压器质量的关键。变压器绕组的绕制可按下列步骤进行：

（1）裁剪好各种绝缘纸（布）。

（2）起绕。绕线前，先在套好木芯的有框骨架或无框骨架上垫好铁芯绝缘，然后将木芯中心孔穿入绕线机轴固定紧，如图 4-12（a）所示。若采用的是无框骨架，起头时在导线引线头压入一条绝缘带的折条，以便抽紧起始线头，如图 4-12（b）所示。导线起绕点不可过于靠近无框骨架的边缘，以免在绕线时漆包线滑出，同时防止在插硅钢片时碰伤导线的绝缘。若采用有框骨架，导线要紧靠边框板，不必留出空间。

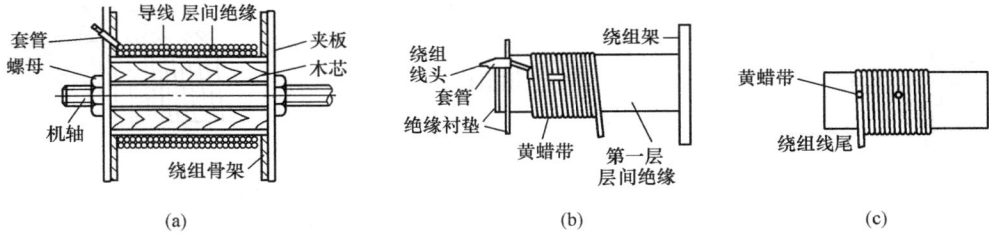

图 4-12　绕组的绕制
（a）绕线芯子的安装；（b）绕组线头的紧固；（c）绕组线尾的紧固

（3）绕线方法。导线要求绕得紧密、整齐，不允许有叠线现象。绕线的要领是：绕线时将导线稍微拉向绕线前进的相反方向约 5°（见图 4-13），拉线的手随绕线前进方向而移动，拉力大小应根据导线粗细而掌握，导线就容易排列整齐，每绕完一层要垫层间绝缘。

（4）线包的层次。绕线的顺序按一次绕组→静电屏蔽→二次高压绕组、低压绕组依次叠绕。每绕完一组绕组后，要衬垫绕组间绝缘。当二次绕组数较多时，每绕好一组后用万用表检查是否通路。

（5）线尾的固定。当一组绕组绕制近结束时，要垫上一条绝缘带的折条，然后继续绕线到结束，将线尾插入绝缘带的折缝中，抽紧绝缘带，线尾便固定，如图 4-12（c）所示。

（6）静电屏蔽层的制作。在绕完一次绕组、安放好绝缘层后，还要加一层金属材料的静电屏蔽层，以减弱外来电磁场对电路的干扰。静电屏蔽层的材料最好用紫铜箔，其宽度比骨架宽度小 1～3mm；长度应是围绕骨架一周，但短 10mm 左右。在对应铁芯的舌宽面焊上引出线做接地极，见图 4-14。注意：绝不能让屏蔽层首尾相接，否则将形成短路。若没有现成的铜箔，也可用较粗的导线在应安放静电屏蔽层的位置排绕一层，一端开路，一端接地，同样能起屏蔽外界电磁场的作用。

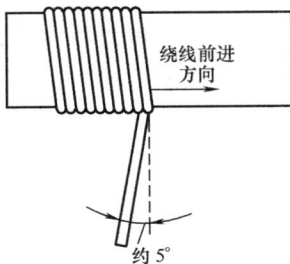

图 4-13　绕制过程的持线方法　　　　　　图 4-14　静电屏蔽层

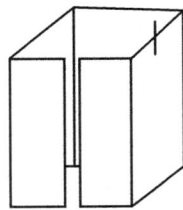

（7）引出线。变压器每组线圈都有两个或两个以上的引出线，一般用多股软线、较粗的铜线或用铜皮剪成的焊片制成，将其焊在线圈端头，用绝缘材料包扎好后，从骨架端面预先打好的孔中伸出，以备连接外电路。

对绕组线径在 0.35mm 以上的都可用本线直接引出方法，如图 4-15 所示。线径在 0.35mm 以下的，要用多股软线做引出线，也可用薄铜皮做成的焊片做引出线头。引出线的连接方法如图 4-16 所示。

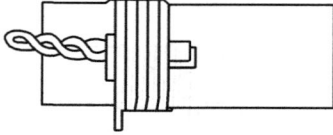

图 4-15   利用本线做引出线

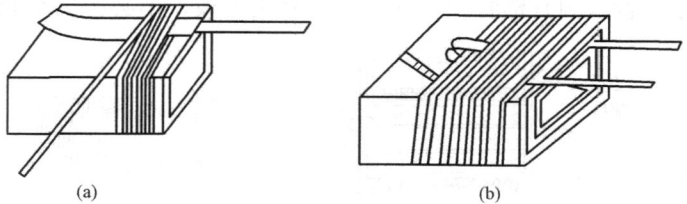

(a)   (b)

图 4-16   引出线的连线

（a）首端接法；（b）尾端接法

（8）外层绝缘。线包绕制好后，外层绝缘用铆好焊片的青壳纸缠绕 2～3 层，用胶水粘牢。将各绕组的引出线焊在焊片上。

4.4.2 绝缘处理

新绕制的和大修后的变压器必须进行浸漆和烘干处理，以提高防潮、防霉、防锈蚀的性能，保证长期稳定可靠地工作。浸漆的目的是使绝缘漆充满绝缘物毛细孔内、导线间、铁芯间、线包与铁芯间的空隙，使外界潮气不能浸入。同时将线包与铁芯粘结成一个整体，增强机械强度。

浸漆烘干的工艺过程如下：

（1）预烘。将变压器置于功率较大的白炽灯或红外线灯泡下烘烤 3～5h，驱除内部潮气。若用烘箱预烘，烘烤温度可调节到 115℃ 左右，效果更好。

（2）浸漆。将预烘干燥的变压器淹没于绝缘漆中，浸泡 1h 左右。开始时线包中不断有气泡逸出，经过 1h，基本上不再冒泡，说明线包已经浸透绝缘漆。

（3）滴漆。将浸透漆的变压器悬吊或放在铁丝网上，使附在表面及空隙中多余的漆滴去，经过 2～3h 基本可以滴尽。

（4）烘烤。将滴尽漆的变压器放进烘箱，先在 70～80℃ 的低温下烘烤 4～6h，再用高温 90～115℃ 烘烤 8h 左右，烘烤后复查绝缘电阻，达到要求即可使用。

4.4.3 铁芯的装配

一、铁芯装配的要求

装配铁芯前，应先进行硅钢片的检查和选择，对于有破损、折弯的铁芯应弃之不用。

（1）铁芯镶片要紧密、整齐，保持铁芯有足够的截面积以保持铁芯磁路畅通，防止磁通密度过大而造成的变压器发热和铁芯松动而带来的振动噪声。

（2）装配铁芯时不得划破或胀破骨架、误伤导线，造成绕组的断路或短路。

（3）硅钢片衔接处不应留有空隙，各片开口处要衔接紧密，以减小铁芯磁阻。

二、铁芯装配工艺

对于控制变压器、电源变压器一类的铁芯装配通常用交叉插片法，如图 4-17 所示。

先在绕组骨架左侧插入 E 型硅钢片，根据情况可插 1～4 片；接着在骨架右侧也插入相

图 4-17 交叉插片法

应的片数，这样左右两侧交替对插，直到插满；最后将Ⅰ型硅钢片（横条）按铁芯剩余空隙厚度叠好插进去即可。

插片的关键是插紧，最后几片不容易插进，这时可将已插进的硅钢片中容易分开的两片间撬开一条缝隙，嵌入一至二片硅钢片，用木锤慢慢敲进去。同时在另一侧与此相对应的缝隙中加入片数相同的横条。嵌完铁芯后在铁芯螺孔中穿入螺栓固定即可。也可将铁皮剪成一定的形状，包套在铁芯外边，用于固定，如图 4-18 所示。

三、铁芯装配易出现的故障

（1）抢片现象。"抢片"是在双面插片时一层的硅钢片插入另一层中间，如图 4-19（a）所示。如出现抢片未及时发现，继续敲打，势必将硅钢片敲坏。因此一旦发生抢片，应立即停止敲打。将抢片的硅钢片取出，整理平直后重新插片。否则这一侧硅钢片敲不进去，另一侧的横条也插不进来。

图 4-18　夹包变压器铁芯

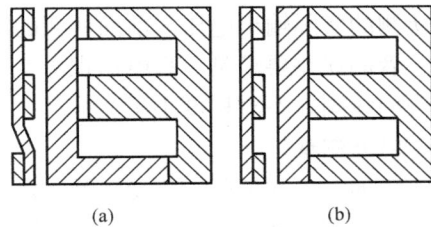

图 4-19　抢片和不抢片
（a）抢片；（b）不抢片

（2）硅钢片错位。产生原因是在安放铁芯时，硅钢片的舌片没和绕组骨架空腔对准。这时舌片抵在骨架上，敲打时往往给制作者一个铁芯已插紧的错觉，这时如果强行将这块硅钢片敲进去，必然会损坏骨架和割断导线，如图 4-20 所示。

4.4.4　变压器的测试方法

一、绝缘电阻的测试

用兆欧表测量各绕组间和它们对铁芯的绝缘电阻，对于 400V 以下的变压器其绝缘电阻应不低于 50MΩ。

二、额定电压的测试

当一次绕组电压加到额定值时，二次侧各绕组的开路电压即为二次侧的额定电压。测量二次侧各个绕组的额定电压，再与设计值相比，判断是否在允许范围内。二次侧各绕组允许误差 $\Delta U \leqslant \pm 5\%$，中心抽头电压允许误差 $\Delta U \leqslant \pm 2\%$。

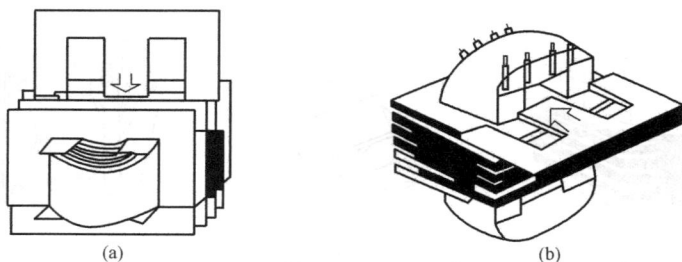

图 4-20 硅钢片错位

(a) 正面图；(b) 侧面图

三、空载电流的测试

照图 4-21 连接线路，将待测变压器接入电路。断开 S2，接通电源，使其空载运行，在一次侧输入额定电压 PV1 时，交流电流表 PA 的读数，即为空载电流值。一般变压器的空载电流为满载电流的 10%～15%。若空载电流偏大，变压器的损耗也将增大，温升增高。

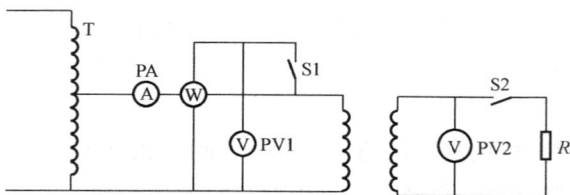

图 4-21 变压器测试电路

四、实际输出电压的测试

在图 4-21 电路中，合上 S2，使变压器带上额定负荷 R，当 PV1 示数为额定电压时，PV2 的读数即为该变压器的实际输出电压。将所测的实际输出电压与前面所测的额定电压值相比较，对于电子电路用的小型电源变压器，二者的误差要求是：高电压误差为 3%；灯丝电压和其他线圈电压误差为 ±5%。有中心抽头的线圈，不对称度小于 2%。

五、温升测试

当次级加上正常负荷，让变压器工作几小时（一般 6～8h）后测变压器的温度，一般应在 40～50℃。若通电后不久变压器就很烫或冒烟伴有焦味等，则应停止通电，说明绕组有短路现象。

六、空载损耗检验

测空载损耗功率 P_0 的测试电路如图 4-21。在被测变压器未接入电路之前，合上开关 S1，调节调压器 T 使其输入电压为额定电压（由电压表 PV1 示出），此时在功率表上的读数为电压表、电流表线圈所损耗的功率 P_1。

将被测变压器接在图示位置，重新调节调压器 T，直至 PV1 读数为额定输入电压，这时功率表上的读数为 P_2，则变压器空载损耗功率 P_0 为

$$P_0 = P_2 - P_1$$

正常时，空载损耗功率为额定功率的 5% 左右（若无功率表可不做）。

4.5　小型单相变压器同名端的判别

在使用多绕组变压器时，常常需要分清各绕组引出线的同名端或异名端，以便于正确地

将绕组并联或串联使用。在对变压器的维护和故障处理中，也经常会遇到变压器绕组同名端的判别问题，所以判断变压器的同名端很重要。

变压器铁芯中的交变主磁通，在一、二次绕组中产生感应交变电动势，没有固定的极性。这里所说的变压器绕组的极性是指一、二次相对的极性。也就是当一次绕组的某一端在某个瞬时电位为正时，二次绕组也一定在同一个瞬时有一个电位为正的对应端，我们把这两个对应端称为变压器的同名端，或者称为变压器的同极性端，通常用"＊"来标注。

变压器同名端的判别方法较多，这里仅介绍如下三种。

一、观察法

观察变压器一、二次绕组的实际绕向，应用楞次定律、安培定律来进行判别。例如，变压器一、二次绕组的实际绕向如图 4-22 所示。当合上电源开关 S 的一瞬间，一次绕组电流 I_1 产生主磁通 Φ_1，在一次绕组产生自感电动势 E_1，在二次绕组产生互感电动势 E_2 和感应电流 I_2，用楞次定律可以确定 E_1、E_2、I_1 的实际方向，同时可以确定 U_1、U_2 的实际方向。这样可以判别出一次侧绕组 A 端与二次侧绕组 a 端电位都为正，即 A、a 是同名端；一次侧绕组 X 端与二次侧绕组 x 端电位为负，即 X、x 是同名端。

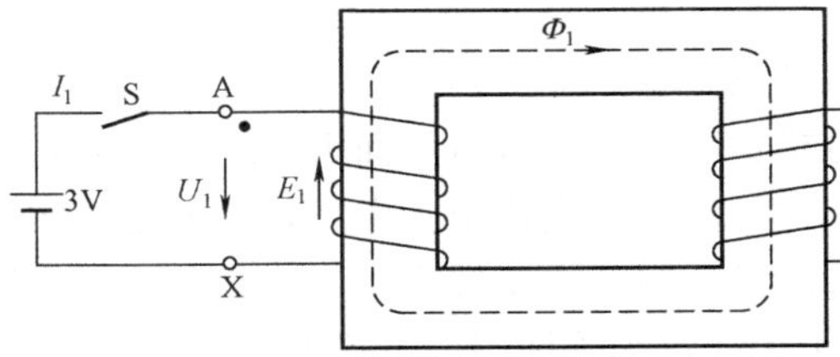

图 4-22　通过绕组实际绕向判定变压器同名端

二、直流法（又称为干电池法）

在无法辨清绕组方向时，可用一节干电池（1.5V）、一块万用表接成图 4-23 所示电路，来判别变压器同名端。将万用表档位打在直流电压低档位（如 2.5V），或者直流电流的低档位（如 0.5mA），当接通 S 的瞬间，表针正向偏转，则万用表的正极、电池的正极所接的为同名端；如果表针反向偏转，则万用表的正极、电池的负极所接的为同名端。注意：断开 S 时，表针会摆向另一方向；S 不可长时接通。

三、交流电压法

先用万用表判定一、二次绕组的两个出线头。

单相变压器一、二次绕组连线如图 4-24 所示。在变压器一次侧加适当的交流电压，分别用电压表测出一、二次侧电压 U_1、U_2，以及 1、3 之间的电压 U_3。如果 $U_3 = U_1 + U_2$，则相连的线头 2、4 为异名端，1、4 为同名端，2、3 也是同名端；如果 $U_3 = U_1 - U_2$，则相连的线头 2、4 为同名端，1、4 为异名端，1、3 也是同名端。

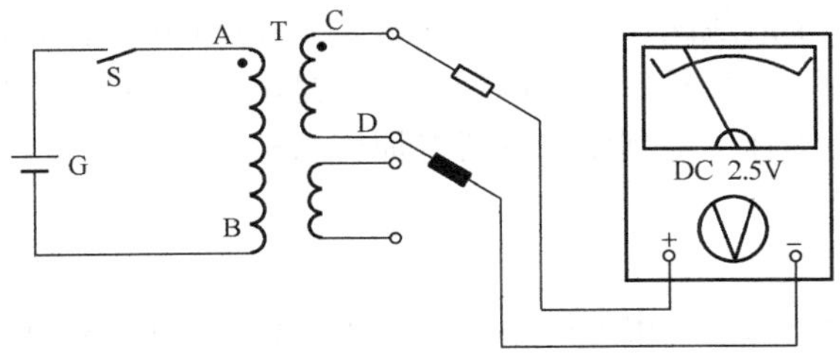

图 4-23　直流法判断变压器同名端

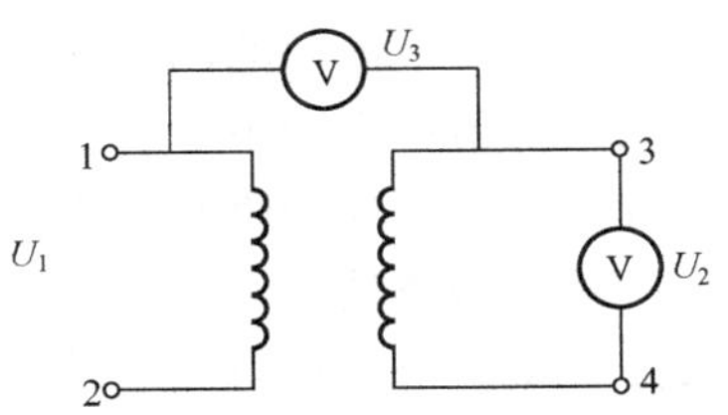

图 4-24　交流法判断变压器同名端

四、注意事项

（1）电源应接在高压侧端即一次绕组上。

（2）电源电压可以选择 380V 或 220V，同时电压、电流量程要选择合适位置。

（3）通电时注意安全。

4.6 小型变压器故障检修

4.6.1 小型变压器的故障现象及处理方法

小型变压器是工厂电气控制系统中的一种常用设备，工作中的变压器应做定期检查，从了解和掌握变压器的工作情况，排除故障以防事故的发生。

变压器发生故障的原因有时比较复杂，为了正确判断和分析原因，通常应进行下列检查。

一、引出线端头断裂

故障现象分析：一次回路有电压而无电流，一般是一次绕组的端头断裂；若一次回路有较小的电流而二次回路即无电流也无电压，一般是二次绕组端头断裂。

引出线端头断裂通常是由于线头折弯次数过多，或线头遇到猛拉，或焊接处霉断（焊剂残留过多），或引出线过细等原因所造成的。

处理方法：如果断裂线头处在线圈最外层，可掀开绝缘层，挑出线圈上的断头，焊上新的引出线，包好绝缘层即可；若断裂线端头处在线圈内层，一般无法修复，需要拆开重绕。

二、一、二次绕组的匝间短路或层间短路

故障现象分析：温升过高甚至冒烟，可能是由于短路故障引起的。可用万用表，测各二次侧空载电压来判定是否短路。一次侧接电源，若某二次侧绕组输出电压明显降低，说明该绕组有短路；若变压器发热，但各绕组输出电压基本正常，可能是静电屏蔽层自身短路。

处理方法：如果短路发生在线圈的最外层，可掀去绝缘层后，在短路处局部加热（指对浸过漆的绕组，可用电吹风加热），待漆膜软化后，用薄竹片轻轻挑起绝缘已破坏的导线，若线芯没损伤，可插入绝缘纸，裹住后掀平；若线芯已损伤，应剪断，去除已短路的一匝或多匝导线，两端焊接后垫妥绝缘纸，掀平。用以上两种方法修复后均应涂上绝缘漆，吹干，再包上外层绝缘。如果故障发生在无骨架线圈两边沿口的上、下层之间，一般也可按上述方法修复。若故障发生在线圈内部，一般无法修理，需拆开重绕。

三、线圈对铁芯短路

故障现象分析：存在这一故障，铁芯就会带电，这种故障在有骨架的线圈上较少出现，但在线圈的最外层会出现这一故障；对于无骨架的线圈，这种故障多数发生在线圈两边的沿口处，但在线圈最内层的四角处也比较常出现，在最外层也会出现。通常是由于线圈外形尺寸过大而铁芯窗口容纳不下，或因绝缘裹垫得不佳或遭到剧烈跌碰等原因所造成的。

处理方法：可参照匝间短路的有关内容处理。

四、铁芯噪声过大

故障现象分析：噪声有电磁噪声和机械噪声两种，电磁噪声通常是由于设计时铁芯磁通密度选用得过高，或变压器过载，或存在漏电故障等原因所造成的；机械噪声通常是由于铁芯没有压紧，在运行时硅钢片发生机械振动所造成的。

处理方法：如果是电磁噪声，属于设计原因的可换用质量较佳的同规格硅钢片；属于其他原因的应减轻负荷或排除漏电故障；如果是机械噪声，应压紧铁芯。

五、线圈漏电

故障现象分析：这一故障的基本特征是铁芯带电和线圈温升增高，通常是由于线圈受潮或绝缘老化所引起的。

处理方法：若是受潮，只要烘干后故障即可排除；若是绝缘老化，严重的一般较难排除，轻度的可拆去外层包缠的绝缘层，烘干后重新浸漆。

六、线圈过热

故障现象分析：通常是由于过载或漏电所引起的，或因设计不佳所致；若是局部过热，则是由于匝间短路所造成的。

处理方法：要对症下药，减小负荷或加强绝缘，排除短路故障等。

七、铁芯过热

故障现象分析：通常是由于过载、设计不佳、硅钢片质量不佳或重新装配硅钢片时少插入片数等原因所造成的。

处理方法：减小负荷，加强铁芯绝缘，改善硅钢片质量，调整线圈匝数等。

八、输出侧电压下降

故障现象分析：通常是由于一次侧输入的电源电压不足（未达到额定值）、二次绕组存在匝间短路、对铁芯短路或漏电或过载等原因所造成的。

处理方法：增加电源输入电压值，或排除短路、漏电过载等故障使输出达到额定值。

4.6.2 小型变压器故障检查

小型变压器故障检查通常是在通电情况下进行。

（1）开路检查。测二次侧电压是否正常，一次侧电流是否正常，并记录数据；测变压器变比是否正常。

（2）带额定负荷检查。测二次侧电流和电压，测一次侧电流和电压，判断是否正常。

（3）变压器工作一段时间后，摸变压器温度是否过高，是否有异样声音。

（4）记录该小型变压器的型号：额定电压、额定电流、二次侧电压、容量及变压比等参数。

（5）绝缘电阻的检查。一、二次绕组之间，绕组与铁芯之间，绕组匝间三个方面进行绝缘检查。

小型变压器若存在上述不正常现象，除应根据具体情况采取相应的措施排除故障外，平时还要多加维护，采取防范措施，防患于未然。

4.7 技 能 训 练

4.7.1 小型单相变压器的设计与制作

一、训练内容

（1）掌握单相小型变压器的简单计算方法。

（2）培养根据小型变压器的技术要求查阅技术资料的能力。

二、器材准备

(1) 变压器设计手册。

(2) 制图工具。

三、训练要求

小型变压器设计数据要求如下。

(1) 设计数据：$U_1=220V$，$U_2=50V$，$I_2=1A$，变压器效率 $\eta \geqslant 80\%$。

(2) 设计要求：

1) 计算输入、输出容量 S_1、S_2 和总容量 S。

2) 确定铁芯尺寸。

3) 计算 N_1、N_2。

4) 计算绕组总厚度。

5) 计算各绕组的导线直径，查表选择导线（$j=3A/mm^2$）。

6) 校核铁芯窗口面积。

将以上所得数据填入表 4-6 中。

表 4-6　　　　　　　　　　　　小型变压器设计数据记录

步　骤	内　　　容			操作要点
1	变压器规格	输出容量 S_2		
		输入容量 S_1		
		总容量 S		
2	变压器铁芯（硅钢片尺寸）	截面积 A_{Fe}（cm^2）		$\eta=0.85$
		硅钢片型号		
		硅钢片厚度		
		硅钢片片数		
3	变压器绝缘材料	一、二次绕组间绝缘	材料	
			厚度	
		层间绝缘	材料	
			厚度	
		绕组总厚度		
4	变压器绕组	一次绕组匝数 N_1		$j=3A/mm^2$
		二次绕组匝数 N_1		
		漆包线直径 d_1		
		漆包线直径 d_2		
5	校核铁芯窗口面积	绕组占铁芯窗口面积（%）		

四、成绩评定（见表 4-7）

表 4-7　　　　　　　　　　　成 绩 评 定 标 准

序号	考 核 内 容	配分	评 分 标 准	得分
1	输出容量 S_2	6	数据错误，该项不得分	
2	输入容量 S_1	6	数据错误，该项不得分	
3	输入电流 I_1	6	数据错误，该项不得分	
4	截面积 A_{Fe}（cm²）	8	数据错误，该项不得分	
5	硅钢片型号	6	型号选错，酌情扣分	
6	硅钢片厚度	6	数据错误，酌情扣分	
7	硅钢片片数	6	数据错误，酌情扣分	
8	一、二次绕组间绝缘材料、厚度	10	数据有误，每错一处，扣 5 分	
9	层间绝缘材料、厚度	10	数据有误，每错一处，扣 5 分	
10	绕组总厚度	6	数据错误，酌情扣分	
11	一次绕组匝数 N_1	6	数据错误，酌情扣分	
12	二次绕组匝数 N_2	6	数据错误，酌情扣分	
13	漆包线直径 d_1	6	数据错误，该项不得分	
14	漆包线直径 d_2	6	数据错误，该项不得分	
15	绕组占铁芯窗口面积（%）	6	大于 99% 该项不得分	
	合计总分	100	评分	

4.7.2　木芯、线圈骨架与层间绝缘的制作

一、训练内容

（1）掌握木芯、线包骨架的制作工艺。

（2）掌握获取木芯、线包骨架测量数据的方法。

二、器材准备

（1）0.8～1.0 厚的酚醛板、松木或杨木块适量。

（2）手电钻、锉刀、手锯、钳子等检修工具。

（3）钢直尺、划针等划线工具。

三、训练要求

制作小型变压器的木芯、线包骨架。实物测得的铁芯舌宽 $a＝2.8$cm，铁芯叠厚 $b＝3.5$cm，窗高 $h＝4.2$cm，铁芯窗口宽 $c＝1.4$cm，并将相关数据填入表 4-8 中。

表 4-8　　　　　　　　　小型变压器骨架制作训练记录

步骤	内　　　容			操作要点
1	制作上下挡板（a）	下料尺寸	长（mm）	
			宽（mm）	
		中间挖孔	长（mm）	
			宽（mm）	

续表

步骤	内　　容				操作要点
1	制作上下挡板（a）	引出线钻孔	上挡板（个）		
			下挡板（个）		
			孔径（mm）		
2	制作立柱叠厚面侧板（b）	下料尺寸	宽（mm）		
			高（mm）		
		榫	宽（mm）		
			高（mm）		
3	制作立柱舌宽面侧板（c）	下料尺寸	宽（mm）		
			高（mm）		
		榫	宽（mm）		
			高（mm）		
		上下高出挡板尺寸	宽（mm）		
			高（mm）		
4	组装与黏接	组装要点			
		使用黏结剂牌号			
5	检验	舌宽是否合适			
		叠厚是否合适			
		端部引出线孔是否合适			
		组装后强度是否足够			

四、成绩评定（见表 4-9）

表 4-9　　　　　　　　　　　成 绩 评 定 标 准

序号	考核内容	配分	评 分 标 准	得分
1	制作上下挡板	30	(1) 下料尺寸错误，每处扣 4 分 (2) 中间挖孔尺寸错误，每处扣 4 分 (3) 引出线钻孔不符合要求，每处扣 4 分 (4) 制作的不平直，每处扣 4 分 (5) 做工粗糙，酌情扣分	
2	制作立柱舌宽面侧板	25	(1) 尺寸错误，每处扣 4 分 (2) 制作的不平直，每处扣 4 分 (3) 做工粗糙，酌情扣分	
3	制作立柱叠厚面侧板	25	(1) 尺寸错误，每处扣 4 分 (2) 制作的不平直，每处扣 4 分 (3) 做工粗糙，酌情扣分	

序号	考核内容	配分	评 分 标 准	得分
4	组装黏结与检验	20	(1) 黏结不牢固，每处扣 4 分 (2) 各部分尺寸不合适，每处扣 4 分 (3) 端部引出线孔不合适，每处扣 4 分	
合计总分		100	评分	

4.7.3 小型单相变压器绕组的绕制及质量检测

一、训练内容

(1) 掌握小型变压器的绕制工艺，并能按规范制作小型变压器。

(2) 掌握小型变压器的绝缘处理及测试工艺。

二、器材准备

(1) 绕线机、放线架等绕线设备。

(2) 钳子、剪刀、锉刀、木锤、电烙铁、烙铁架、焊锡松香、引线用焊片、铜箔等绕线工具和材料。木芯、层间绝缘、绕组间绝缘材料若干、线包骨架、绝缘漆包线适量。

(3) 万用表、兆欧表、电流表、电压表等测量仪表。

三、训练要求

(1) 根据已学过的知识，利用给出的骨架、木芯、硅钢片、电磁线等材料绕制 380/36V、额定电流 1.1A 的双绕组电源变压器，并将相关数据填入表 4 - 10 中。

(2) 按要求完成质量检测。

表 4 - 10　　　　　　　　　小型变压器绕制数据记录

步骤	内　　　容				操作要点
1	制作前的材料准备	引出线	一次侧	根数	
				规格 d_1（mm）	
			二次侧	根数	
				规格 d_2（mm）	
		电磁线	一次侧 d_1（mm）		
			二次侧 d_2（mm）		
		层间绝缘	材质		
			厚度（mm）		
			下料尺寸	长（mm）	
				宽（mm）	
		静电屏蔽层	材质		
			厚度（mm）		
			下料尺寸	长（mm）	
				宽（mm）	
		硅钢片	型号		
			厚度（mm）		
			片数		

续表

步骤	内　　容			操作要点
2	线包绕制	绕制方法		
		一次绕组数据	每层平均匝数	
			绕制层数	
			总匝数	
		二次绕组数据	每层平均匝数	
			绕制层数	
			总匝数	
3	铁芯装配	插片方法		
		使用片数		
4	变压器初片检测	直流电阻	一次侧	
			二次侧	
		绝缘电阻	一次侧之间	
			一次侧与地之间	
			二次侧与地之间	
		空载电流	I_0（A）	
		额定输出电压	U_{2N}（V）	
5	浸漆与烘烤	预烘	温度（℃）	
			时间（h）	
		浸漆	绝缘漆牌号	
			浸漆时间（h）	
		滴漆时间（h）		
		烘烤	方法	
			时间（h）	
			温度（℃）	

四、成绩评定（见表 4-11）

表 4-11　　　　　　　　　成绩评定标准

序号	考核内容	配分	评分标准	得分
1	输出电压	30	（1）二次侧电压误差±5%，每超过 1% 扣 20 分 （2）中心抽头电压误差±2%，每超过 1% 扣 20 分	
2	外形	30	（1）线包绕线不紧实扣 20 分 （2）镶片不整齐扣 20 分 （3）焊片与青壳纸铆接不牢，每只扣 10 分	
3	引出线	10	有虚焊、假焊，每只扣 10 分	

序号	考 核 内 容	配分	评 分 标 准	得分
4	屏蔽层	10	屏蔽层碰线、短路扣 10 分	
5	计算电压比 k	10	计算错误，本项不得分	
6	带负荷测出一、二次侧电流，算出变流比 $1/k$	10	数据错误，本项不得分	
	合计总分	100	评分	

4.7.4 小型单相变压器同名端的判别

一、训练内容

(1) 掌握小型单相变压器同名端的判别方法。

(2) 会正确使用万用表进行数据测试。

二、器材准备

(1) 变压器一台，其容量为 100VA、一次侧电压 380V，二次侧电压 127、24V。

(2) 交流电压表两块，单相开启式负荷开关一只，万能表一块。

(3) 导线若干，电池一块，电工工具一套。

三、训练要求

根据所学的知识判断已给出的 380/36V 双绕组变压器一次绕组与二次绕组的同名端，画出同名端的标记。

四、成绩评定（见表 4 - 12）

表 4 - 12   成 绩 评 定 标 准

序 号	考 核 内 容	配分	评 分 标 准	得 分
1	一、二次绕组的判定	10	一、二次绕组判定错一组扣 10 分	
2	连接电路	40	连接电路，错一次扣 20 分	
3	量程选择	10	电压表量程选错扣 10 分	
4	判定结果	30	判定结果错扣 30 分	
5	安全规定	10	违反一次，扣 5 分	
	合计总分	100	评分	

4.7.5 小型变压器故障检修

一、训练内容

(1) 掌握小型变压器运行维护知识。

(2) 掌握小型变压器故障检修技能。

二、器材准备

(1) 设置好故障的变压器若干。

(2) 变压器检修常用工具。

(3) 兆欧表、万能表、温度计等。

三、训练要求

(1) 记录该小型变压器的型号、额定电压、额定电流、二次侧电压、容量及变压比等参数，再进行数据测量及检修，并将检修结果与铭牌数据对照、分析原因，得出正确结论。

（2）在给出的故障变压器中进行检测维修，按下列步骤进行：

1）绝缘电阻的检查。一、二次绕组之间，绕组与铁芯之间，绕组匝间三个方面的绝缘检查。

2）开路检查。测二次侧电压是否正常，一次侧电流是否正常，并记录数据；测变压器的变比是否正常。

3）带额定负荷检查。测二次侧电流和电压，测一次侧电流和电压，看是否正常。

4）变压器工作一段时间后，摸变压器温度是否过高，是否有异样声音。

5）其他故障检查。按上文的检修工艺逐条进行检查、处理，并将结果记入表4-13中。

表4-13　　　　　　　　　　　小型变压器检修实训记录

步　骤	故障现象	故障原因	处理方法
1	二次侧无电压输出	（1） （2） （3） （4）	（1） （2） （3） （4）
2	温升过高甚至冒烟	（1） （2） （3） （4）	（1） （2） （3） （4）
3	铁芯和底板带电	（1） （2） （3） （4）	（1） （2） （3） （4）
4	空载电流偏大	（1） （2） （3） （4）	（1） （2） （3） （4）
5	线包击穿打火	（1） （2） （3） （4）	（1） （2） （3） （4）
6	运行中有响声	（1） （2） （3） （4）	（1） （2） （3） （4）
7	输出侧电压下降	（1） （2） （3） （4）	（1） （2） （3） （4）

四、成绩评定（见表 4-14）

表 4-14　　　　　　　成 绩 评 定 标 准

序号	项目内容	考 核 要 求	配分	评 分 标 准	得分
1	二次侧无电压输出	会正确使用测量仪表，准确分析故障原因，找出故障部位，进行妥善的检查处理	15	仪表不会使用，扣 5 分；故障原因不清，扣 5 分；故障部位处理不正确，扣 10 分	
2	温升过高甚至冒烟	查出故障原因，正确处理故障点	15	分析不出故障原因，扣 5 分；口头提问原理不清，扣 5 分；故障处理不当或未处理，扣 10 分	
3	铁芯和底板带电	正确使用测量仪表，正确选择量程，分析问题条理清楚	15	故障分析不全面，酌情扣分；不会使用测量仪表，扣 5 分	
4	空载电流偏大	正确使用测量仪表，正确选择量程，分析问题条理清楚	15	故障分析不全面，酌情扣分；不会使用测量仪表，扣 5 分	
5	线包击穿打火	分析故障原因正确，排除故障方法正确	15	不会分析故障原因，扣 5 分；操作方法不正确，扣 5 分	
6	运行中有响声	正确判断故障原因，叙述全面，处理方法正确	10	故障判断错误该项不得分；不会检修故障，扣 5 分	
7	输出侧电压下降	正确使用测量仪表，正确选择量程和档位，判断问题条理清楚，处理方法正确得当	15	仪表使用方法有错，扣 5~10 分；判断方法有错，扣 5~10 分；处理方法不当，扣 5~10 分	
	合计总分		100	评分	

思 考 题

4-1　简述变压器的工作原理。变压器由哪几部分组成？各部分的作用是什么？

4-2　试分别说明变压器输出电压、输出电流与一、二次绕组匝数比的关系。

项目 5　电动机的安装与维修

【教学目标】

掌握三相异步电动机的基本结构及工作原理。

能独立拆装三相异步电动机。

掌握三相异步电动机定子绕组重绕的方法。

掌握异步电机和直流电机的维修方法。

5.1　三相交流异步电动机简介

5.1.1　三相交流异步电动机的结构

三相异步电动机的种类很多,但各类三相异步电动机的基本结构是相同的,都由定子和转子这两大基本部分组成,在定子和转子之间具有一定的气隙。此外,包括左右端盖、轴承、接线盒、铭牌、吊环等其他附件。封闭式三相笼型异步电动机结构如图5-1所示。

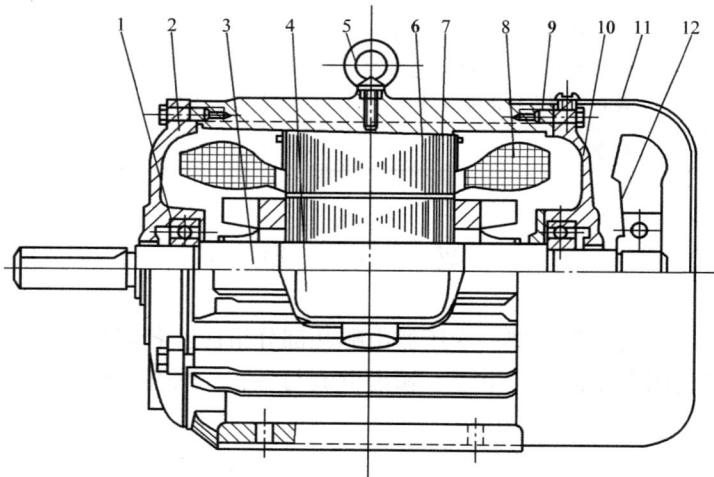

图 5-1　封闭式三相笼型异步电动机结构示意图

1—轴承;2—前端盖;3—转轴;4—接线盒;5—吊环;6—定子铁芯;7—转子;
8—定子绕组;9—机座;10—后端盖;11—风罩;12—风扇

一、定子部分

三相异步电机的定子用来产生旋转磁场,其定子一般由定子铁芯、定子绕组、外壳、机座、端盖等部分组成。

(一)定子铁芯

异步电动机定子铁芯是电动机磁路的一部分,由 0.35～0.5mm 厚表面涂有绝缘漆的薄硅钢片叠压而成,如图5-2所示。由于硅钢片较薄而且片与片之间是绝缘的,所以减少了由于交变磁通通过而引起的铁芯涡流损耗。铁芯内圆有均匀分布的槽口，用来嵌放定子绕组的线圈。

定子铁芯的槽有不同形状，槽口的选择与线圈的形式应相适应。

（1）开口槽，槽口宽度与槽宽相等，适用于大、中容量高压异步电动机，便于高压成型线圈的嵌放。

（2）半开口槽，槽口宽度等于或大于槽宽的一半，适用于 500V 以下的重型电动机，便于嵌放双排的成型线圈。

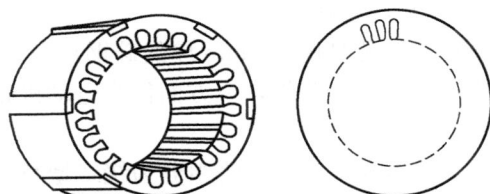

图 5-2　三相异步电动机定子铁芯结构图

（3）半闭口槽，槽口宽度小于槽宽的一半，适用于低压圆铜线绕成的散嵌线圈。其优点是槽口较小，对主磁通磁阻小，可以减小励磁电流。

当定子铁芯的外径小于 1m 时，叠片冲成整圆；当外径大于 1m 时，由于受到硅钢片大小限制，而冲成扇形。叠装时，每层接缝应相互错开拼成整圆，构成定子铁芯整体。

大中型异步电动机定子铁芯眼周线长度上每隔一定距离有一条通风沟，以利于散热。

（二）定子绕组

定子绕组是三相电动机的电路部分，三相电动机有三相定子绕组，通入三相对称电流时，就会产生旋转磁场。三相绕组彼此独立，每个绕组又由若干线圈连接而成，三个绕组在空间相差 120°电角度。绕组线圈通常采用绝缘铜导线或绝缘铝导线，其中，中、小型三相电动机的定子线圈多采用圆漆包线，大、中型三相电动机的定子线圈则用较大截面的绝缘扁铜线或扁铝线绕制后，再按一定规律嵌入定子铁芯槽内。

定子三相绕组的 6 个出线端都引至接线盒上，首端分别标为 U1、V1、W1，末端分别标为 U2、V2、W2。这 6 个出线端在接线盒里的排列，可以接成星形或三角形，如图 5-3 所示。

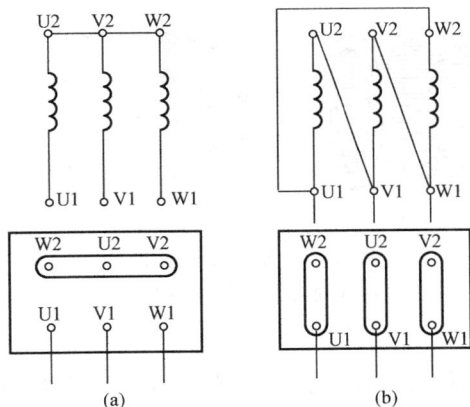

图 5-3　定子绕组的连接

（a）星形连接；（b）三角形连接

（三）外壳

三相电动机外壳包括机座、端盖、轴承盖、接线盒及吊环等部件。

（1）机座，由铸铁或铸钢浇铸成型。它的作用是保护和固定三相电动机的定子绕组，是三相电动机机械结构的重要组成部分。中小型三相电动机的机座还有两个端盖支承着转子。通常机座的外表要求散热性能好，所以一般都铸有散热片。

（2）端盖，用铸铁或铸钢浇铸成型。它的作用是把转子固定在定子内腔中心，使转子能够在定子中均匀地旋转。

（3）轴承盖，也是用铸铁或铸钢浇铸成型的。它的作用是固定转子，使转子不能轴向移动，另外起存放润滑油和保护轴承的作用。

（4）接线盒，一般是用铸铁浇铸。其作用是保护和固定绕组的引出线端子。

（5）吊环，一般是用铸钢制造，安装在机座的上端，用来起吊或搬抬三相电动机。

二、转子部分

（一）转子铁芯

转子铁芯是用 0.5mm 厚的硅钢片叠压而成，套在转轴上，作用和定子铁芯相同：一方面用来安放转子绕组，一方面作为电动机磁路的一部分。

（二）转子绕组

异步电动机的转子绕组分为绕线型与笼型两种。由此三相异步电动机分为绕线型异步电动机与笼型异步电动机。

（1）绕线型绕组。转子绕组与定子绕组一样也是一个三相绕组，一般接成星形，三相引出线分别接到转轴上的三个与转轴绝缘的集电环上，通过电刷装置与外电路相连，这就可以在转子电路中串接电阻以改善电动机的运行性能，如图 5-4 所示。

（2）笼型绕组。在转子铁芯的每一个槽中插入一根铜条，在铜条两端各用一个铜环（称为端环）把导条连接起来，称为铜排转子，如图 5-5（a）所示。也可用铸铝的方法，把转子导条和端环风扇叶片用铝液一次浇铸而成，称为铸铝转子，如图 5-5（b）所示。100kW 以下的异步电动机一般采用铸铝转子。

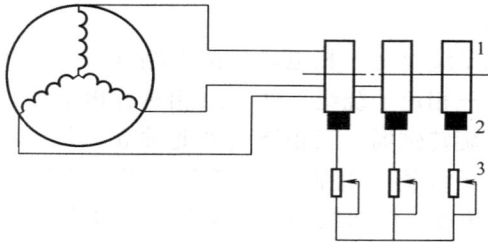

图 5-4　绕线型转子与外加变阻器的连接
1—集电环；2—电刷；3—变阻器

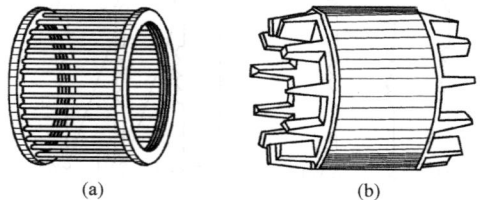

图 5-5　笼型转子绕组
(a) 铜排转子；(b) 铸铝转子

（三）其他部分

其他部分包括端盖、风扇等。端盖除了起防护作用外，在端盖上还装有轴承，用以支撑转子轴；风扇则用来通风冷却电动机。三相异步电动机的定子与转子之间的空气隙，一般仅为 0.2～1.5mm。

5.1.2　三相交流异步电动机的工作原理

一、三相交流电机的旋转磁场

三相异步电动机转子之所以会旋转、实现能量转换，是因为气隙内有一个旋转磁场。下面来讨论旋转磁场的产生。

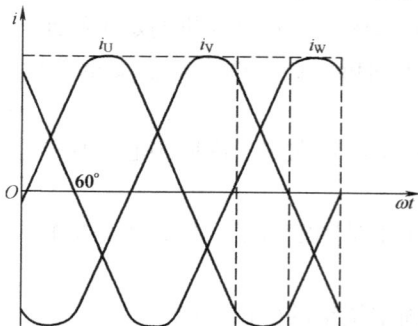

图 5-6　三相交流电流波形图

U1U2、V1V2、W1W2 为三相定子绕组，接成 Y 形。三相绕组的首端 U1、V1、W1 接在三相对称电源上，有三相对称电流通过三相绕组。设电源的相序为 U、V、W，U 的初相角为零，如图 5-6 所示。

设 $i_U = \sin\omega t$、$i_V = \sin(\omega t - 120°)$、$i_W = \sin(\omega t - 240°)$。为了分析方便，假设电流为正值时，电流从绕组首端流向末端；电流为负值时，电流从绕组末端流向首端。

当 $\omega t = 0°$ 的瞬间，$i_U = 0$，i_V 为负值表示电流从 V2 流入，从 V1 流出；i_W 为正值表示电流从 W1 流入，从 W2 流出。根据"右手螺旋定则"，三相电流所产生的磁场叠加的结果，便形成一个合成磁场，如图 5-7（a）所示。可见此时的合成磁场是一对磁极（即二极），下边是 N 极，上边是 S 极。

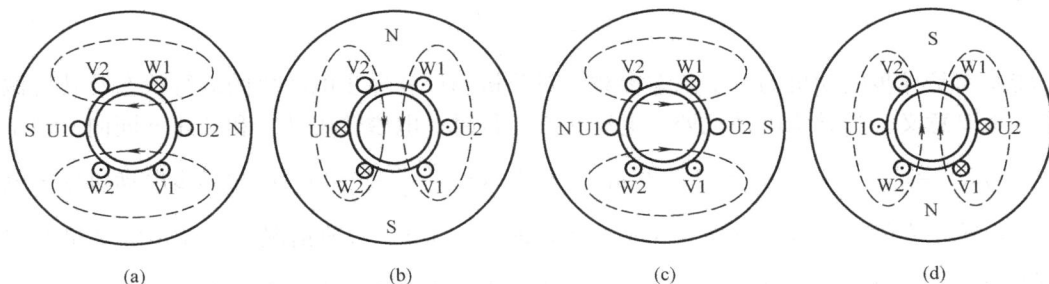

图 5-7　两极旋转磁场示意图

(a) $\omega t = 0°$；(b) $\omega t = 90°$；(c) $\omega t = 180°$；(d) $\omega t = 270°$

依次画出图 5-7（b）～（d）三个时刻的磁场，可见当 t 变化时，磁场的指向是不同的。可以看到，当电流变化半个周期时，一对磁极的磁场在空间转过了半周，由此可以推知电流再经过半个周期磁场又转过半周，即电流经过一个周期变化时，磁场在空间转过一周。如果电流周而复始地通过绕组，磁场就会连续旋转。这样可以推知定子三相绕组通以三相交流电时，在气隙空间内就产生了旋转磁场。

以上分析的是电动机产生一对磁极时的情况，当定子绕组连接形成的是两对磁极时，运用相同的方法可以分析出此时电流变化一个周期，磁场只转动了半圈，即转速减慢了一半。

由此类推，当旋转磁场具有 p 对极时（即磁极数为 $2p$），交流电每变化一个周期，其旋转磁场就在空间转动 $1/p$ 转。因此，三相电动机定子旋转磁场每分钟的转速 n_1、定子电流频率 f 及磁极对数 p 之间的关系为

$$n_1 = \frac{60f}{p} \tag{5-1}$$

二、三相电动机的转动原理

图 5-8 所示为三相异步电动机转动原理示意图。

三相交流电通入定子绕组后，便形成了一个旋转磁场。旋转磁场的磁力线被转子导体切割，根据电磁感应原理，转子导体产生感应电动势。转子绕组是闭合的，因此转子导体有电流流过。设旋转磁场按顺时针方向旋转，且某一时刻为上北极、下南极。根据右手定则，上半部转子导体的电动势和电流方向为由里向外，用 ⊙ 表示；下半部则由外向里，用 ⊗ 表示。

流过电流的转子导体在磁场中要受到电磁力 F 的作用，F 的方向可用左手定则确定。电磁力作用于转子导体上，对转轴形成电磁转矩，使转子按照旋转磁场的方向旋转起来，转速为 n。

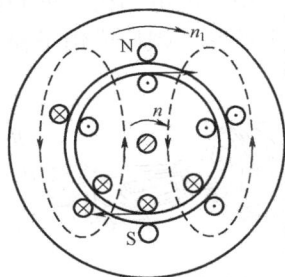

三相电动机的转子转速 n 始终不会加速到旋转磁场的转速 n_1。因为只有这样，转子绕组与旋转磁场之间才会有相对运动而切割磁力线，转子绕组导体中才能产生感应电动势和电流，从而

图 5-8　三相异步电动机
转动原理示意图

产生电磁转矩，使转子按照旋转磁场的方向持续旋转。由此可见 $n_1 \neq n$ 且 $n < n_1$，是异步电动机工作的必要条件，"异步"的名称也由此而来。

三、转差率

旋转磁场转速 n_1 与转子转速 n 之差，与同步转速 n_1 之比称为异步电动机的转差率 s，即

$$s = \frac{n_1 - n}{n_1} \qquad\qquad (5 \text{-} 2)$$

转差率是异步电动机的一个基本参数，对分析和计算异步电动机的运行状态及其机械特性有着重要意义。当异步电动机处于电动状态运行时，电磁转矩 T_{em} 和转速 n 同向。转子尚未转动时，$n = 0$，$s = \frac{n_1 - n}{n_1} = 1$；当 $n_1 = n$ 时，$s = \frac{n_1 - n}{n_1} = 0$。可知异步电动机处于电动状态时，转差率的变化范围总在 0 和 1 之间，即 $0 < s < 1$。一般情况下，异步电动机额定运行时 $s = 1\% \sim 5\%$。

5.2　三相交流异步电动机的拆装

异步电动机在进行维护和修理时均需要将其解体拆开。因此，电动机的维护、修理人员必须掌握正确的拆卸和装配技术，学会在复杂条件下正确拆卸和装配的方法。

5.2.1　三相交流异步电动机的拆卸

一、拆卸前的记录

电动机拆卸前的原始记录包括：

（1）电动机修理编号；

（2）机座出线口方向（以辨别机座的轴伸端和非轴伸端）；

（3）联轴器与轴台的距离；

（4）提刷装置把手的行程（绕线转子异步电动机）；

（5）在端盖上标记轴伸端和非轴伸端的记号。

二、拆卸方法及步骤

（一）拆除电动机的全部引线

首先应全部拆除电动机上的引线，对于绕线型三相异步电动机，还应提起或取出刷握中的电刷。

（二）拆卸皮带轮或联轴器

中小型电动机的拆卸解体工作大多以拆卸皮带轮或联轴器开始。首先应将皮带轮或联轴器上的紧固螺栓或销子松开或取出，再用专用工具拉钩将皮带轮或联轴器慢慢从转轴上拉出，如图 5-9 所示。使用拉钩时要顶正，即拉钩螺栓的中心线要准确对准电动机的中心线，并注意拉钩和皮带轮或联轴器的受力情况，不要将皮带轮拉裂或拉钩扳断。如遇皮带轮或联轴器锈蚀一时拆不下来时，可以滴浸一些煤油到皮带轮与转轴接合的键槽处，然后再继续拉，或者用喷灯、瓦斯加热，乘热迅速将皮带轮或联轴器拉下。如无需清洗轴承和更换润滑脂的电动机，有时可不必拆卸皮带轮或联轴器。

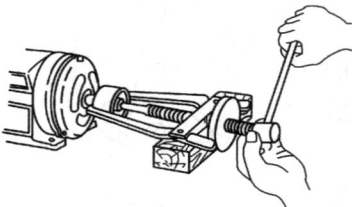

图 5-9　用拉钩拆卸皮带轮

（三）拆卸风罩与风扇

对于封闭式电动机在拆卸皮带轮或联轴器后，就可将风罩拆下来。然后取下风扇上的定位螺栓，并用锤子轻敲风扇四周即可拆下风扇。如果是塑料风扇，其内孔多为螺纹结构，此时可以用热水使塑料风扇膨胀后旋退下来。小型电动机的外风扇也可以不拆，让其随转子一起从定子铁芯中抽出即可。

（四）拆卸轴承盖与端盖

可先拆除滚动轴承的轴承室外盖，然后再去拆端盖。拆卸时应在端盖与机座的接缝处标上记号，以便于电动机重新装配时使端盖回复原位。通常小型电动机都只拆风扇一侧的端盖，同时将另一侧的轴承盖和端盖螺栓拆下，然后将整个转子、端盖、轴承盖和风扇、风罩一起抽出。中大型电动机则因转子较重，这时可把两侧的端盖都拆下来。为防止定、转子的机械性碰伤，拆下端盖后应在定子绕组端部垫以纸板。

（五）取出转子

一般小型电动机的转子用手即可取出，但应注意绝对不要擦伤铁芯和绕组。大型电动机的转子比较重，必须借助专用工具和起重设备才能安全吊出。并且在吊起、抽出转子时应小心、缓慢，应特别注意转子不可歪斜，以免碰伤定子绕组。若转子风扇大于定子铁芯内径时，则转子应从有风扇的一侧取出。有滑环的绕线型异步电动机，则应从滑环一侧取出。

5.2.2　三相交流异步电动机的装配

异步电动机经维护或大修后的重新装配过程，大致与拆卸程序相反。

一、重装前的准备

电动机在重新装配前，应做好各零部件的清洁和整理工作。黏附在定子铁芯内径上的油垢、脏物和高出的槽楔、绝缘纸等应刮平剔净。端盖轴承室要用煤油清洗干净。此外，为了装配方便可在端盖止口和轴承室位置抹上少量润滑脂。轴承要在煤油中仔细清洗、晾干后，加入适量润滑脂，轴承室内、外盖在用煤油清洗、晾干后，加上适量润滑脂（约为轴承室容积的 2/3）。最后用皮老虎或打气筒将定子绕组与机壳内的灰尘、杂物吹干净。

二、维修后的装配

电动机维修后的装配大致是其拆卸顺序的相反过程。电动机装配是从转子装配开始的，中小型电动机通常均先将轴承内盖、滚动轴承、滑环（绕线型电动机）、风扇先装配到转子上，经过平衡试验、配重校正后，即装入定子铁芯，然后依序装上前、后端盖。装配时应注意按拆卸时所作印记对号入座原样装入，使端盖与机壳上的所有螺孔均相吻合。当端盖将要进入机壳止口时可用手托起转轴的轴伸端，再用木锤均匀敲打端盖四周并按对角线交替拧紧螺栓，切记不要将螺栓一次拧紧到底，以免损伤端盖或机壳止口。端盖固定后可用手转动电动机转子，这时转子的转动应均匀、灵活、轻快、无停滞或偏重等现象。在确认装配正确后，可装入轴承外盖及皮带轮或联轴器，电动机即已全部装配完毕。绕线型三相异步电动机的装配中，还应仔细装置好电刷架和各个电刷，务必使其均接触牢固，吻合良好。

三、装配时的注意事项

装配时应严格保持工作场所的清洁及各零、部件的清洁，正确选择连接件并保证其连接强度，这些对电动机的使用期限和可靠性均有重大的影响。在装配电动机端盖前，应持灯从各个方面检查，观察定、转子铁芯的气隙、通风沟或其他空档处是否留下杂物，如有则应彻底清理干净以免留下隐患。电动机所有连接螺栓一定要全部装上，在任何情况下均不允许隔一个装一个或空一些位置不装。轴承室的润滑脂不要装满以免出现甩油和发热现象，一般以装入轴承室2/3空间的润滑脂为宜。轴承内外盖螺栓的紧固，应均匀交替地逐渐拧紧。装配端盖时要用木锤或垫木板敲击，以免将端盖或其他部件损坏。

5.2.3 三相异步电动机的运行和维护

异步电动机的合理选择和正确使用是保证其正常运行的重要环节。

一、运行前的检查

为了确保电动机安全正常地投入运行，一般应在电动机起动前作以下各项检查：

（1）仔细检查、核对电动机铭牌所示的各项额定值是否符合使用要求；电动机是否与铭牌接线的指示图相符；接线板上的接头连接是否牢固，有无松动或氧化现象。

（2）检查与机械负荷连接后的电动机转轴，看其转动是否灵活轻便；电动机的地脚螺栓、螺母等是否拧紧和其他机械方面是否牢固可靠等。

（3）对新安装或长期停用的电动机，投入运行前必须用兆欧表测量电动机绕组对地绝缘电阻（根据电动机的额定电压选择兆欧表的电压等级）。如绕组的绝缘电阻值按绕组的额定电压计算低于$1M\Omega/kV$时，则必须对电动机绕组进行干燥处理，直到绕组绝缘电阻符合要求为止。

（4）检查电动机起动设备的规格、容量是否符合使用要求，电动机及起动设备的接地保护装置是否可靠等。

（5）检查传动装置的配置情况，如联轴器的螺丝、销子是否紧固，皮带松紧是否合适等。

（6）检查电动机的旋转方向是否正确，但注意应在与被拖动机械脱离的空载状态下进行。对于三相异步电动机如其旋转方向与负荷机械设备的旋转方向相反时，可任意调换与电动机定子绕组相连接的三相电源线中的两相，就能改变其旋转方向。

（7）对于绕线型三相异步电动机，还应检查其滑环表面有无锈蚀，电刷表面与滑环表面的吻合情况，导线间是否相碰触，短路环接触是否良好，电刷提升机构是否灵活，以及电刷压力是否正常等。

（8）检查三相电源是否均有电，其电压是否正常，如电源电压过高或过低都不宜起动电动机。

二、起动后应注意的事项

（1）如果接通电源后电动机不转，应立即切断电源，绝不能迟疑等待或带电检查电动机故障，否则极有可能会将电动机烧毁和发生大的危险。

（2）电动机起动时应特别注意观察电动机、传动装置、负荷机械的工作状况，以及电气线路上的电流表、电压表的指示，如发现有异常现象则应立即断电检查，待确实排除故障后再予以起动。

（3）电动机起动时，如发现其旋转方向与被拖动负荷旋转方向相反，应立即切断电源停止电动机运行，并将电源线中任意两根互换即可改变电动机旋转方向。

（4）当同一电源线路上有多台电动机工作时，应按功率由大到小逐台起动，以免因多台电动机同时起动造成线路电流大和电压降大，使电动机起动困难而引起线路故障或使其他负荷设备跳闸等。

（5）当采用手动自耦补偿器或手动星—三角起动器起动电动机时，应特别注意按正确的操作程序进行。首先一定要将操作手柄推到起动位置，待电动机转速上升稳定到接近额定转速时再拉到运转位置，以防止误操作造成设备和人身安全事故。

三、运行中应注意的事项

电动机在运行时，值班人员应通过仪表和目检密切注意其运行情况，以便及早发现和解决问题，避免或减少发生故障。

（1）应注意观察电动机的负荷电流大小，在容量较大的电动机控制线路中一般均装有电流表，以便随时对其电流进行检视。如果电流的大小值或三相电流不平衡超过了允许值，电动机应立即停止运行并进行跟踪检查。容量较小的电动机，一般不在控制线路装设电流表，如有疑问时可在线路中临时串接电流表或钳形电流表检测即可。

（2）注意观察电动机在运行中电流电压、频率的变化。电源电压和频率过高或过低均不利于电动机的正常运行，而且三相电压不平衡将会造成三相电流的不平衡，这些情况都有可能引起电动机过热或其他不正常现象。

（3）当发现电动机在运行中有不正常的杂乱响声（如摩擦声、尖叫声或其他杂声）、振动及特殊气味时，应立即停止其运行。因为有些机械故障会以振动或噪声的形式反映出来，而电动机绕组的过热则会使绝缘产生焦味。只有在找出故障并予以排除后，才能将电动机再次投入运行。

（4）注意检测电动机的工作温度，当电动机在正常运行时，其铁芯和绕组均会发热并使温度升高，但电动机的工作温度不应超过允许的限度。如电动机负荷过大、使用环境温度过高、通风不畅或运行中发生故障等，就会使其温度超出允许限度并导致绕组过热而烧毁。因此电动机工作温度的高低是反映其是否正常运行的主要标志。

（5）应注意电动机轴承的工作情况，要经常察看轴承运转的声音是否均匀正常，有无过热现象，润滑情况是否良好和有无磨损、缺陷等。

（6）电动机运行中应注意检查传动装置，看联轴器或皮带轮有无松动，传动皮带是否有过紧、过松的现象等，如有则应停机紧固或进行调整。

（7）对绕线型三相异步电动机，还应经常检查其电刷与滑环间的接触、电刷的磨损以及火花等情况。如发现火花较大、滑环表面粗糙时，应车光并用 0 号砂布磨光，同时调整电刷弹簧的压力。滑环间和滑环与转轴之间的绝缘管及绝缘垫圈，常会被电弧烧焦而失去绝缘性能。如烧焦的面积和深度不大，可用小刀或砂布将烧焦点刮磨干净，然后再涂一层环氧树脂胶或醇酸绝缘漆；若绝缘物已严重烧焦则应考虑更换新绝缘。

四、定期检查和维护保养

为了保证电动机的正常工作，除了应按操作规程正确使用外，还应进行定期检查和保养。其间隔时间可根据电动机的类型、使用环境决定，主要检查和维护保养事项如下：

（1）电动机应经常保持清洁，最好每隔几天就清扫一次，以及时清除其机座外部的灰尘、油污和杂物等。

（2）经常检查轴承有无发热、漏油等情况，并定期更换润滑脂（一般可半年更换一次）。在更换润滑脂时应先将轴承盖用煤油清洗，然后再用汽油予以清洗干净。润滑脂可采用HSY103 二硫化钼复合钙基脂（干湿热带电动机用）或钙钠基 1 号润滑脂（一般电动机用），以及中小型电动机适用轴承润滑脂（2 号或 3 号）。更换加入的新润滑脂数量，以充满轴承室空间的 1/2～1/3 为宜。

（3）应经常检查电动机接线板的螺丝是否松动或烧伤，如有此情况，应予以紧固和用同等绝缘包垫修复。

（4）应定期检查起动控制设备，观察所有触头有无烧伤、氧化或接触不良等，如发现问题应立即维修保养。

（5）定期检查电动机的绝缘电阻。由于绝缘材料的绝缘能力因干燥程度不同而异，所以保持电动机绕组的干燥是极为重要的。若电动机工作环境潮湿或有腐蚀性气体等存在，均有可能破坏电动机的绝缘。因此，在电动机的运行和使用中，应经常检查其绝缘电阻，同时还应注意查看电动机外壳接地是否可靠。

（6）除按以上几项内容对电动机定期检查和维护保养外，当电动机运行一年后，应大修一次。大修的目的在于对电动机进行一次全面、彻底的检查和维护保养，增补和更换电动机缺少或磨损的零、部件；彻底清除电动机内外的灰尘、杂物；检测绕组绝缘的情况；清洗轴承并检查其磨损情况。及时发现问题并立即予以处理，将可延长电动机的工作寿命。

5.3　三相异步电动机定子绕组

绕组是电动机的核心部分，是电动机进行电磁能量转换与传递的关键件，是实现电能与机械能之间能量转换的桥梁。同时，它又是最容易发生故障的部分，通常对电动机的修理，绝大部分工作是对电动机绕组进行修理。

5.3.1　基础知识

一、线圈

线圈也叫线把，是用固定直径铜或铝高轻度漆包线按一定并绕根数在定型绕线模子上绕制出来的。每个线圈都有两个头，整个电动机的每相定子绕组就是靠这些单个的线圈连接组成的，如图5-10所示。

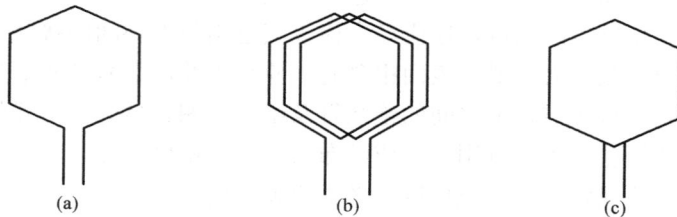

图5-10　定子绕组线圈
（a）单匝线圈；（b）多匝线圈；（c）简化的多匝线圈

在槽内部分的线圈，起着转换电磁能量的作用，称为有效边。两个有效边之间的连线，称为端部。电动机绕组的线圈大多数是多匝的，一般用高强度漆包圆铜线作为线圈材料，绕成所需的形状及尺寸。异步电动机定子绕组的种类很多，但构成原则是一致的。按相数，有单相、两相和三相绕组；按槽中绕组数量的不同，有单层、双层和单双层混合绕组；按绕组端接部分的形状，单层绕组有同心式、交叉式和链式之分；双层绕组有叠绕组和波绕组之分；按每极每相所占的槽数是整数还是分数，有整数槽和分数槽之分等。

二、极距

一个磁极所占有的定子槽数叫极距，也叫极面。定子总槽数 Q 除以磁极数，就等于极距，即

$$极距(\tau) = \frac{定子槽数(Q)}{磁极数 2p}$$

式中：p 是磁极对数，$2p$ 为极数。

三、节距

一个绕组两个边之间距离多少个槽，叫绕组的节距，也叫跨距。如图 5-11 所示，第一把线的左边下在 1 槽，右边下在 6 槽，这把线的节距就是 1-6。图 5-12 所示的单层交叉绕组是由节距 1-9、1-8 两种节距的绕组组成。绕组的节距等于极面时，称全节距绕组，长节距小于极面称为短节距绕组，绕组节距大于极面称为长节距绕组。

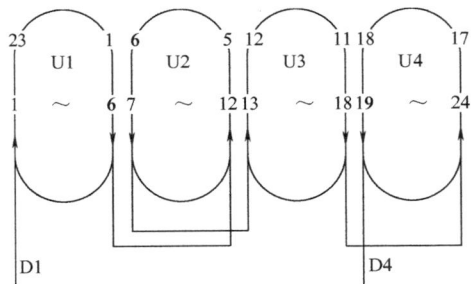

短节距绕组可以节省绕组两端部的铜线，还可以改善电动机的电气性能，在双层绕组中多采用短节距绕组。单层绕组一般多采用全节距绕组，长节距绕组均不被采用。

图 5-11　绕组节距示意图

四、每极每相槽数

因为三相绕组的线圈均匀排布在每个极面内的，所以每极面下的槽数应该被三相平分，这样每一相绕组在每一个极面下所平分的槽数叫每极每相槽数，每极每相槽数等于极面被相数除，即

$$每极每相槽数(q) = \frac{极面(\tau)}{相数(3)}$$

五、电角度与机械角度

电动机端面是一个圆，在几何上分成 360°，这个角度称为机械角度，机械角度总是 360°。一对磁极对应交流电一个周期，如果导体切割这种磁场，经过 N、S 一对磁极后，导体中所感应产生的正弦电动势的变化也为一个周期，变化一个周期即经过 360° 电角度，因而一对磁极占有的空间是 360°。把一对磁极对应的机械角定义为 360° 电角度。若电动机的三相交流绕组产生的旋转磁场为 p 对磁极，电动机圆周期按电角度计算就为 $p \times$ 360°，因此有

$$电角度 = p \times 机械角度$$

六、极相组

极相组是指一个磁极下属于同一相的几个绕组元件按一定方式连接而成的线圈组。同一个极相组中所有线圈的电流方向相同。一个极相组有的由一把组成，有的是由多把线组成。不管由几把线组组成一个极相组，必须保证这几把线是同一个方向串联，绕组与绕组的连接叫连接线。多数绕组展开图上，已标为组成每个极相组每把线两边的电流方向。

极相组多用一种节距的线圈组成，但也是一组绕组的极相组是由两种节距线圈组成。图 5-12 每相绕组由分别是两个两把线组成的极相组和两个分别是一把线的极相组连接而成。组成每个极相组的线圈数是由该电动机定子槽数、绕组形式、极数决定的，在拆定子绕组时要注意核查，彻底弄明白组成每个极相组的线圈数。

七、极相组的头尾命名法

在绕组展开图中，若每个极相组的左边引出线定为头，每个极相组右边引出线定为尾，

电流从每个极相组左边流进，从右边流出，则命名这个极相组为正向极相组，如图 5 - 12
（a）中 U1、U3 为正向极相组；若电流从极相组右边流进，从左边流出，这个极相组为反向
极相组，如图 5 - 12（a）中 U2、U4 就为反向极相组。

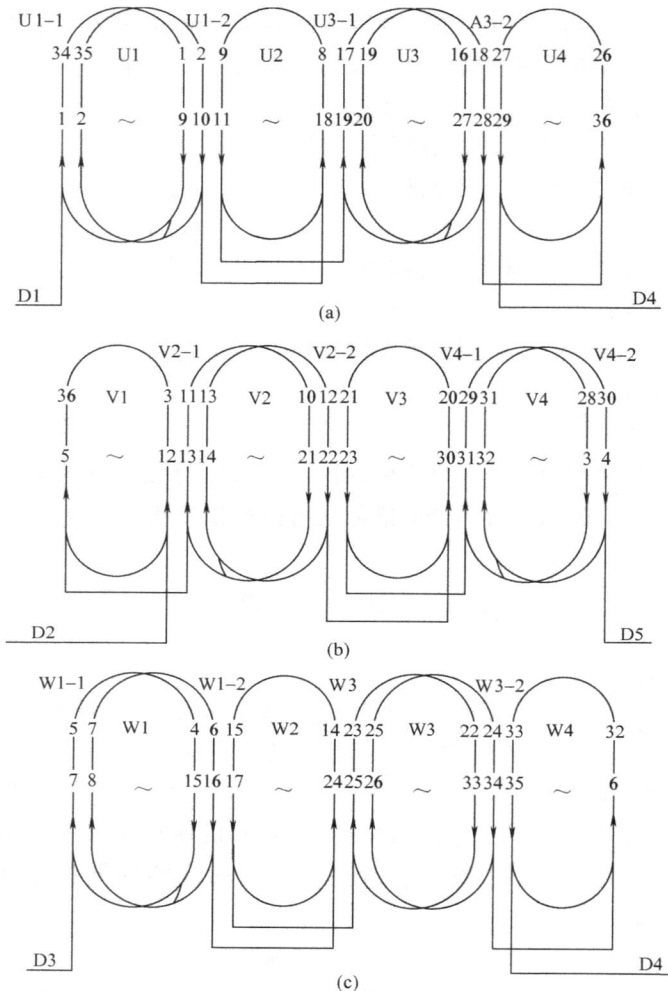

图 5 - 12　三相 4 极 36 槽单层交叉式绕组展开分解图
（a）U 相绕组；（b）V 相绕组；（c）W 相绕组

八、极相组与极相组的连接

极相组按规律连接起来，才能组成定子绕组。定子绕组分为显极式和隐极式两种类型。
隐极式绕组应用在老型号电动机中，现在已被淘汰，这里只介绍显极式绕组。

定子绕组跨距在两个相邻极面内同相的两个极相采用"头接头"和"尾接尾"连接起来
的绕组称显极式绕组，在显极式绕组中，每个极相组形成一个磁极，每相绕组的极相组数与
磁极数相等。也就是说，在显极式绕组中每相绕组有几个极相组该电动机就是几极的电动
机，图 5 - 13 所示为 4 极显极式绕组一相的示意图。

在显极式绕组中，为了要使磁极的极性 N 和 S 相互间隔，相邻两个极相组里的电流方

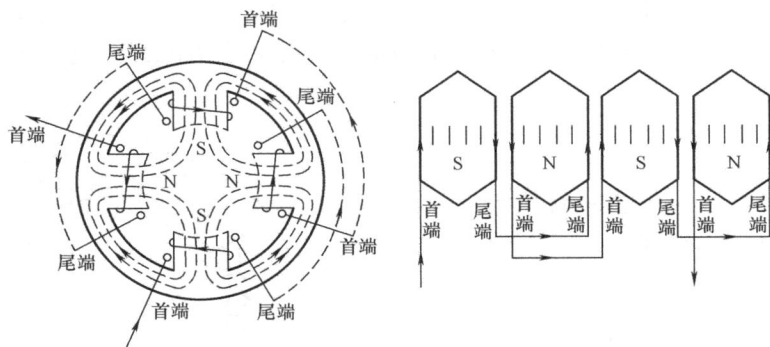

图 5-13　4 极显极式绕组一组的示意图

向必须相反，流进相邻两个极相组边的电流必须一致，即相邻两个极相组的连接方法必须为"尾接尾"、"头接头"，也即反接串联方式。极相组与极相组的连接线称过线。本节介绍的电动机绕组都是显极式绕组。

九、极相组的命名

每相绕组的极相组在定子铁芯内不是单独存在，都是成对地出现，这就需要把每个极相组命名。以极相组所在相的字母为字头，字头后面用阿拉伯数字代表该极相组顺序数。如图 5-12（a）中，U1 代表 U 相绕组的第 1 个极相组，U2 代表 U 相绕组的第 2 个极相组，U3、U4 分别代表 U 相绕组的第 3 和第 4 个极相组。同理，V、W 两相也用这种方法顺序排列。如果每相绕组由 10 个极相组组成，极相组的命名从左向右分别用 U1～U10 表示。在实际绕组展开分解图中已标出极相组的名称。

十、组成每个极相组的线圈命名法

有两把以上线圈组成的极相组，线圈的命名方法为：以这个极相组的命名为字头，横线后面用阿拉伯数字代表每把线的顺序号。例如图 5-12（a）中第一个极相组 U1 有两把线组成，则这两把线左边第一把线命名 U1-1，第二把线命名为 U1-2；第二个极相组 U2 只有一把线组成命名为 U2；第三个极相组 U3 由两把线组成，这两把线左边第一把线命名为 U3-1，第二把线命名为 U3-2，最后一把线命名 U4。

十一、定子槽的排列与展开图

定子槽分布在定子里面的圆周上，用图 5-14（a）所示的圆筒形来表示。圆筒的内表面上的直线表示定子槽。如果沿 1 槽与 24 槽之间剪开，展开后的图如图 5-14（b）所示，这样的图叫展开图。展开图上标有定子槽号的图叫定子展开图。定子展开图上的槽号要逆时针排列。

把三相定子绕组画在定子展开图上的叫绕组展开图，图 5-15 所示就是三相 4 极 36 槽单层交叉式绕组端部示意图。三相绕组在一起不便查看，把三相绕组分开画在图上叫绕组展开图分解图，如图 5-12 所示。

5.3.2　三相定子绕组的种类及下线方法

三相异步电动机的定子绕组是三相对称交流绕组，即三相绕组具有相同的结构和匝数，但空间彼此错开 120°空间电角度。根据嵌入铁芯槽内有效边数，交流绕组可以分成单层绕组和双层绕组两类。根据绕组端部的连接方式不同，单层绕组又可分成交叉式、链式、同心式等不同型式；双层绕组则分成叠绕组和波绕组两种。根据绕组线圈节距大小，双层绕组又可分成整距绕组和短距绕组两种。三相异步电动机多采用双层短距叠绕组和单层绕组，这里主要介绍单层绕组。

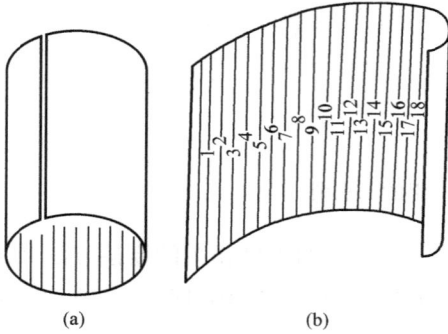

图 5-14 定子铁芯展开示意图
（a）展开前；（b）展开后

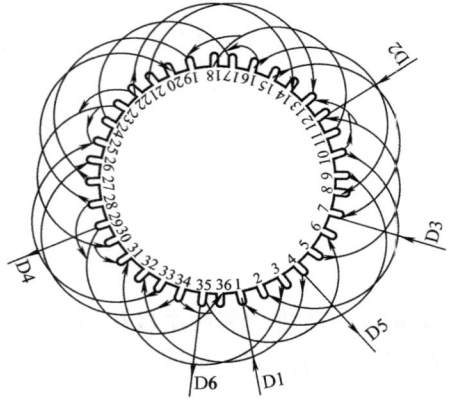

图 5-15 三相 4 极 36 槽单层交叉式
绕组端部示意图

一、单层交叉式绕组的下线方法

下面以三相 4 极 36 槽节距为 2/1-9、1/1-8 的电动机为例，来介绍单层交叉式绕组的下线方法。

（一）绕组展开图

三相绕组是均匀放在定子铁芯圆周上，图 5-15 是三相 4 极 36 槽节距 2/1-9、1/1-8 单层交叉式电动机绕组端部示意图，将此图在 1 槽与 36 槽之间剪开展平，就得到绕组展开图，如图 5-16 所示。

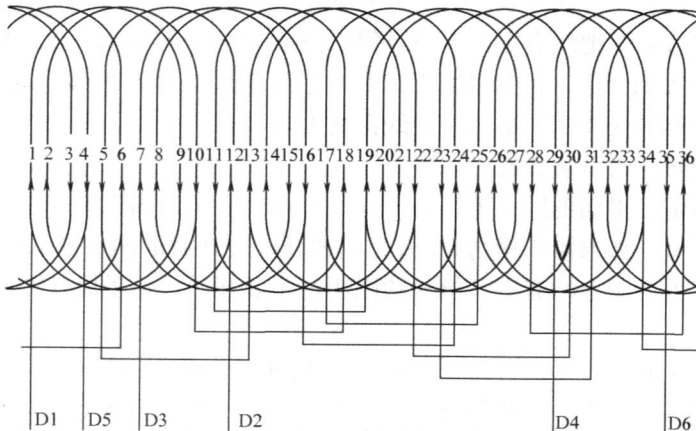

图 5-16 三相 4 极 36 槽单层交叉式绕组展开图

（二）绕组展开分解图

实际电动机绕组是按图 5-16 将三相绕组的 18 把线下在定子铁芯的 36 个槽中。初学者看此图太乱，不易懂，下线、接线时易出差错。为了使看图简便有利于下线，将三相绕组分开，使每相绕组单独画成一个图，叫绕组展开分解图，如图 5 - 12 所示。在绕组展开分解图上标清每个极相组的名称、电流方向、极相组与极相组连接、每相绕组的首尾端，在线圈上端标下线顺序数字。

（三）线圈的绕制和整理

三相 4 极 36 槽单层交叉式电动机每相绕组由 6 把线组成，根据原电动机把周长数据和匝数在万用绕线模上调精确，依次按大把→大把→小把→大把→大把→小把的顺序绕出 6 把线作 U 相绕组，如图 5 - 12 （a）所示。将 6 把线按绕线顺序，即先绕的在左边，后绕的在右边。然后摆在桌子上，把每把线的过线端和两个线头分别绑好，标上每把线的代号，如图 5 - 17 所示。从左边开始第 1 大把线标为 U 1-1，U 1-1 左边的头标为 D1，第 2 大把线标为 U 1-2，第 3 小把线标为 U2，第 4 大把线标为 U 3-1，第 5 大把线标为 U 3-2。第 6 小把线标为 U4，U4 左边线头标为 D4。为了下线时不乱，现将 U2、U 3-1、U 3-2 和 U4 放在一起，两边用绑带绑好，外面只留 U 1-1、U 1-2 两把线，如图 5 - 18 所示。

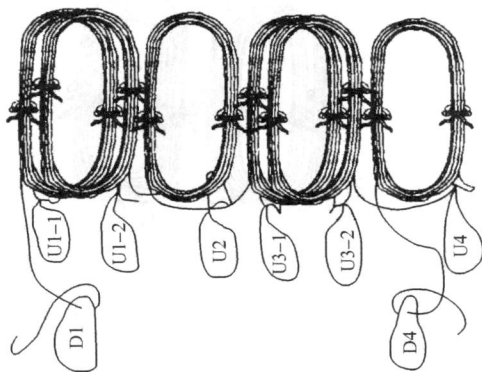

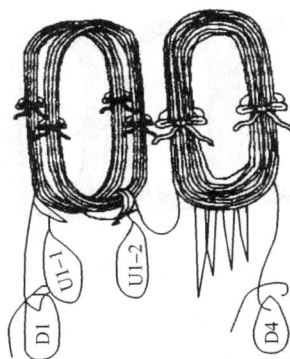

图 5 - 17　将 U 相绕组每个线圈及线头标上代号　　　图 5 - 18　将 U2、U3 和 U4 两边绑在一起

用同样的方法绕出 6 把线作 V 相绕组，将每把线的两边分别用绑带绑好卸下来。按绕线的顺序将 6 把线调个方向，即先绕的一把线放在右边，后绕的线圈放在左边，按图 5 - 12 （b）所示将 6 把线平放在桌子上，将每把线的过线端和两个线头分别绑好，标上每把线的代号。如图 5 - 19 所示，从左边开始第 1 小把线标为 V1，V1 外甩线头标为 D2，第 2 把线标为 V 2-1，第 3 把线标为 V 2-2，第 4 把线标为 V3，第 5 把线标为 V 4-1，第 6 把线标为 V 4-2，V 4-2 右边那根线头标为 D5。为了使下线不乱，将 V 2-1、V 2-2、V3、V4-1 和 V 4-2 这 5 把线放在一起，两边用绑带绑好，只留下 V1 一把线留做开始下线用，如图 5 - 20 所示。

最后绕出 6 把线作为 W 相绕组，将每把线两端用绑带绑好卸下来，按先后绕线的顺序，照图 5 - 16 （c）所示将 6 把线摆放在桌子上，将每把线的过线端和两个线头分别绑好，标上每把线的代号。将先绕的第 1 把线标为 W 1-1，W 1-1 左边的线头标为 D3，第 2 把线标为 W 1-2。第 3 把线标为 W2，第 4 把线标为 W 3-1，第 5 把线标为 W 3-2，第 6 把线标为 W4，在 W4 外甩那根线头标为 D6，如图 5 - 21 所示。然后将 W2、W 3-1、W 3-2 和 W4 放在一起，两边用绑带绑好，外甩 W 1-1、W 1-2 两把线留做开始下线时用，如图 5 - 22 所示。

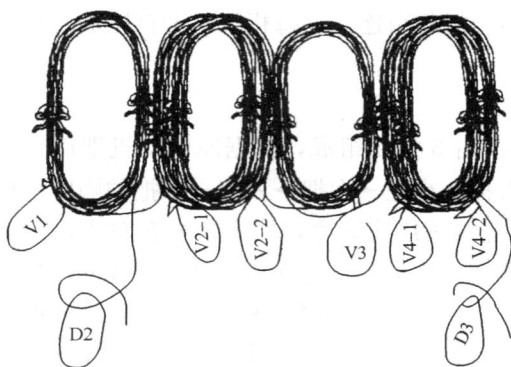

图 5-19　将 V 相绕组每个线圈及线头标上代号

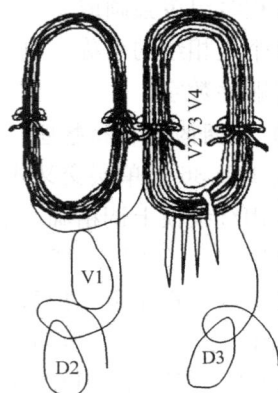

图 5-20　将 V2、V3 和 V4 两边绑在一起

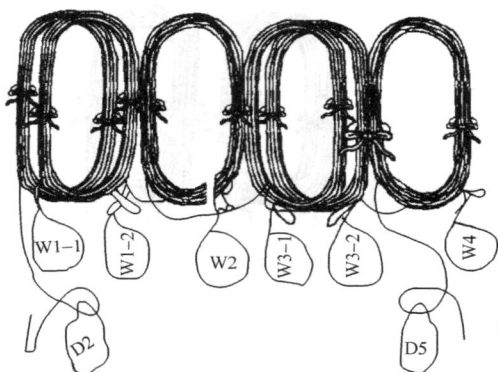

图 5-21　将 W 相绕组每个线圈及线头标上代号

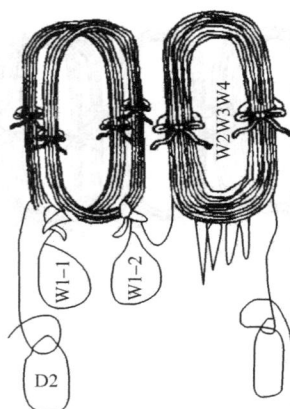

图 5-22　将 W2、W3 和 W4 两边绑在一起

（四）下线前的准备工作

选用与原电动机一样规格的绝缘纸，按原尺寸一次裁出 36 条槽绝缘纸，放在一边待用，在裁十多条同样尺寸的绝缘纸作为引槽纸用，按原电动机相间绝缘纸的尺寸一次裁制 36 块相同绝缘纸叠放一旁。将做槽楔儿的材料和下线用的划线板、压脚、剪刀、电工刀、锤子、打板等工具放在定子旁。将电动机定子出线口一端对着下线者，做两块木垫块垫在定子铁壳两边，清除槽内杂物，擦干油污准备下线。

（五）下线步骤

下线顺序为 U 1-1→U 1-2→V1→W 1-1→W 1-2→U2→V 2-1→V 2-2→W2→U 3-1→U 3-2→V3→W 3-1→W 3-2→U4→V 4-1→V 4-2→W4。详细的下线步骤按图 5-12 线圈上端所标数字进行。

在实际下线操作中，除了下每个极相组的线圈外，还要掏把（穿把）、垫相间绝缘纸、按插槽楔儿、整形等，这些操作方法在下面将详细介绍。综上所述，总结出单层交叉式绕组下线口诀：

双顺单逆不可差，

单八双九交叉下。

双隔二来单隔一，

过线不交要掏把。

真正掌握口诀后，下线时可不看绕组展开分解图，下线既快又不易出差错，每句口诀的理解在下线步骤中详细介绍。

（六）第 1 槽的确定

下线前首先确定好第 1 槽的位置，电动机定子铁芯是圆的，第 1 槽没有标记，定哪个槽为第 1 槽都可以。若第 1 槽定得不合适，下完线后所引出的 6 根线头离出线口太远，这不但浪费导线套管，更重要的是影响引出线头的绝缘性能和绕组的整齐美观。根据图 5 - 15 所示，下完整个绕组的每把线后，有 6 根线头分别从 29 槽、35 槽、1 槽、4 槽、7 槽和 12 槽中引出，在这 6 根引出线中 29 槽和 12 槽的引出线为最远的两根引出线，如将出线口设计在离 29 槽太近，那么 12 槽引出线太长；如将出线口设计离 12 槽太近，29 槽引出线离出口线又太长，正确的方法是将出线口的中心线设计在两个远头引出线的中间槽上，从而推算出第 1 槽的位置。如图 5 - 23 所示，两个最远的引出线 29 槽和 12 槽中间槽是 2 槽，出线口的中心线放在 2 槽顺时针数过 1 个槽就定为第 1 槽，用笔做好记号。按这样的方法设计出第 1 槽下完整个绕组后，6 根线头从出线口引出，引出线既短，整个绕组又美观整齐。

（七）下线方法

将如图 5 - 12 所示的绕组展开图放在定子旁的工作台上，每下一个极相组都要对着绕组展开图，每下一把线都要对着图上端所标下线顺序数字。按图 5 - 23 所示定好第 1 槽后，从第 1 槽逆时针数到第 9 槽，将第 9 槽位置转到下面（离工作台面最近），这样下线方便、好操作。在以后的下线操作中，下哪槽的线，将哪槽的位置转到下面，一边下线一边转动定子，从 9 槽开始，转圈转动定子，整个绕组下完后，定子也正好转一周。

下面介绍下线的具体操作步骤。

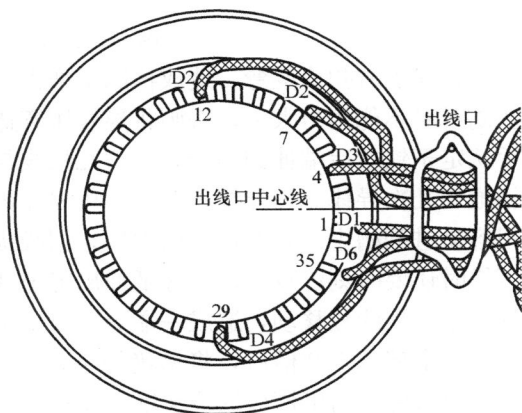

图 5 - 23   定第 1 槽的方法

第 1 步   将槽绝缘纸光面在内（挨着导线），插进第 9 槽，将两条引线槽纸光面向内插进 9 槽中，按图 5 - 12（a）将 U 相绕组摆放在定子铁芯前，右手拿起正向极相组的 U 1-1，查看 D1 应在 U 1-1的左边，U 1-1 与 U 1-2 的连接线应在 U 1-1 的右边，如图 5 - 24 所示。下线口诀的"双顺单逆不可差"中的"双顺"的意思是，准备下线的极相组是双把线，要下双把线就得顺时针方向，在图上标出的电流方向从 D1 流进，从 D4 流出，电流经 U1 的方向就是顺时针方向。实际绕组中的电流方向是随时间作周期性变化的，但下线时以绕组展开图的电流方向为准。凡是由双把线组成的极相组其电流的方向均为顺时针方向。经查实，U 1-1摆入的方向与图 5 - 12（a）中 U 1-1 方向相符合后，解开 U 1-1 线圈右边的绑带，按图 5 - 25将 U 1-1 右边放在 9 槽的引槽纸上，左手拇指与食指往槽中捻线，右手握划线板从定子后端经铁芯内轻轻往槽中划导线，如图 5 - 26 所示。划线板要从槽的前端划到槽的后端，这是为了使导线很顺利地下到槽中，如果划线板划到槽的中间就抽出来，线圈的一端划进槽中，另一端会翘起来。所以不管一端下进槽中几根线，也要用划线板从该端划到另一端。如果导线

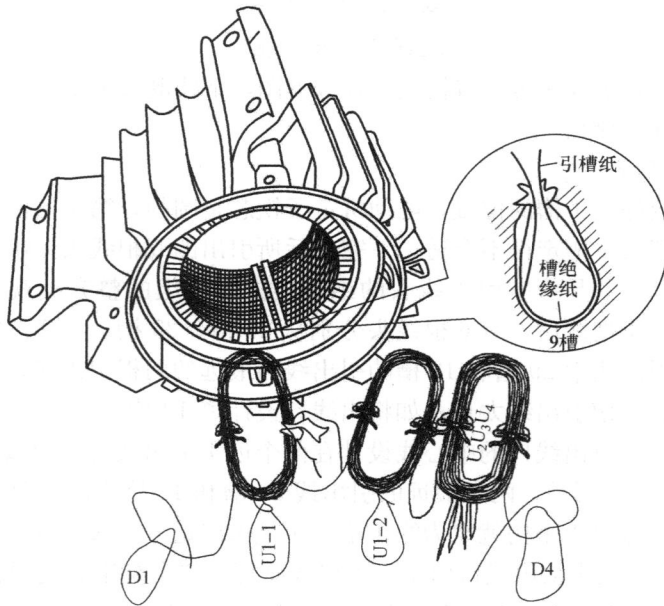

图 5-24　正确摆放 U1-1 的方向

在槽内拧花别着扣或叠弯,造成槽满率增大,不好下线,发现这种现象要将部分导线拆出重下。划线时不能用力太大,否则将导线压弯造成槽满率增加。下线时左手捻开 5～8 根导线,右手从定子铁芯后端伸到前端,将这几根线与线圈分开,摆放在槽口处,划线板先在槽口处轻轻地划几次导线。当导线理顺后,用划线板的鸭嘴往槽中挤线,左手捻着线往槽中送,导线很容易进到槽中。导线进入槽中后,划线板还要在槽中再划两次,免得槽中导线有交叉,在下线时还要时刻注意。槽绝缘纸伸出定子铁芯两端要一样长,用划线板划导线的,不要使槽绝缘纸随划线板移动,造成一端导线与定子铁芯相摩擦破坏绝缘层。

　　导线全部下入 9 槽后,将槽绝缘纸调整到两端伸出定子铁芯长短合适。把引槽纸抽出来,用剪刀剪掉高出槽口的绝缘纸(注意:剪刀不要跟剪布一样一下一下在剪,应该将剪刀张开一点,一端推着剪刀到另一端,这样剪掉的绝缘纸一样高),如图 5-27所示。

　　用划线板把槽绝缘纸从一边划进槽后,再划进另一边,使绝缘纸包着导线,按图 5-28 所示将压脚伸进第 9 槽中,上下按动压脚手柄从一端压到另一端,压平压实槽内绝缘纸,使蓬松的导线压实。注意:槽绝缘纸要正好包住槽内所有的导线,如检查发现有的导线下在槽绝缘纸外面或没有被绝缘纸包上,要将槽绝缘纸拆开,包好导线后用压脚压实。再次检查槽绝缘纸两端伸出定子

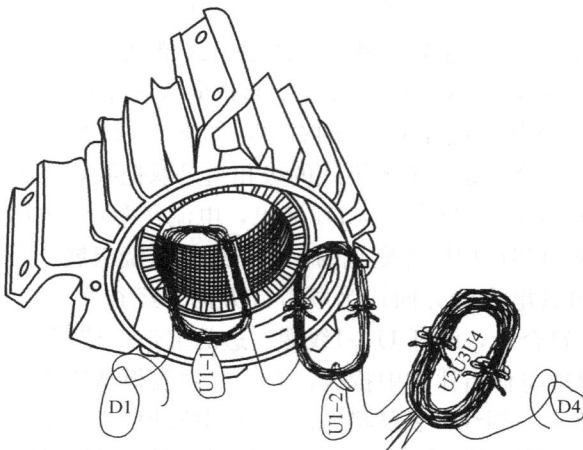

图 5-25　将 U1-1 右边放在 9 槽的引槽纸上

铁芯间长度是否基本一致，如一端槽绝缘纸伸出得长，另一端伸出得短，伸出长的一端整形时容易使槽绝缘纸破裂，伸出短的一端导线容易与铁芯造成短路。这两项检查项目在每下完一槽后都要进行，如果等插入槽楔后再检查出故障，还需拔掉槽楔排除故障，既费时间又对导线和绝缘纸的绝缘性能有影响。所以，实际下线时要下完一槽，检查一槽，发现隐患及时排除。经检查无误后，将槽楔插入9槽中，如图5-28所示。然后检查槽楔是否高出定子铁芯，如果高出定子铁芯，则烤完漆后，装不上转子或槽楔与转子摩擦影响电

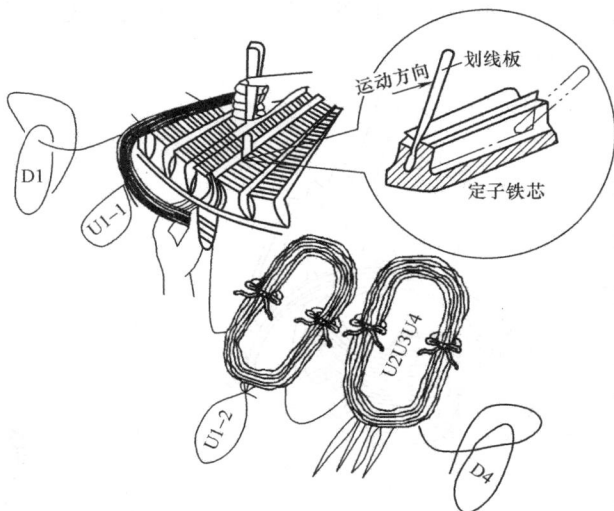

图 5-26　将导线划入 9 槽中

动机正常运转。槽楔必须以原电动机槽楔的形状尺寸为基准制作，槽楔的上面要削成平面，不要将槽楔制成△形。在下线的以下步骤中，每下完一槽都要检查槽楔儿是否符合标准。

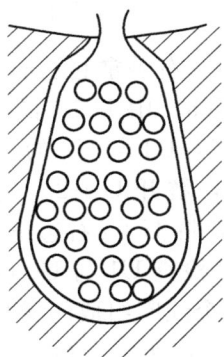

图 5-27　推剪剪掉高出槽口的绝缘纸

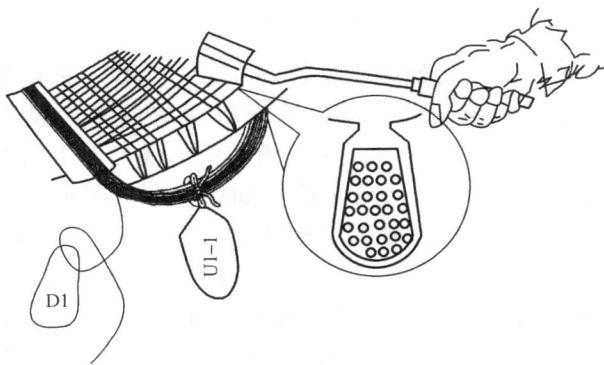

图 5-28　用压脚压实槽内导线

　　U 1-1 左边空着不下，留在第 34 步下。将 U 1-1 左边与铁芯相连接处垫上绝缘纸，防止铁芯磨坏导线绝缘层，然后对 U 1-1 两端的端部进行初步整形。因为 8 槽还要下线，必须给 8 槽留出位置来，线圈的端部不要太尖，用两只手大拇指和四指分别用力把线圈两端部整出如图 5-29 所示的形状，还要轻轻地往下按线圈两端，不要来回推线圈。在以后的下线顺序中每下完一槽线都要进行初步整形。

　　在准备下 U 1-2 之前，对着图 5-12（a）检查下入 9 槽中 U1 是否与图相符，例如检查中发现图 5-30 与图 5-12（a）不符，虽然 U 1-1 的一个边也在 9 槽，但是 D1 下在 9 槽，U 1-1 与 U 1-2 的连接线留在了 U 1-1 的左边，这就证明 U 1-1 下反了，应拆出来按图 5-29 所示的方向重新下线。如果开始不检查，等到下完几把线后再发现线下反了，就需拆出重新下线或剪断线头，就很麻烦了。下线时要做到下完一把线检查一把线，上一把

线不正确决不下下一把线，证实上把线确实无误后才能准备下下一把线，每下一把线都要这样检查。

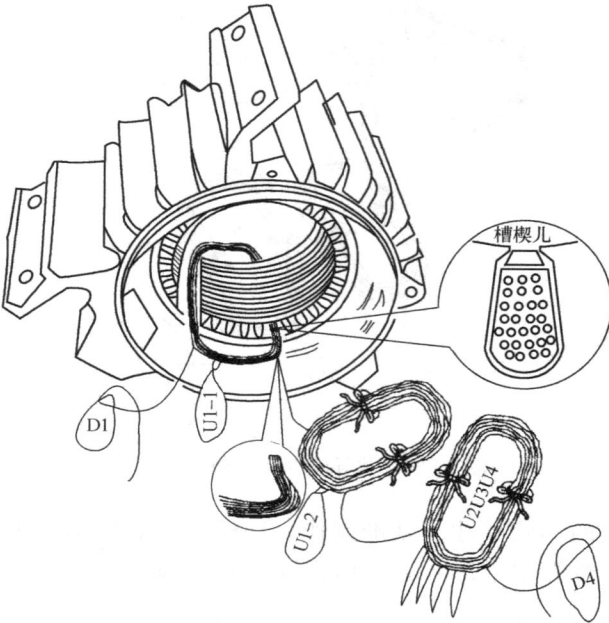

图 5-29　安装槽楔儿和初步整形

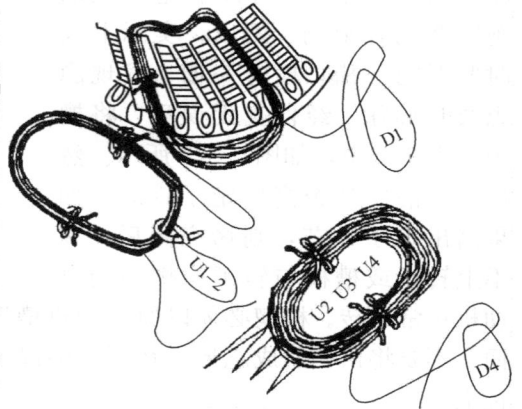

图 5-30　U1-1方向下反了

　　第2步　把槽绝缘纸按图5-24所示，安放在第10槽中，右手拿起正向线圈 U 1-2 正确摆放在定子铁芯内，检查所摆放的方向是否与 5-12（a）中 U 1-2 的方向相同。U 1-1与U 1-2的连接线是9槽的引出线与 U 1-2 的左边相连接，U1 与 U2 的过线在U1-2 的右边，为 U 1-2摆放正确，如图 5-31 所示。检查无误后，解开 U 1-2右边绑带，把 U 1-2右边放在 10 槽的引槽纸上，参照图 5-26 的下线方法，将 U 1-2右边下在第 10 槽中，插入槽楔儿，把 U 1-2的左边空着不下，留在第 35 步下。检查 U1 与 U2 的过线从第 10 槽中引出，为 U 1-2下线正确，如图 5-32 所示。下完由两个线圈组成的极相组，线圈与线圈间的连接线不长不短夹在两线圈之间，只有细查才能查出来。在检查中如发现图 5-33所示现象，U 1-1 与 U 1-2连接线明显出了一个大线兜儿，查 U 1-2的电流方向与 U 1-1的电流方向相反（一个极相组两把线边的电流方向应分别相同），这证明 U 1-2的方向下反了。另外，一个极相组头尾的两个线头应在每个极相组的两边，如图 5-33 中 U1 的头尾都在极相组左边，也证明 U 1-2下错了，应改正过来。在以后 下线过程中，每下完一个极相组都要检查头尾是否在该极相组的两边，出现差错应及时改正。

　　第3步　对着图 5-12（b）上端的下线顺序数字，应将 V1 的右边下在第

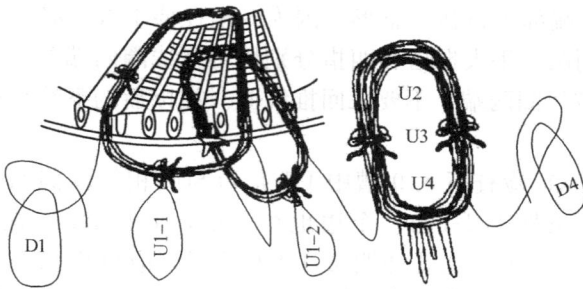

图 5-31　正确摆放 U 1-2

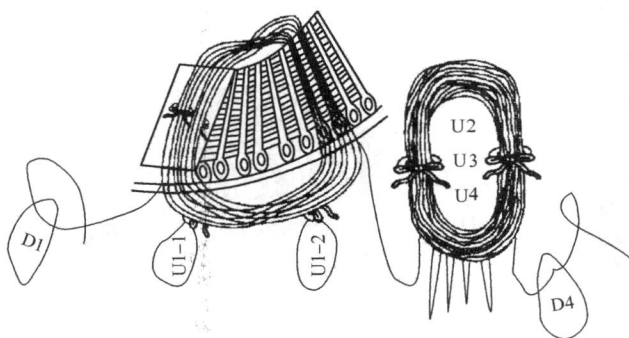

图 5 - 32　U 1-2 右边下在 10 槽　　　　　图 5 - 33　U 1-2 方向下反了

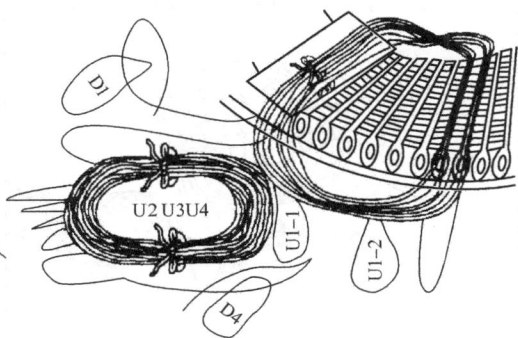

12 槽中，把槽绝缘纸和引槽纸下在第 12 槽中，将 V 相绕组摆放在定子铁芯旁，左手拿起反向极相组 V1，如图 5 - 34 所示。V1 的电流方向应与 U1 相反，D2 应在 V1 的右边，V1 与 V2 的过线应在 V1 的左边。图 5 - 12（b）已标出电流从 D2 流进，从 V2 的右边流到左边，按规定 V2 的电流方向为逆时针的方向，在下线口诀中的"双顺单逆不可差"中的"单逆"就是这个含义。只要下线时遇到由单把线组成的一个极相组，其电流方向都应为逆时针方向。

　　左手摆正确 V1 后，不要翻动，右手伸进 V1 中，抓住 U 相绕组外甩捆在一起的 U2、U3、U4，如图 5 - 35 所示。右手伸进 V1 中，把 U 想绕组的 U2、U3、U4 从 V1 中掏出来，如图 5 - 36 所示。把 U2、U3、U4 放在定子旁边，注意不能放太远，不能破坏原来每把线的形状，不能把极相组与极相组的过线拉长。然后将 V1 放在铁芯内，再检查 V1 的实际方向与图 5 - 12（b）的 V1 方向是否相符，D2 在 V1 的右边，V2 与 V1 的过线在 V1 的左边，为 V1 摆放、掏把正确。检查无误后，把 V1 右边绑带解开，将 V1 的右边下在 12 槽中，V1 的左边空着不下，留在第 36 步再下入槽中，如图 5 - 37 所示。最后要进行初步整形。

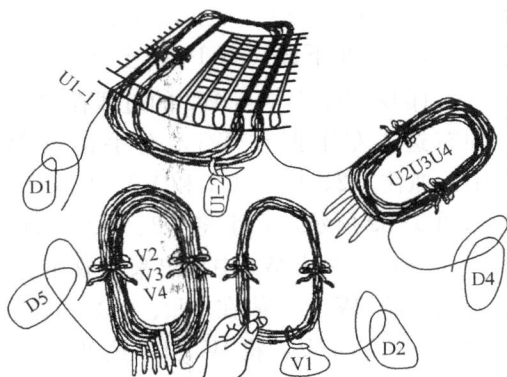

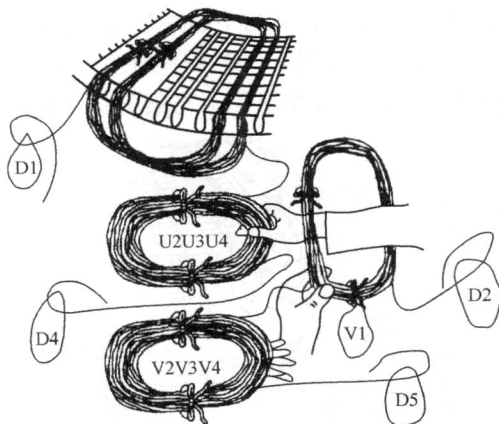

图 5 - 34　正确摆放 V1　　　　　图 5 - 35　右手伸进 V1 中抓住 U 相外甩线圈

　　在实际下线中，每下完一个极相组，要检查所下线圈是否正确，掏把是否正确，出现差错，应当及时改正。如发现图 5 - 38 所示的现象，U 相绕组的 U2、U3、U4 没有从 V1 中掏出，V1 也下反了，检查出来以后应该将 12 槽的槽楔儿拔掉，用划线板拨开槽绝缘纸，把

12 槽内所有导线慢慢全拆出来整理好，重新用绑带绑好，再按正确的方法掏把、下线。

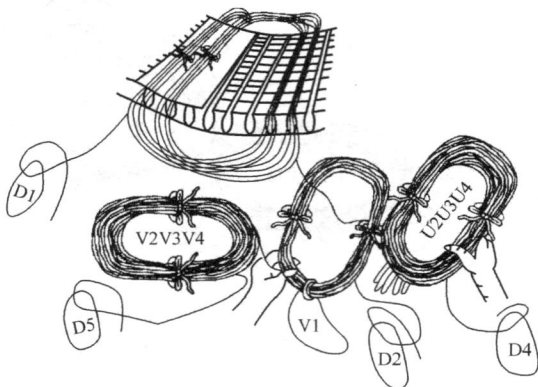

图 5-36　将 U2、U3、U4 从 V1 中掏出

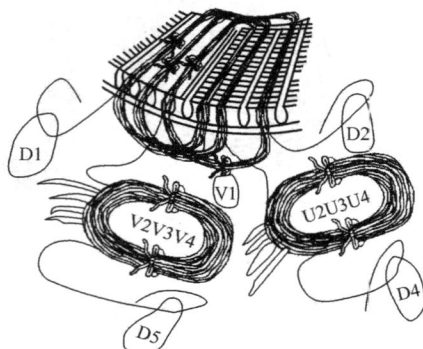

图 5-37　V1 右边下在 12 槽

掏把是从 V1 开始，每下一个极相组将外甩的其他相极相组的线圈从该极相组中掏出（本相不掏）。掏把适用于所有单层绕组的下线中，其目的是使极相组与极相组的连线不在绕组的端部相交。图 5-38 中的 U2、U3 和 U4 没有从 V1 中掏出，在之后的下线中将造成如图 5-46 所示的 U1 与 U2 过线从绕组端部绕过的现象。因此每下一个极相组都要掏把，如果忘记掏把，检查出来后应将该极相组拆出，掏把后再下入槽中。

V1 右边下完后，从图 5-37 可以看出 V1 的右边与已下到槽中的 U 1-2右边空过 1 个槽，这个槽是留给 U2 左边的，每个极面内每相绕组各占 3 个槽，按 U、V、W 顺序排列，U1 下完，虽占了 2 个槽，但还剩 1 各槽，下 V 相绕组的极相组 V1 时必须将 U 相绕组应占的槽留出来。所以说下由双线圈组成的极相组时，右边空过 2 个槽；下由单线圈组成的极相组时，右边空过 1 个槽，下线口诀中"双隔二来单隔一"就是这个意思。比如下单线圈组成的极相组 V1 时，右边空过 1 个槽，10 槽已有线圈的边，空过 11 槽，应将 V1 右边下在 12 槽中，下线口诀的含义与下线顺序是相符的。

第 4 步　如图 5-12（c）所示，左手拿起正向组 W1（双顺单逆不可差，双把线为顺时针方向），证明极相组 W1 与展开图上的方向应一致，W 1-1在下面，W 1-2在上面，D3 在

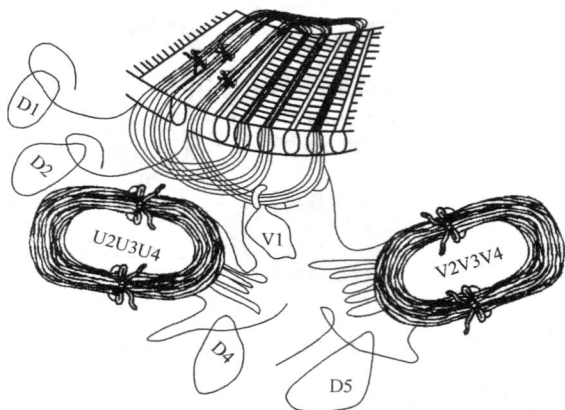

图 5-38　V1 方向下反了，U2、
U3、U4 没有从 V1 中掏出

W 1-1的左边，W1 与 W2 的过线在 W 1-2的右边，左手握住 W1，右手伸进 W1 中，抓住 U2、U3、U4 和 V2、V3、V4，如图 5-39 所示，右手将 U2、U3、U4 和 V2、V3、V4 从 W1 中掏出来，放在定子旁边。将 W 1-2靠在 U2、U3、U4 和 V2、V3、V4 上，将 W 1-1不改变方向放入定子铁芯内，如图 5-40 所示。在下 W 1-1之前检查一遍，W 1-1实际方向是否与图 5-18（c）的 W 1-1方向相同，D3 是否在 W 1-1的左边，W 1-1与 W 1-2的连接线是否在 W 1-1右边，U2、U3、U4 和

V2、V3、V4 是否从 W 1-1 和 W 1-2 中掏出，出现差错应更改。无差错后，按图 5 - 12（c）上端所标下线顺序数字，准备将 W 1-1 右边下在第 15 槽中。把槽绝缘纸和引槽纸安放在 15 槽中，按图 5 - 40 所示，把 W 1-1 放入定子铁芯内，U、V 相绕组外甩的线圈不要离铁芯过远，以防线圈变形。绕组展开图上有的线圈远些，过线长些，是为了使读者看清楚，实际下线时所有线圈都在定子旁边，越近越好。要保证线圈形状不变下到定子槽中，发现有的线头抽长了要一圈一圈退回到原来位置。解开 W 1-1 右边的绑带，按图 5 - 12（c）的方向将 W 1-1 右边下在 15 槽中（双隔二），安插入槽楔儿，如图 5 - 41 所示。下完线后，检查 W 1-1 与 W 1-2 的连接从 15 槽中引出，D3 与 W 1-1 的左边，U、V 相外甩的线圈从 W 1-1 中掏中，证明 W 1-1 下线正确。从图 5 - 40 可以看出，当下由两把线组成的极相组 W1 时，W 1-1 的右边空过 13、14 两个槽，这就是"双隔二"的含义。在以后的下线中，每遇上要下由双线圈组成的极相组时，右边都要空过两个槽。

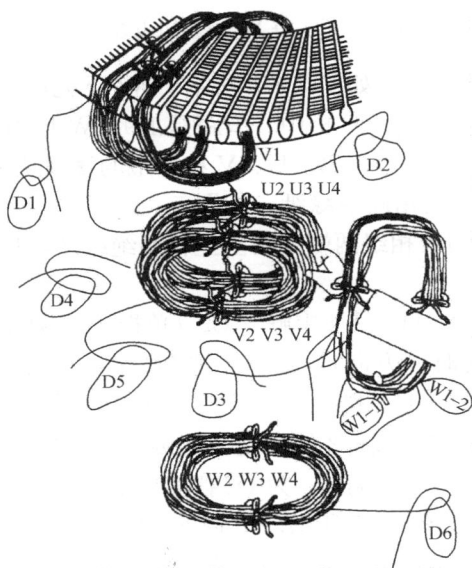

图 5 - 39　将 U、V 相外甩线圈从 W1 中掏出　　　图 5 - 40　将 W 1-1 正确摆放在定子内

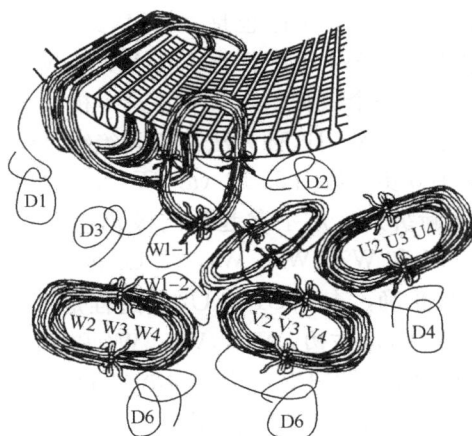

　　第 5 步　从图 5 - 12（c）中可以看出，开始下线时只空过 U1 和 V1 左边把线不下，从 W 1-1 左边线圈开始不再空着不下。把槽绝缘纸和引槽纸安放在 7 槽中，解开 W 1-1 左边绑带，将 W 1-1 左边下在 7 槽中，如图 5 - 42 所示。检查 W 1-1 的间距是否为 1-9，D3 下在 7 槽中，证明 W 1-1 下线正确。下线口诀上的"双九单八交叉下"中的"双九"，是指凡遇到由双线圈组成的极相组，每把线的节距就是 1-9。从图 5 - 42 中可以看出，从第 7 槽开始，从左向右不再空槽。

　　第 6 步　把 W 1-2 按顺时针的方向（与 W 1-1 方向一致）放入定子铁芯内，检查 W 1-2 与 W2 的过线应在 W 1-2 中掏出为正确，出现差错改正。检查 W 1-2 无误后，准备下线，把槽绝缘纸和引槽纸安放在 16 槽中，将 W 1-2 右边绑带解开，将 W 1-2 右边下在第 16 槽，如图 5 - 43 所示。下完 W 1-2 右边后，检查 W1 与 W2 的过线是否从 16 槽引出，是为 W 1-2 右边下线正确。

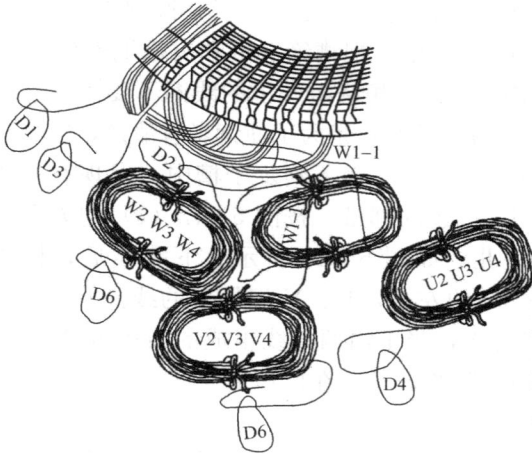

图 5 - 41　将 W 1-1 右边下在 15 槽中

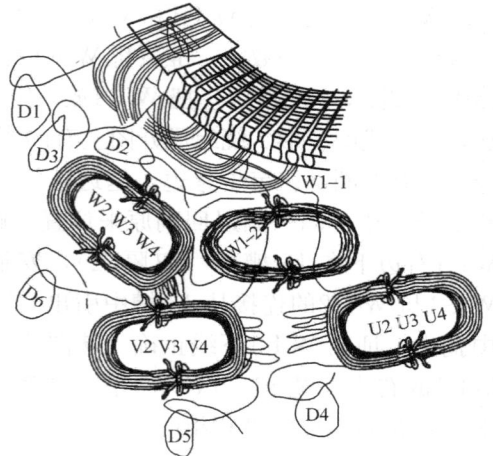

图 5 - 42　将 W 1-1 左边下在 7 槽中

第 7 步　将 W 1-2 左边下在第 8 槽中，W1 全部下完，如图 5 - 43 所示。W1 下完后要照着图 5 - 12 (c) 检查，D3 应下在 7 槽中，W 1-1 应下在 7、15 槽中，节距是 1-9，W 1-2 应下在 8、16 槽中，节距也是 1-9，W1 与 W2 的过线从 16 槽中引出，U、V 相外甩的线圈从 W1 中掏出，为 W1 下线正确。在 W1 与 V1 两端之间垫上相同绝缘纸，如图 5 - 43 所示。在以后每下完一个极相组，就要在这个极相组与已下完的极相组两端之间垫上相间绝缘纸，进行初步整形。采用这种方法，相间绝缘纸垫得好。

第 8 步　如图 5 - 12 (a) 所示，从绑在一起的 U2、U3、U4 中解下 U2（单把线），把 U3、U4 重新绑好，左手拿起反向极相组 U2（单把为逆时针方向），右手伸进 U2 中，掏出 V2、V3、V4 和 W2、W3、W4，将 U2 放在铁芯内，见图 5 - 44。摆放好 U2 后，要检查一次 U2 是否摆放正确，查看 U1 与 U2 的过程是否 10 槽的引出线连接 U2 的右边（尾接尾），U2 和 U3 的过线在 U2 左边，W2、W3、W4 和 V2、V3、V4 从 U2 中掏出，为 U2 摆放、掏把正确，发现差错改正。将 U2 右边下在第 18 槽中（单隔一），如图 5 - 45 所示。18 槽下完以后，检查 U1 与 U2 的过线是否 10 槽引出线与 18 槽引出线相连接，相连为 U2 右边下线正确。

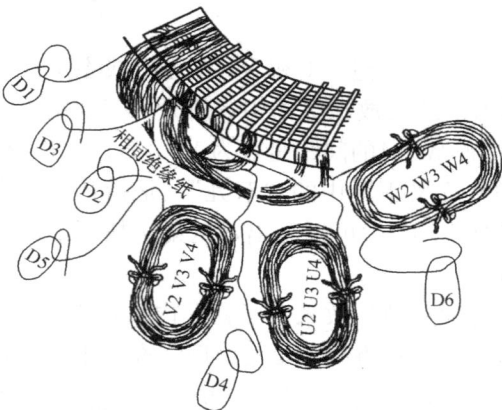

图 5 - 43　W 1-2 下完后，在 V1 与 W1
两端之间垫上相间绝缘纸

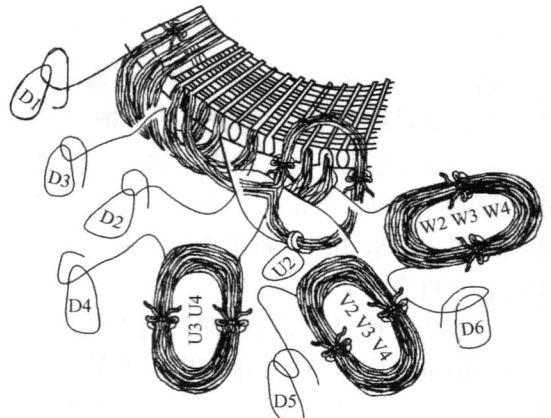

图 5 - 44　正确摆放 U2，V2、V3、V4 和
W2、W3、W4 从 U2 中掏出

　　第 9 步　将 U2 的左边下在 11 槽中，如图 5 - 45 所示。U2 只有单线圈，下线口诀上"双九单八交叉下"，含义是下由单把线组成的极相组，节距必须是 1-8，而且占据在两个极面中交叉着下，其电流方向"双顺单逆"（单把线电流方向为逆时针方向）。

　　如图 5 - 46 所示为不掏把的后果。当下完 U2 就发现 U1 与 U2 的过线从绕组端部绕过，这是因为在下 V1 和 W1 时，U2、U3、U4 没有从 W1 和 V1 中掏出。当下完 V2、W2 后，还会发现这种现象。这样既破坏了电动机绕组整齐美观，又影响了绕组的绝缘性能，所以在下线时，每下一个极相组就必须一掏把，决不能忘记。如果忘记了掏把，要把所下线圈拆出，掏完线圈后，在下入槽中。

图 5 - 45　U2 右、左边分别下在 18、11 槽中　　　　　　图 5 - 46　不掏把造成过线从绕组端部绕过

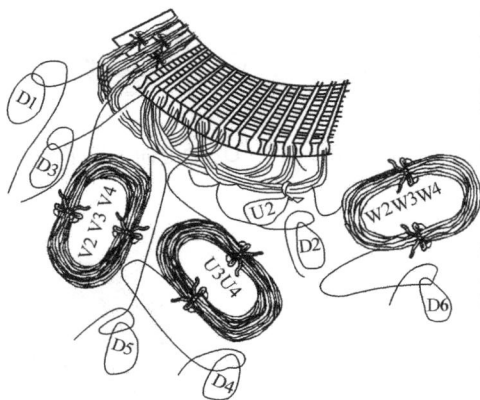

　　如图 5 - 47 所示，U2 掏把正确，所占的槽位及节距也正确，就是方向下反了，正确的方向单把线应该为逆时针方向（单逆）。U1 与 U2 的过线是 10 槽与 18 槽引出线相连接，长短合适，只有细查才能查出，可方向下反的 U2 变成了与 U1 相同的顺时针外方向了，U1 和 U2 的过线变为 10 槽与 11 槽引出线相连接了，在 10 槽与 11 槽之间出了一个大线兜儿。在之后的下线中注意，极相组与极相组连接正确时，过线与线圈端部一样长，发现过线不够长或出现大线兜儿时，要详细检查是否极相组的方向下反了。如图 5 - 47 中 U2 下反了，正确的方法是将 U2 拆出，将 V2、V3、V4 和 W2、W3、W4 从 U2 退回，摆正确 U2 方向重新掏把，按图 5 - 45 所示分别将 U2 右、左边下在第 18 槽和 11 槽中。如果不愿拆出 U2，可将 U1 与 U2 的过线剪断，18 槽的引线与 U3 的过线剪断，将 10 槽引出线与 18 槽引出线相连接，将 U3 剪断的线头与 11 槽引出线相连接，经改正后 U 相绕组多出了两对线头。后一种方法是不提倡的，最好的改正方法还是将 U2 拆出来，按正确方法重新掏把、下线。

　　第 10 步　如图 5 - 12（b）所示，把 V2（双线圈）从 V 相绕组上解下来，重新把 V3、V4 两边绑好，左手拿起正向极相组的 V2（顺时针方向），注意 V 2-2 应在 V 2-1 的下面，检查线圈 V 2-1、V 2-2 是否与图 5 - 12（b）相符，V1 和 V2 的过线从 V1 左边（还没下到槽中）与 V 2-1 的左边相连接（头接头），V2 与 V3 的过线在 V 2-2 的右边，为 V2 摆放正确。若检查出 V2 摆放错误，应及时改正。证实 V2 摆放正确后，右手把 U 相绕组的 U3、U4 和 W 相绕组的 W2、W3、W4 线圈从 V2 中掏出来，如图 5 - 48 所示。把 V 2-2 靠在 U、W 相外甩的线圈上，将 V 2-1 右边下在 21 槽中，V2 是由双线圈组成的极相组，右边空过两个槽（双隔二），即为 21 槽，如图 5 - 49 所示。

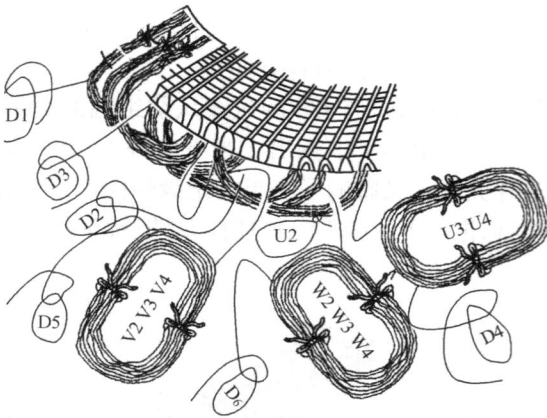

图 5 - 47　U2 的方向下反了

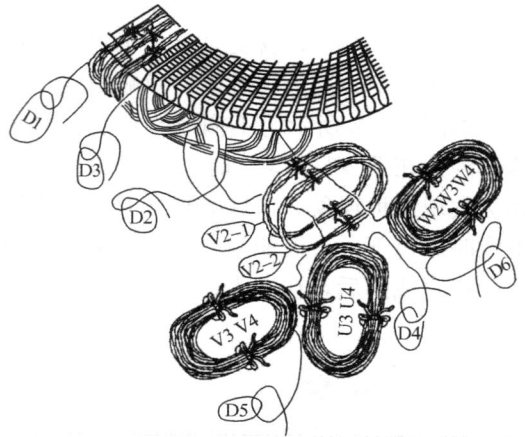

图 5 - 48　将 U、W 相外甩线圈从 V 1-1、V 1-2 中掏出

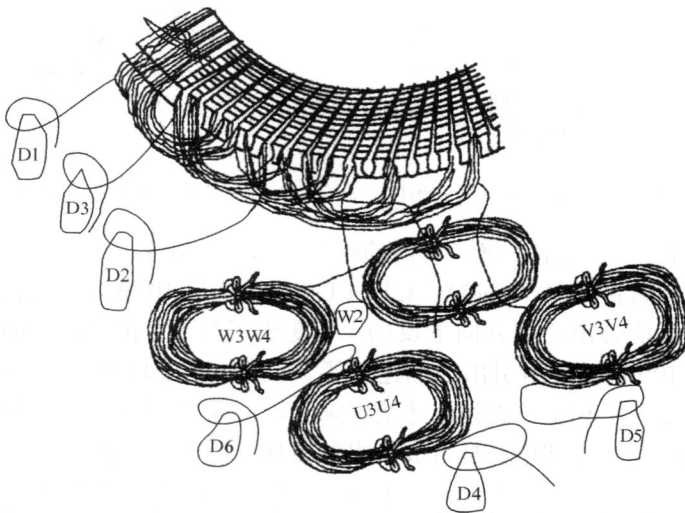

图 5 - 49　V2 下好后，正确摆放 W2，将 V3、V4，U3、U4 从 W2 中掏出

第 11 步　将 V 2-1 左边下在 13 槽中，如图 5 - 49 所示。

第 12 步　把 V 2-2 不改变方向放入定子铁芯中，检查 V 2-1 与 V 2-2 的连接线是 21 槽引出连接 V 2-2 左边。V2 与 V3 的过线在 V 2-2 右边为正确，将 V 2-2 右边下在第 22 槽中，V2 与 V3 的过线从 22 槽中引出，如图 5 - 49 所示。

第 13 步　将 V 2-2 左边下在 14 槽中。V2 全部下完后，要对着图 5 - 12（b）详细检查 V2，如果 V1 与 V2 的过线是在 V1 左边（没下线）引出线与 13 槽引出线相连接，V2 与 V3 的过线从 22 槽中引出，U3、U4 和 W2、W3、W4 从 V2 中掏出，为 V2 掏把、下线正确。在 V2 与 U2 两端之间垫上相间绝缘纸，V2 下线结束，如图 5 - 49 所示。

第 14 步　按图 5 - 12（c），把 W2（单线圈）从 W 相绕组中解下来，把 W3、W4 两边重新绑好，左手拿起反向极相组的 W2（单逆），把 V3、V4 和 U3、U4 从 W2 中掏出，放在一旁，如图 5 - 49 所示。在下线之前检查 W2 的实际方向与图 5 - 18（c）的方向相同，W1 与 W2 的过线应是 16 槽引出线与 W2 右边相连接（尾连尾），W2 与 W3 的过线在 W2 的左边，为 W2 摆放正确。发现差错应更改，检查无误后将 W2 右边空过一个槽（单隔一）下在 24 槽中。

第 15 步　将 W2 左边下在第 17 槽中。极相组 W2 下完后检查 W1 与 W2 的过程应是 16 槽与 24 槽引出线相连接，W2 与 W3 的过线从 17 槽中引出，U3、U4 与 V3、V4 从 W2 中掏出，为 W2 掏把、下线正确。检查无误后在 W2 与 V2 两端之间垫上相间绝缘纸。

第 16 步　按图 5 - 12（a）解开 U 相绕组两边绑带，右手拿起正向极相组的 U3（电流为顺时针方向），左手把 W3、W4 和 V3、V4 从 U3 中掏出放在一旁，将 U 3-2 靠在 V3、V4 和 W3、W4 上，将 U 3-1 右边空过两个槽（双隔二）下在第 27 槽中。

第 17 步　将 U 3-1左边下在 19 槽中。

第 18 步　将 U 3-2右边下在 28 槽中。

第 19 步　将 U 3-2左边下在 20 槽中。U3 下完后，要检查 U3 下线槽位、方向及掏把是否正确，才能下另一个极相组。检查 U2 与 U3 的过线应是 11 与 19 槽引出线相连接（头接头），U3 与 U4 的过线从 28 槽中引出，V3、V4 和 W3、W4 从 U3 中掏出，为 U3 掏把、下线正确。检查无误后，在 U3 与 W2 两端之间垫上相间绝缘纸，U3 下线结束。

第 20 步　解开 V 相绕组的绑带，左手拿起反向极相组的 V3（电流方向为逆时针方向），右手把 U4 和 W3、W4 从 V3 中掏出来，放在一旁。将 V3 右边空过一个槽（单隔一），下在第 30 槽中。

第 21 步　将 V3 左边下在 23 槽中。极相组 V3 单线圈的两个边下完后，检查 V2 与 V3 的过线应是 22 槽与 30 槽引出线相连接（尾接尾），V3 与 V4 的过线从 23 槽中引出，U4 和 W3、W4 从 V3 中间掏出，为 V3 下线、掏把正确。检查无误后，在 V3 与 U3 两端之间垫上相间绝缘纸，V3 下线结束。

第 22 步　解开 W 相绕组的绑带，左手拿起正向极相组的 W3（电流方向为顺时针方向），右手从 W3 中掏出 U4、V4，放在一旁，把 W 3-2 靠在 U4、V4 上，将 W 3-1 右边空过两个槽（双空），下在 33 槽中。

第 23 步　将 W 3-1左边下在 25 槽中。

第 24 步　将 W 3-2右边下在 34 槽中。

第 25 步　将 W 3-2左边下在 26 槽中。极相组 W3 下线完毕后，检查 W2 与 W3 的过线应是 17 槽引出线与 25 槽引出线相连接（头接头），W3 与 W4 的过线从 34 槽引出，U4、V4 从 W3 中掏出，为 W3 下线、掏把正确。检查无误后，在 W3 与 V3 两端之间垫上相间绝缘纸，W3 下线结束。

第 26 步　左手拿起反向极相组的 U4（电流方向逆时针方向），右手把 V4、W4 从 U4 中掏出，放在一旁，将 U4 的右边空过一个槽（单隔一）下在 36 槽中。

第 27 步　将 U4 左边下在 29 槽中。U4 下完后，检查 U3 与 U4 过线应是 28 槽引出线与 36 相引出线相连接（尾接尾），D4 从 29 槽中引出，V4、W4 从 U4 中掏出，为 U4 下线、掏把正确。检查无误后，在 U4 与 W3 两端之间垫上级相间绝缘纸，U4 下线结束。

第 28 步　左手拿起正极相组 V4（电流方向为顺时针方向），右手将 W4 从 V4 中掏出，放在一边。将 V 4-2靠在 W4 上，将 U 1-1、U 1-2、V1 左边撬起来，露出待下线的 3 槽 4

槽。将 V 4-1 右边空过两个槽（双隔二），下在 3 槽中。

第 29 步　将 V 4-1 左边下在 31 槽中。

第 30 步　将 V 4-2 右边下在 4 槽中。

第 31 步　将 V 4-2 左边下在 32 槽中。V4 下线后，检查 V3 与 V4 的过线应是 23 槽引出线与 31 槽引出线相连接（头接头），D5 从 4 槽中引出，W4 从 V4 中掏出，为 V4 下线、掏把正确。检查无误后，在 U4 与 V4 两端之间垫上相间绝缘纸。

第 32 步　将 W4 反向极相组（电流方向逆时针方向）放入铁芯中，将 W4 右边空过一个槽下在 6 槽中。

第 33 步　将 W4 左边下在 35 槽中。W4 下完后，检查 W3 与 W4 过线应是 34 槽引出线与 6 槽引出线相连接（尾接尾），D6 从 35 槽中引出，为 W4 下线正确。检查无误后，在 W4 与 V4 两端之间垫上相间绝缘纸，W 相绕组下线结束。

第 34 步　将 U 1-1 左边下在 1 槽中。

第 35 步　将 U 1-1 右边下在 2 槽中。U1 下线完毕后，检查 D1 从 1 槽中引出，U1 与 U2 过线应是 10 槽引出线 18 槽引出线相连接（尾接尾），为 U1 下线正确。检查无误后，在 U1 与 W4 两端之间垫上相间绝缘纸。U 相绕组下线结束。

第 36 步　将 V2 左边下在 5 槽中。V1 下线完毕后，检查 V1 与 V2 过线应是 5 槽引出线与 13 槽引出线相连接（头接头），D2 从 12 槽中引出，为 V1 下线正确。在 V1 与 U1 两端之间垫上相间绝缘纸，V 相绕组下线结束。

（八）接线

在接线之前要分别检查每相绕组是否与图 5 - 12 所示绕组展开图相符。检查方法是将定子垂直放在地上，先查 U 相，再查 V 相，最后检查 W 相绕组，左手拿划线板，右手伸出食指，按图 5 - 16 从每相绕组电流流进端查到电流流出端。

查 U 相绕组时，将图 5 - 18（a）摆放在定子旁，对着图查 U 相绕组，从 D1（1 槽引出线）开始，手指绕方向是按电流的方向绕转，从 1 槽绕到 9 槽，查看 U 1-1 节距应是 1-9 为正确。从 9 槽绕到 2 槽，从 2 槽绕到 10 槽，用划线板找到 U1 与 U2 过线，右手指顺着 U1 与 U2 的过线绕转进 18 槽，从 18 槽绕到 11 槽，U2 节距应为 1-8。用划线板找到 U2 与 U3 的过线，右手指顺着 11 槽的过线绕转进 19 槽，U2 节距应为 1-8，用划线板找到 U2 与 U3 的过线，右手指顺着 11 槽的过线绕转进 19 槽，从 19 槽绕进到 27 槽，从 27 槽绕进到 20 槽，从 20 槽绕进到 28 槽，从 28 槽经过 U3 与 U4 的过线，绕进 36 槽，从 36 槽绕到 29 槽。D4 从 29 槽中引出，检查者随极相组位置转电动机一周，U 相绕组极相组与极相组的连接、每把线节距、流过每把线电流方向应与图 5 - 18（a）相符。证明 U 相绕组正确后，再测量 U 相绕组的绝缘电阻，万用表置×1k 档或×10k 档，一支表笔接 D1，一支表笔接 D4，表针向 0Ω 方向摆动，证明 U 相绕组接通；表针不动，证明 U 相绕组断路，需排除故障达到接通为止。一支表笔分别与 D1、D4 相连接、另一支表笔与外壳相接，表针不动或微动，证明绝缘良好；若表针向 0Ω 方向摆动，证明 U 相绕组与外壳短路。这种情况大多由于槽口绝缘纸破裂引起，将表接着（表针在零欧位置）慢慢撬动 U 相绕组一段绕组，检查完一端，再检查另一端，当发现撬到一处线圈时，表针向阻值大的方向摆动，证明故障发生在该处。换上新的槽绝缘纸，彻底排除故障。检查 U 相绕组无误后后，将 D1（1 槽引出线）套上套管引出，接在接线板上标有 D1 的接线螺丝上；D4（29 槽引出线）套上套管引出，接在接线

板上标有 D4 的接线螺丝上，如图
5-50所示。

采用同样的方法，按图 5-12
(b)查 V 相绕组和测量 V 相绕组绝
缘电阻。检查无误后，将 D2（12 槽
引出线）穿上套管引出，接在接线板
上标有 D2 的接线螺丝上，D5（4 槽
引出线）套上套管引出，接在接线板
上标有 D5 的接线螺丝上，如图 5-50
所示。在按同样方法检查 W 相绕组
和测量 W 相绕组绝缘电阻，检查无

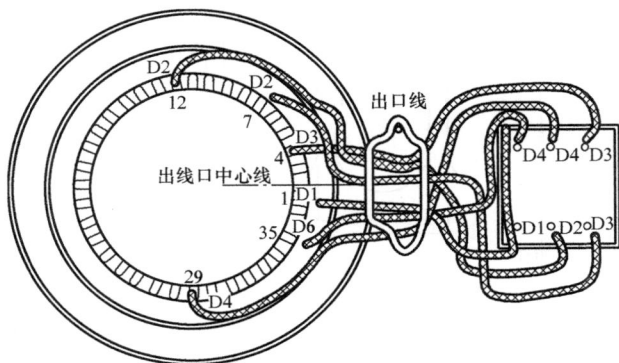

图 5-50 接线方法

误后，将 W3（7 槽引出线）套上套管引出，接在接线板上标有 D3 的接线螺丝上，将 D6
（35 槽引出线）套上套管引出，接在接线板上标有 D6 的接线螺丝上。如电动机原来是△形
连接，就将三个铜片按 1、6、2、4、3、5 接起来；如果原电动机是 Y 形连接，就将 D4、
D5、D6 三个接线螺丝用铜片接起来。

（九）浸干、烘干、试车（略）

二、单层链式绕组的下线方法

下面以三相 4 极 24 槽节距 1-6 的电动机为例，介绍单层链式绕组的下线方法。

（一）绕组展开图

图 5-51 画出了三相 4 极 24 槽节距 1-6 单层链式绕组展开图。由图可以看出，每相绕组
由 4 个极相组组成，每个极相组由 1 把线组成，每把线的节距是 1-6，极相组与极相组采用
头接头和尾接尾的连接方法连接。

（二）绕组展开分解图

为了使看图简便，有利于下线，可将图 5-51 所示的绕组展开图分解成如图 5-52 所示
的绕组展开分解图。在绕组展开分解图上端标有下线顺序数字，下线时按照先把上端的下线
顺序数字进行下线。

（三）线圈的绕制与整理

此处电动机每相绕组共有 4 个极相组，每个极相线只有一把线，所以绕线时要绕完 4 把
线后断开，标为 U 相绕组。如图 5-
52（a）所示，按每把线的绕线顺序
分别标清 U1、U2、U3、U4，U 相
绕组的首头标为 D1，尾头标为 D4。
将 U 相绕组的 U2、U3、U4 放在一
起两边绑好，外面只剩一把线 U1。
继续绕出 4 把线，定做 V 相绕组，如
图 5-52（b）所示。按绕组顺序，分
别标清每把线的名称为 V1、V2、
V3、V4，V 相绕组的首头标为 D2，
尾头标为 D5，将 V2、V3、V4 放在

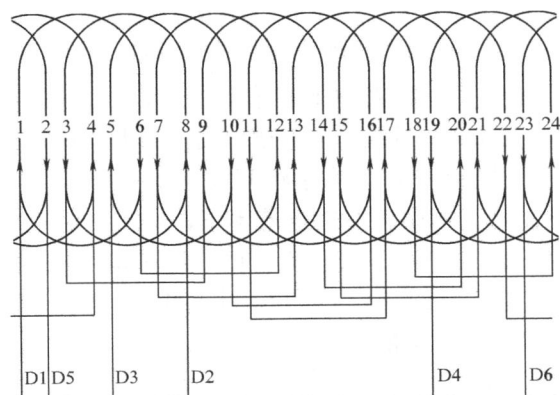

图 5-51 三相 4 极 24 槽节距 1-6 单层链式绕组展开图

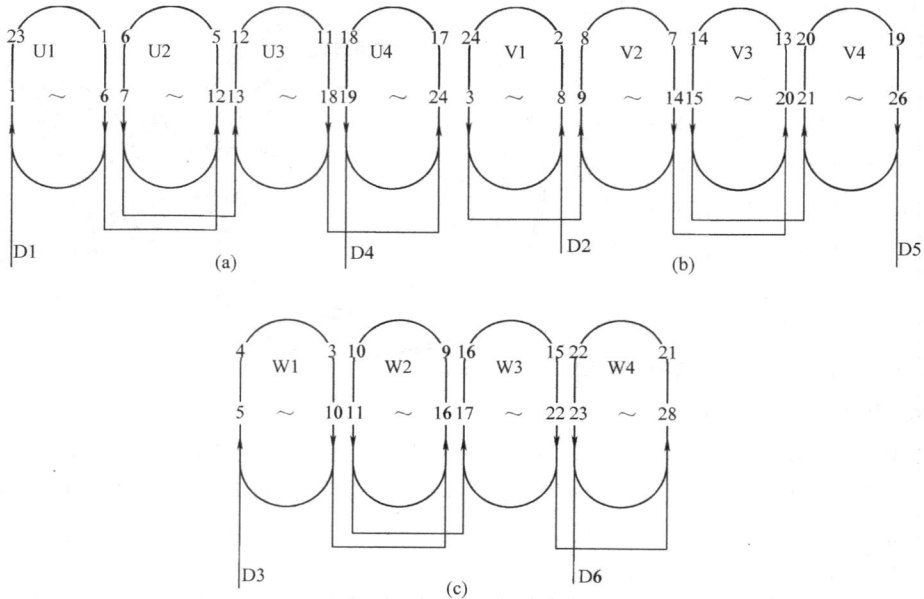

图 5-52　三相 4 极 24 槽节距 1-6 单层链式绕组展开分解图

(a) U 相绕组；(b) V 相绕组；(c) W 相绕组

一起，两边绑好，外面只留 V1 一个把线。最后绕出 4 把线，标为 W 相绕组，按绕线顺序分别标清每把线的名称 W1、W2、W3、W4，W 相首头标为 D3，尾头标为 D6，将 W2、W3、W4 放在一起两边绑上，外面只留 W1 一把线。

（四）下线前的准备工作

按原电动机槽绝缘纸和相间绝缘纸的尺寸裁制 24 条槽绝缘纸和 24 块相间绝缘纸放在定子旁，再按槽绝缘纸的尺寸裁制几条作为引槽纸，将制作槽楔儿材料及下线工具放在定子旁，准备下线。

（五）下线顺序

下线顺序是 U1→V1→W1→U2→V2→W2→U3→V3→W3→U4→V4→W4。详细下线步骤按图 5-52 所示线圈上端所标数字进行。

（六）下线方法

将图 5-52 摆放在电动机旁的工作台上，下线步骤按线圈上端数字顺序进行。

第 1 步　将 U1 正向极相组摆放在定子铁芯内，将右边下在第 6 槽中，U1 左边不下，将 U1 左边与铁芯之间垫上绝缘纸。检查 U1 与 U2 的过线若从 6 槽引出，为 U1 下线正确。

第 2 步　根据图 5-52（b），左手拿着反向极相组 V1，右手将 U2、U3、U4 从 V1 中掏出，放在定子旁。将 V1 右边空过 1 个槽下在第 8 槽中，左边空着不下，V1 下完后，检查 D2 下在第 8 槽中，U2、U3、U4 从 V1 中掏出，为 V1 下线正确。再下极相组 V1 的右边，空过一个槽，这个槽是给极相组 U2 留的。从图 5-52（b）上可以看出每个极相组都是由一把线组成，所以下线时每下一个极相组右边都空过一个槽。

第 3 步　根据图 5-52（c）所示，左手拿起正向极相组 W1，右手把 U2、U3、U4 和 V2、V3、V4 从 W1 中掏出放在一旁，将 W1 右边空过一个槽，下在第 10 槽中。

第 4 步　将 W1 左边下在第 5 槽中。W1 下完后，检查 D3 下在 5 槽，W1 与 W2 过线从 10 槽中引出，U2、U3、U4 和 V2、V3、V4 从 W1 中掏出，为 W1 下线、掏把正确。检查无误后，在 W1 与 V1 两端之间垫上相同绝缘纸。

第 5 步　从 U 相绕组中解下 U2，把 U3、U4 绑在一起，左手拿反向极相组 U2，右手把 V2、V3、V4 和 W2、W3、W4 从 U2 中掏出，放在定子旁，将 U2 右边空过 1 个槽，下在第 12 槽中。

第 6 步　将 U2 左边下在第 7 槽中。U2 下完后，检查 U2 与 U1 过线是 6 槽引出线连着 12 槽引出线，U2 与 U3 过线从 7 槽中引出，V2、V3、V4 和 W2、W3、W4 从 U2 中掏出，为 U2 下线、掏把正确。在 U2 与 W1 两端之间垫上相间绝缘纸。

第 7 步　左手拿起正向级向组 V2，右手从 V2 中掏出 U3、U4 和 W2、W3、W4 放在一旁，将 V2 右边空过一个槽，下在第 14 槽中。

第 8 步　将 V2 的左边下在第 9 槽中。V2 下完后，检查 V1 与 V2 过线从 V1 左边连接 9 槽，V2 与 V3 的过线从 14 槽中引出，U3、U4 和 W2、W3、W4 从 V2 中掏出，为 V2 下线正确。检查无误后，在 V2 与 U2 两端之间垫上相间绝缘纸。

第 9 步　左手拿起反向极相组的 W2，右手从 W2 中掏出 V3、V4 和 U3、U4，将 W2 右边空过一个槽，下在 16 槽中。

第 10 步　将 W2 左边下在 11 槽中。W3 下完后，检查 W1 与 W2 过线是 10 槽引出线与 16 槽引出线线连接，W2 与 W3 的过线从 11 槽中引出，U3、U4 和 V3、V4 从 W2 中掏出，为 W2 下线正确。检查无误后，在 W2 与 V2 两端之间垫上相间绝缘纸。

第 11 步　左手拿起正向极相组 U3，右手从 U3 中掏出 V3、V4 和 W3、W4 放在一旁，将 U3 右边空过一个槽，下在第 18 槽中。

第 12 步　将 U3 左边下在第 13 槽中。下完 U3 后，检查 U2 与 U3 的过线是 7 槽连着 13 槽，U3 与 U4 的过线从 18 槽中引出，V3、V4 和 W3、W4 从 U3 中掏出，为 U3 下线、掏把正确。检查无误后，将相间绝缘纸垫在 U3 与 W2 两端之间，U3 下线结束。

第 13 步　左手拿起反向极相组 V3，右手将 U4 和 W3、W4 从 V3 中掏出，将 V3 右边空过一个槽，下载 20 槽中。

第 14 步　将 V3 左边下在 15 槽中。V3 下完后，检查 V2 与 V3 的过线是 14 槽引出线与 20 槽引出线相连接，V3 与 V4 过线从 15 槽中引出，U4 和 W3、W4 从 V3 中掏出，为 V3 下掏把正确。检查无误后，在 V3 与 U3 两端之间垫上相绝缘纸。

第 15 步　左手拿起正向极相组 W3，右手将 U4、V4 从 W4 中掏出放在一旁，将 W3 右边空过一个槽，下在 22 槽中。

第 16 步　将 W3 左边下在 17 槽中。W3 下完后检查，检查 W2、W3 的过线是 11 槽引出线与 17 槽引出线相连接，W3 与 W4 线从 22 槽中引出，U4 和 V4 从 W3 中掏出，为 W3 下线、掏把正确。检查无误后，在 V3 与 W3 两端之间垫上相间绝纸，W3 下线结束。

第 17 步　左手拿起反向极向组 U4，右手将 V4 和 W4 中掏出，放在定子旁，将 U4 右边空过一个槽，下在 24 槽中。

第 18 步　将 U4 左边下在第 19 槽中。下完 U4 后，检查 U3 与 U4 的过线是 18 槽引出线连接着 24 槽引出线，D4 从 19 槽中引出，V4 和 W4 从 U4 中掏出，为 U4 下线、掏把正确。检查无误后，在 U4 与 W3 两端之间垫上相间绝缘。

第19步 把线圈 U1 和 V1 的左边撬起来让出 V4、W4 右边待下的 2 槽和 4 槽, 左手拿起正向极间组 V4, 右手将 W4 从 V4 中掏出, V4 右边空过一个槽, 下在第 2 槽中。

第20步 将 V4 左边下在第 21 槽中。V4 下完后, 检查 V3 与 V4 的过线是 15 槽引出线连接着 21 槽引出线, D5 从 21 槽中引出, W4 从 V4 中掏出, 为 V4 下线掏、把正确。检查无误后, 在 U4 与 V4 两端之间垫上相间绝缘纸。

第21步 拿起反向极相组 W4, 将 W4 右边空过一个槽, 下在第 4 槽中。

第22步 将 W4 左边下在第 23 槽中。W4 下完后, 检查 W3 与 W4 的过线是 22 槽引出线与 4 槽引出线相连接, D6 从 23 槽中引出, 为 W4 下线正确。检查无误后, 在 W4 与 V4 两端之间垫上相间绝缘纸, W 相绕组下线结束。

第23步 将 U1 左边下在 1 槽中。U1 下线结束后, 检查 D1 从 1 槽中引出, 为 U1 下线正确。在 U1 与 W4 两端之间垫上相间绝缘纸, W 相绕组下线结束。

第24步 将 V1 左边下在 3 槽中。V1 下完后, 检查 D1 与 V2 过线是 3 槽引出线与 9 槽引出线相连接, 为 V1 为下线正确。在 V1 与 U1 两端之间垫上相间绝缘纸, V 相绕组下线结束。

(七) 连线

在接线之前要详细检查每相绕组是否按图 5-52 所示在其所对应槽中。先查 U 相绕组, 具体方法是: 将电动机定子铁芯垂直放在地上, 左手拿着划线板, 右手伸出食指, 对照图 5-52 (a) 从 D1 开始, 手指顺着电流防线查 U1, 从 1 槽绕到 6 槽, 从 6 槽查到 12 槽, 从 12 槽绕到 7 槽, 从 7 槽绕进 13 槽, 从 13 槽绕到 18 槽, 从 18 槽绕到 24 槽, 从 24 槽绕到 19 槽, 然后从 19 槽 D4 绕出, 左手用划线板查找到 U1 与 U2 的过线、U2 与 U3 的过线和 U3 与 U4 的过线。U 相绕组查对后, 用同样方法, 按图 5-52 (b) 查 V 相绕组, 按图 5-52 (c) 查 W 相绕组。三相查完后, 再用万用表分别测量三相绕组与外壳的绝缘电阻和三相绕组之间的绝缘电阻, 发现短路故障应及时排除。若绝缘良好, 则开始连接。将 D1、D4、D2、D5、D3、D6 的 6 根引线套上套管分别接到电动机接线板所对应的接线螺丝上, 原来接线板上的连接铜片不要改动。如果没有接线板, 可按下面规定的接法连接:

(1) △形连接。D1D6 (1 槽 23 槽引出线) 相连接电源, D2D4 (8 槽 19 槽引出线) 相连接电源, D3D5 (5 槽 2 槽引出线) 相连接电源;

(2) Y 形连接。D1 (1 槽引出线) 引出接电源, D2 (8 槽引出线) 引出接电源, D3 (5 槽引出线) 引出接电源, 将 D4、D5、D6 (23、19、2 槽引出线) 连接一起。

(八) 浸漆、烘干、试车 (略)

三、单层同心式绕组的下线方法

下面以三相 2 极 24 槽、节距为 1-12、2-11 的电动机为例, 介绍单层同心式绕组的下线方法。

(一) 绕组展开图

图 5-53 所示为三相 2 极 24 槽节距为 1-12、2-11 的单层同心式绕组展开图。D1、D4 分别代表 U 相绕的头和尾, D2、D5 分别代表 V 相绕组的头和尾, D3、D6 分别代表 W 相绕组的头和尾。从图 5-53 可以看出, 每相绕组由 2 个极相组成; 每个极相组由 2 个线圈组成, 大把线节距是 1-12, 小把线节距是 2-11; 极相组与极相组采用头接头和尾接尾的连接方法连接。

（二）绕组展开分解图

实际电动机三相绕组的 6 个极相组（12 个线圈）是按着图 5-53 排布在定子铁芯中，初学者看绕组展开图会感到乱而不易懂。为了看图简单、便于下线，将图 5-53 展开分解成如图 5-54 所示的绕组展开分解图。在绕组展开分解图上端标有下线顺序数字，下线时按绕组展开分解图进行下线。

（三）线圈的绕制和整理

此处电动机每相绕组由两个极相组组成，每个极相组是由一大线圈套着一小把线组成（所以称同心式绕组）。同心式绕组绕制线圈的方法是：先绕小把，后绕大把。按原电动机线径大、小把周长的尺寸和匝数在万用绕线模上调精确，依次按小把→大把→小把→大把的顺序绕出 4 把线，为一相绕组。每把线两边用绑带绑好，剪断线头从绕线模上卸下线圈，定做

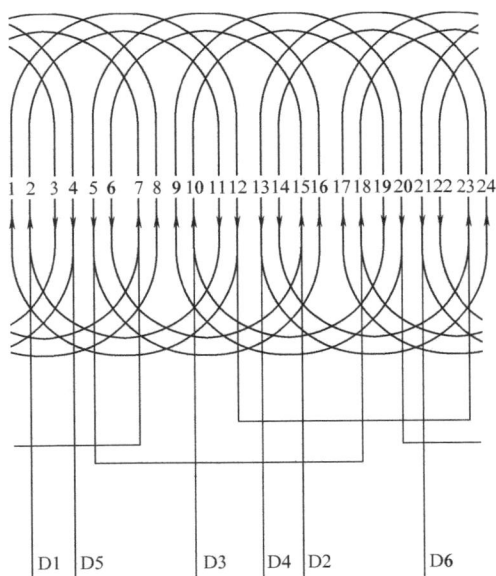

图 5-53　三相 2 极 24 槽节距为 1-12、2-11 的单层同心式绕组展开图

U 相绕组。按图 5-54（a）摆好 U 相绕组，按照绕线圈的顺序，先绕的小把定做 U 1-1，小把线上这根线头定做 D1，然后绕出的大把线标为 U 1-2；再绕出的小把线定做 U 2-1；最后绕出的大把线，标为 U 2-2，U 2-2 上这根头标为 D4。实际标时要参照图 5-54（a），将 U 2-1 和 U 2-2 放在一起，两个边用绑带绑好，放在一旁。按绕制 U 相绕组的方法绕出 4 把线定做 V 相绕组，用同样的方法标为 V 1-1、V 1-2、V 2-1 和 V 2-2，如图 5-54（b）所示（注意 V 相绕组与 U 相绕组标每把线的代号方法一样，只是下线时方向 V 与 U 相反）。把 V 2-1、V 2-2 放在一起，两边绑在一起。最后仍照绕制 U 相绕组的方法绕出 4 把线定做 W 相绕组，按图 5-54（c）将每把线分别为 W 1-1、W 1-2、W 2-1、W 2-2，把 W 2-1、W 2-2 两边放在一起，两边用绑带绑好，准备下线。

（四）下线前准备工作

根据原电动机槽绝缘纸的尺寸依次裁 24 条槽绝缘纸和几条同规格的引槽纸，再裁 16 块相同绝缘纸，将下线工具、制槽楔儿材料放在定子旁准备下线。

（五）下线顺序

绕线时按小把→大把→小把→大把绕制，下线的顺序同样也按着小把→大把→小把→大把下线。三相绕组下线顺序为 U 1-1→U 1-2→V 1-1→V 1-2→W 1-1→W 1-2→U 2-1→U 2-2→V 2-1→V 2-2→W 2-1→W 2-2。

（六）下线方法

将图 5-54 摆在定子旁，对照绕组展开分解图，按线圈上端数字顺序进行下线。

第 1 步　拿起正向极相组的 U1，如图 5-54（a）所示，将 U 1-1 右边下在 11 槽中，左边空着不下，在 U 1-1 左边与铁芯之间垫上绝缘纸，防止铁芯损伤导线绝缘层。

第 2 步　将 U 1-2 右边下在 12 槽中，两手将 U1 两端轻轻向下按。U1 下完后，检查 D1 应在 U 1-1 左边，U1 与 U2 的过线下在 12 槽中，为 U1 下线正确。

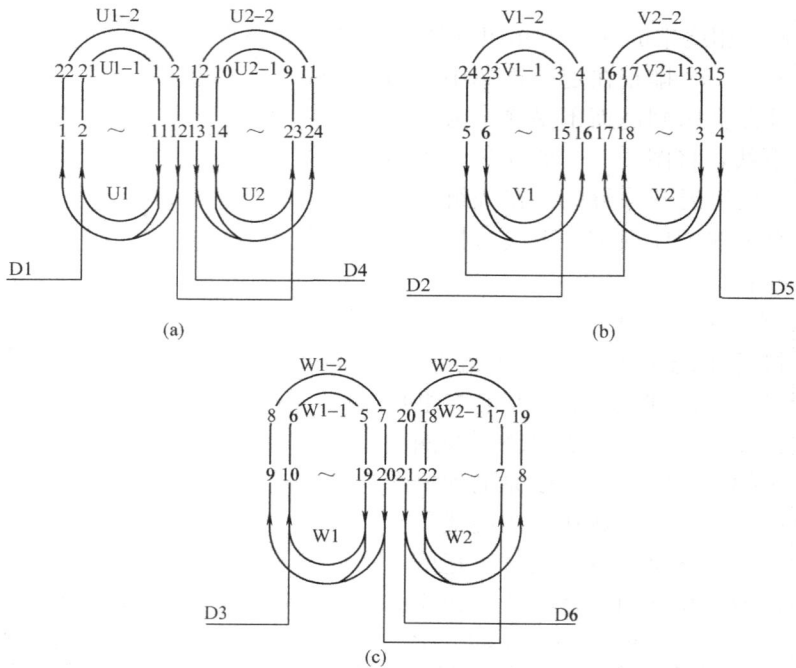

图 5-54　三相 2 极 24 槽单层同心式绕组展开分解图

(a) U 相绕组；(b) V 相绕组；(c) W 相绕组

第 3 步　左手拿起反向极相组 V1，右手将 U2 从 V1 中掏出放在一边，将 V 1-2 放 U2 在上，将 V 1-1 右边空过两个槽下在 15 槽中，左边空着不下。通过下 V1 的右边可以看出，凡是下由双把线组成的极相组时右边空两个槽。

第 4 步　将 V 1-2 右边下在 16 槽中，左边空着不下。V2 下完后检查 V1 与 V2 的过线应在 V 1-2 左边，D2 下在 15 槽中，U2 从 V1 掏出，为 V1 下线、掏把正确。下完 V1 可以看出，整个绕组中的极相组是由双把线组成，在开始下线时留有 4 把线的左边空着不下。

第 5 步　左手拿起正向极相组的 W1，右手将 U2 和 V2 从 W1 中掏出，放在一边，将 W 1-1 右边空过两个槽下在 19 槽中。

第 6 步　将 W 1-1 左边下在 10 槽中。

第 7 步　将 W 1-2 右边下在 20 槽中。

第 8 步　将 W 1-2 左边下在 9 槽中。W1 下完后，检查 D3 应下在 10 槽中，W1 与 W2 的线从 20 槽中引出，U2 和 V2 从 W1 中掏出为 W1 下线正确。在 W1 与 V1 两端之间垫上相间绝缘纸，对 W1 两端进行初步整形，不要用力过大，免得绝缘纸破裂，造成短路故障。

第 9 步　解开 U2 两端的绑带，左手拿起反向极相组 U2，右手将 V2 和 W2 从 U2 中掏出，将 U 2-1 右边空过两个槽下在 23 槽中。

第 10 步　将 U 2-1 左边下在第 14 槽中。

第 11 步　将 U 2-2 右边下在第 24 槽中。

第 12 步　将 U 2-2 左边下在 13 槽中。U2 下完后，检查 D4 应从 13 槽中引出，U1 与

U2 的过线是 12 槽引出线与 23 槽引出线相连接（尾接尾），V2 和 W2 从 U2 中掏出，为 U2 下线、掏把正确。在 W1 与 U2 两端之间垫上相间绝缘纸。

第 13 步　撬起 U 1-1、U 1-2、V 1-1 和 V 1-2 的左边，空出待下的槽位。解开捆着 V 2-1、V 2-2 两边绑带，左手拿起正向极相组 V2，右手把 W2 从 V2 中掏出放在定子旁边，将 V 2-1 右边下在 3 槽中。

第 14 步　将 V 2-1 左边下在 18 槽中。

第 15 步　将 V 2-2 右边下在 4 槽中。

第 16 步　将 V 2-2 左边下在 17 槽中。V2 下完后，检查 D5 应从 4 槽中引出，V1 与 V2 的过线是 V 1-2 左边连接与 18 槽引出线相连接（头接头），W2 是从 V2 中掏出，为 V2 下线、掏把正确。在 V2 与 U2 两端之间垫上相间绝缘纸。

第 17 步　解开捆着 W2 两边的绑带，将 W2 反向极相组摆放在一起，将 W 2-1 右边下在 7 槽中。

第 18 步　将 W 2-1 左边下在 22 槽中。

第 19 步　将 W 2-2 右边下在 8 槽中。

第 20 步　将 W 2-2 左边下在 21 槽中。W2 下完后，检查 D6 应从 21 槽中引出，W1 与 W2 过线是 20 槽与 7 槽的引出线相连接（尾接尾），为 W2 下线正确。将相间绝缘纸垫在 V2 与 W2 两端之间，W 相绕组下线完毕。

第 21 步　将 U 1-1 左边下在 2 槽中。

第 22 步　将 U 1-2 左边下在 1 槽中。W2 下完后，检查 D1 应从 2 槽中引出，为 U1 下线正确。在 U1 与 W2 两端之间垫上相间绝缘纸，U 绕组下线结束。

第 23 步　将 V 1-1 左边下在 6 槽中。

第 24 步　将 V 1-2 右边下在 5 槽中。检查 V1 与 V2 的过线是 5 槽与 18 槽的引出线相连接（头接头），为 V1 下线正确。在 V1 与 U1 两端之间垫上相间绝缘纸，V 绕组下线结束。

（七）接线

按照图 5-54（a）详细检查 U 绕组每把线的节距、极相组与极相组连接是否正确，D1、D4 应分别从 2 槽和 13 槽引出。确认无误后，测量 U 相绕组与外壳绝缘良好为 U 相绕组下线正确、绝缘良好。用同样的方法检查 V 相绕组和 W 相绕组。三相绕组经核查测量无误后，将 D1～D6 分别套上套管引出，接在接线盒上所对应的接线螺丝上，按原电动机接线方法连接起来。

（八）浸漆、烘干、试车（略）

5.4　三相异步电动机定子绕组的重绕

当异步电动机定子绕组损坏处较多，或者绕组绝缘老化严重已不能采用局部修补的方法时，应进行定子绕组重绕更换，即采用更换定子绕组及全部绝缘的修理方案。重绕定子绕组的主要步骤包括：查明损坏原因、记录原始数据、拆除定子绕组、整修定子铁芯、重绕线圈、制备绝缘、嵌线、接线、绝缘处理、浸漆、烘干等。

5.4.1　记录原始有关技术数据

拆除旧电动机绕组时，应做好以下三类数据的记录，以便用作制造绕线木模，选用绕组型式和线规，进行嵌线和接线，判定及验算电动机性能的依据。

（1）铭牌数据。详细记录电动机的型号、额定功率、额定电压、额定电流、转速、频率、接法、定额、效率、功率因数、耐热等级、质量和生产厂家、产品编号、出厂日期等。对于绕线转子异步电动机，还应记录转子电压、转子电流等。

（2）定子绕组数据。该数据包括：绕组型式、线圈节距、导线型号、导线规格、接线方式、每槽导体数、并绕根数、槽绝缘材料、槽绝缘厚度、线圈端部伸出铁芯长度、槽楔材料、槽楔尺寸、绕组接线图等。

（3）定子铁芯数据。该数据包括：定子铁芯外径、定子铁芯内径、气隙值、定子铁芯长度、定子槽数、槽形尺寸等。

5.4.2 旧绕组拆除方法

绕组在冷状态时很硬，拆除很困难，必须加热至 200℃ 左右使绝缘软化后，趁热迅速拆除。为了保证质量，一般不应把定子放到强火中加热，否则会破坏硅钢片间的绝缘，使涡流增大。下面介绍几种绕组的加热拆除方法。

一、局部加热拆除法

把槽楔取出，用斜口钳把绕组两端剪断，也可用手锯把一端锯掉，用柴油喷灯对准槽口均匀加热，使槽内绝缘漆软化（加热时间不宜过长，绝缘漆软化即可），然后快速把导线逐根从槽内拉出。

二、通电加热法

如果绕组没有断路或者只有局部短路时，可以将三相绕组串联接成开口三角形，通入单相交流电对绕组进行加热，待绕组绝缘漆软化后，切断电源快速剪断端部绕组，打出槽楔拉出导线，如图 5-55 所示。此法温度易控制，操作简便，但需有足够大容量的单相电源设备，若绕组本身有断线或者有短路线圈，则可能发生局部加热不均匀现象。此时也可再采用局部补充加热，或者改用合适的溶剂来软化局部线圈，再继续拆除绕组。

通电加热法最方便，加热均匀，温度容易控制，但必须有足够容量的电源。

采用通电加热时，要注意安全，如绕组有接地故障时，外壳可能带电，当绝缘已软化后，必须先切断电源，才可开始拆除绕组的工作。

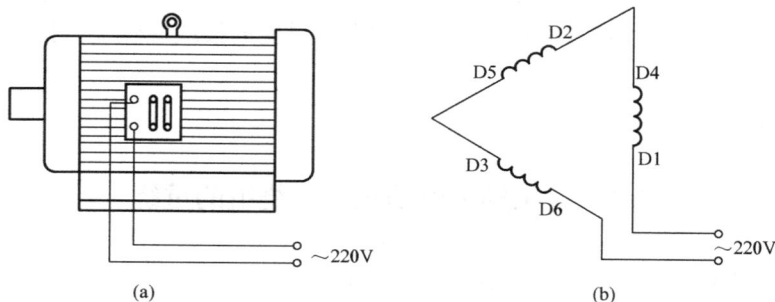

图 5-55 用单相电源加热绕组
（a）外部接线；（b）内部接线

三、化学溶法

化学溶法就是溶解剂浸泡定子绕组，使绝缘漆软化来达到拆除绕组的目的。这种方法适用于小体积的电动机。例如用甲苯溶剂浸泡小型电动机，大约需要 24h；如果用 55℃ 的 40％丙酮、25％酒精和 35％甲苯的混合溶剂浸泡 0.5kW 以下的微型电动机，只需 5min 左右即可拆出绕组线圈。

如果电动机体积稍大，所需溶剂过多，易造成浪费，也可采用混合溶剂浸刷的办法。浸刷用的混合溶剂成分是丙酮 50％、甲苯 45％、石蜡 5％。其方法是：先将石蜡加热溶化，移开热源后，加入甲苯，再加入丙酮，搅拌均匀；用毛刷将溶剂刷在绕组端部和槽口，电动机应立放，以使溶剂渗入槽内；刷好溶剂后，使电动机处在密闭的容器中，防止溶剂挥发太快，约 1～2h，即可取出拆线。

注意：使用化学溶剂软化绕组绝缘漆时，应注意防火，保持良好的通风环境，并防止操作人员苯中毒。

拆除旧绕组时，可以将端部连线拆开，打下槽楔，翻起一个节距内的上层边后，逐槽将线圈拆除，也可以将绕组一端在槽口外齐铁芯剪断，然后在另一端将导线逐槽拔出。注意：在拆除旧线圈时，一定要保留几个比较完整的线圈，以便测量线圈尺寸及有关数据。

四、清理定子槽

旧绕组全部拆除后，要趁热将槽内残余绝缘清理干净，尤其在通风道处不准有堵塞。清理铁芯时，不许用火直烧铁芯。铁芯槽口不齐时，不许用锉刀锉大槽口，如有毛刺的槽口要用软金属（如钢板）进行校正。对不整齐的槽形需要修正，否则嵌线困难，不齐的冲片会将槽绝缘割破。铁芯清理后，用沾有汽油的擦布擦拭铁芯各部分，尤其在槽内不许有污物存在。最后再用压缩空气吹净铁芯，使清理后的铁芯表面干净，槽内清洁整齐。

5.4.3　线圈绕制

一、做绕线模

绕线模尺寸做得是否合适，对电动机重绕工作是否顺利起着决定性的作用。绕线模的尺寸决定了绕组的尺寸，而绕组的大小与嵌线质量、绕组的耗铜量及电动机重绕后的运行性能都有密切的关系。绕线模尺寸过小，嵌线困难，容易损伤导线绝缘，有时甚至嵌不下去；尺寸过大，不但浪费导线，而且使绕组电阻和漏抗增大，影响电动机性能，同时端部过长装配时绕组容易碰端盖发生接地事故。绕线模的模芯尺寸可根据电动机的型号，在电工手册等有关技术资料中查找；也可在拆下的完整旧绕组中，取其中最小的一匝，参考其形状和周长作为绕线模的模芯尺寸。绕线模作好后，应先绕一联绕组进行试嵌，并根据实际情况进一步调整模芯的尺寸。

二、绕制线圈

绕制线圈时应根据现有绕线模的情况而定，最好是把属于一相的所有线圈一次连续绕制，中间不剪断。绕制线圈的质量是很重要的，它直接影响嵌线和整个电动机的性能，因此绕制线圈时应注意以下几点：

（1）绕制线圈前要检查导线的规格，应符合要求准确无误。

（2）绕制的线圈匝数应准确无误，导线排列要整齐；各股导线间不要交叉混放，不允许发生硬性弯折。

（3）绕制时应保证导线有适当的张紧拉力，以免因拉力过大拉长导线，改变线圈电阻。

（4）线圈的匝数要准确，绕制过程中出现导线接头，应将其处理在线圈的端部。多股导线并绕时，接头要错开安置。

（5）绕制好的线圈两个直线部分要用线绳扎好，防止散乱。

（6）每个线圈的头尾导线应适量放长一些，便于接线。

三、嵌线

嵌线工艺的关键是保证绕组的位置和次序要正确，绝缘要良好。嵌线工作应按下述步骤进行。

（一）嵌线的工具和辅助材料的准备

（1）检查铁芯清理质量和嵌线所需各种绝缘材料。下线用的绝缘材料，除槽绝缘外，还有端部相间绝缘、槽内层间绝缘、扎带和绝缘套管等。槽楔一般用层压玻璃布板制作，也可由树脂化竹制成。楔厚不应小于 3mm，为防止打槽楔时划破绝缘，槽楔一端的下边要倒角。

（2）准备好嵌线所需的工具，如压线板、划线板，弯头长柄剪刀、橡皮榔头、木榔头、小铁锤、尖嘴钳、焊接工具等。划线板一般用红钢纸板或胶布板做成，也可用竹板磨光制作，其头上要磨得光滑而且厚薄要合适，要求能划入槽内 2/3 处。划线板不是用来压线的，而是用来理顺导线引其入槽的工具。由于划线板有劈的作用，劈开槽口的绝缘纸，使堆积在槽口的导线被迫滑向槽内的两侧，这样上边的导线就容易入槽。压线板要根据槽形不同多准备几把，一般的压脚宽度为槽上部宽度减去 0.6～0.7mm 为宜，压脚宽度要合适，便于封槽口。压线板需光滑，以免损伤导线绝缘。弯头剪刀是为剪除引槽纸用的，也可用一般剪刀，但应注意剪平，也可使用一种专用的燕尾形剪纸刀。下线时，不但定子铁芯和槽内要干净，而且工作台和周围环境要整洁，同时操作者双手要干净，防止铁屑、油污、灰尘等沾在导线上，以保证绝缘良好。

（二）嵌线过程

嵌线工作在目前修理中还都以手工操作为主，嵌线方法和注意事项，详见 **5.3** 相关内容。

5.4.4　三相异步电动机定子绕组首尾端判别

当电动机接线板损坏，定子绕组的 6 个线头分不清楚时，不可盲目接线，以免引起电动机内部故障，因此必须分清 6 个线头的首尾端后才能接线。下面介绍 6 个线头首尾端判别方法。

一、用 36V 交流电源和灯泡判别首尾端

判别线头首尾端时的接线如图 5-56 所示。

（1）用兆欧表或万用表的欧姆档分别找出三相绕组的各相两个线头。

（2）先给三相绕组的线头做假设编号 U1、U2、V1、V2、W1、W2，并把 V1、U2 连接起来构成两相绕组串联。

（3）U1、V2 线头上接一只灯泡。

（4）W1、W2 两个线头上接通 36V 交流电源，如果灯泡发亮，说明线头 U1、U2 和 V1、V2 的编号正确；如果灯泡不亮，则把 U1、U2 或 V1、V2 中任意两个线头的编号对调即可。

（5）再按上述方法对 W1、W2 两头线头进行判别。

二、用万用表或微安表进行判别 6 个线头的首尾端

（一）方法一

（1）先用兆欧表或万用表欧姆档分别找出三相绕组的各相两个线头。

（2）给各相绕组假设编号为 U1、U2、V2、V2、W1、W2。

（3）按图 5-57 接线，用手转动电动机转子，如万用表（微安档）指针不动，则证明假设的编号是正确的；若指针有偏转，说明其中有一相首尾段假设编号不对，应逐相对调重测，直至正确为止。

（二）方法二

（1）先分清三相绕组各相的两个线头，并进行假设编号，按图 5-58 的方法接线。

（2）注视万用表（微安档）指针摆动的方向，合上开关瞬间，若指针摆向大于零的一边，则接电池正极的线头与万用表负极所接的线头同为首端或尾端；如指针反向摆动，则接电池正极的线头与万用表正极所接的线头同为首端或尾端。

（3）再将电池和开关接另一相两个线头，进行测试，就可正确判别各相的首尾端。

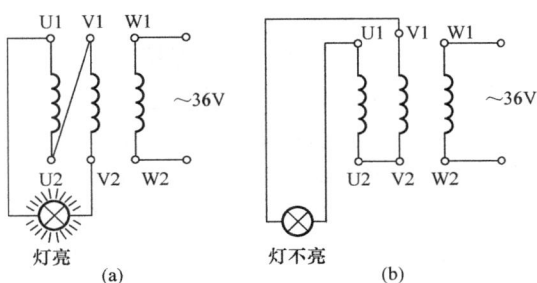

图 5-56　用 36V 交流电源和灯泡判别绕组首尾端

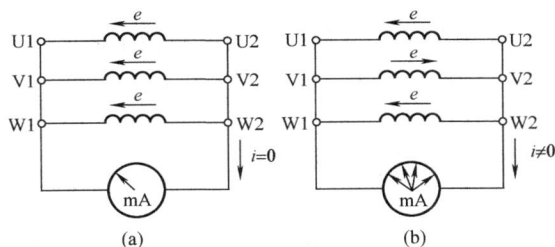

图 5-57　用万用表判别首尾端方法一
（a）指针不动首尾端正确；（b）指针摆动首尾端不对

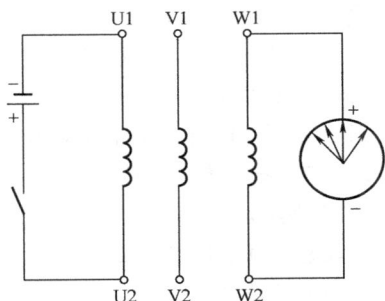

图 5-58　用万用表判别首尾端方法二

5.4.5　接线与引线

接线就是将已嵌入槽内的线圈首先连接成极相组，进而将极相组连接成相绕组，最后将三相 6 根引出线从机座出线口引出。其连接规律及引线详见 **5.3** 相关内容。

在接线时要进行焊接，铜对铜的焊接可采用锡焊或气焊；铝对铝的焊接可采用气焊或电阻焊；至于铜对铝的焊接则比较困难，为保证焊接质量，最好采用专门制造的铜铝过渡接头，这样修理电动机时，只需进行铜对铜、铝对铝的焊接即可完成铜与铝的焊接。

5.4.6　浸漆与烘干

绕组经浸漆处理的目的：①可以提高绝缘强度，绝缘漆浸透绕组空隙，使线圈变成一体，不易吸潮；②减缓老化速度，提高导热性能和散热效果；③增加电气强度和机械强度；④提高化学稳定性。

目前常用的中小型三相异步电动机多为 E 级绝缘，普遍采用的是 1032 三聚氰胺醇酸漆，用二甲苯或松节油等做稀释剂。绝缘漆还有其他一些种类，一般不常用，可查阅有关资料。

浸漆工艺主要包括预烘、浸漆、烘干三个过程。

（1）预烘。电动机在浸漆前应先预烘，目的是为了排除绕组线圈内的潮气和低分子挥发物，以提高绝缘漆的渗透性。预烘的温度可按绝缘结构所允许的最高温度，一般电动机预烘的升温度为 20～30℃/h，受潮严重的电动机（如水淹过电动机）的升温速度应控制在 8℃/h 左右，或者先加热至 50～60℃保持 3～4h，待大量潮气驱除后，再正常加温烘干。

预烘时间与绝缘受潮程度、绝缘材料性质、烘干条件等有关。预烘时，须定时测量工件的绝缘电阻，一般每小时测量一次即可。预烘时间以绝缘电阻达到持续稳定值为止，即在 3h 内所测得的绝缘电阻值相差不大于 10%。

（2）浸漆。电动机预烘后，温度降到 60～70℃时，即可开始浸漆，浸漆前工作的温度太高或太低都会影响浸漆的效果。浸入漆槽内约 15～20min，以不冒气泡为止，然后将绕组提起约 20min 使多余的漆滴干净。为了省漆也可采取浇漆的办法，方法是先把电动机垂直放在滴漆盘上，用漆壶浇绝缘绕组的一端，经 20～30min 滴漆后，将电动机翻过来，再浇绕组的另一端，要浇均匀使绕组都浇到。

（3）烘干。浸漆后的烘干，是为了挥发掉绝缘漆中的溶剂和水分，并使绕组表面形成坚固的绝缘漆膜。烘干一般分两个阶段：第一阶段是低温阶段，主要是使漆中的溶剂挥发，这时温度应控制在高于溶剂的挥发温度，约烘 2～4h，这样使溶剂挥发不太强烈，这阶段如温度过高，表面很快形成漆膜，将使内部气体无法排出；第二阶段是高温阶段，主要是使漆基固化，并在工件表面形成坚固的漆膜。

烘干过程中，每隔 1h 用兆欧表测量一次绝缘电阻值，开始时绝缘电阻值下降，后来逐步上升，最后 3h 内趋于稳定，在 3h 内绝缘电阻变化小于 10%即认为已烘干。

5.4.7 电动机的组装

定子绕组烘干后就需组装电动机，组装步骤详见 5.3 相关内容。

5.4.8 电动机的试车

电动机装好后（或是一台长期不用的电动机）准备交付使用，必须通过试车才能正式投入运行。

一、试车前的检查

（1）测量电动机绕组与机壳之间绝缘电阻、三相绕组之间的绝缘电阻是否绝缘良好。

（2）检查电动机铭牌上标明的额定电压和接法是否与实际相符。

（3）检查电动机内部和外部有无杂物，清除各部分的灰尘。

（4）用手转动电动机轴和皮带轮，检查转子是否转动灵活，如果有卡住和摩擦现象，则要加以排除。

（5）对长期不使用的电动机要检查其润滑油是否已经变质或干涸，并根据情况加以补充或更换。

（6）电动机试车前必须接好地线；对接有地线的电动机，要检查地线是否接触良好。

（7）检查起动设备是否合乎要求，熟悉起动设备的操作规律，不仅要掌握怎样起动电动机，而且要熟悉如何停车和切断电源，免得发生故障时手忙脚乱。

（8）无论是新修的电动机还是放置着的电动机，试车时要空转而不能加带负荷。

二、电动机起动步骤和试车方法

新修复的电动机（或长期不用的电动机）经过上面的检查准备之后，应按照下列的步骤进行起动试车：

（1）用试电笔检查三相电源是否全部有电。

（2）检查熔体是否合乎规定，接触是否良好。

（3）导线与电动机接线端、起动设备接线端、电源开关等处连接要接触良好牢固，电动机接线盒盖、开关设备的防护盖都要安装好。

（4）合闸前要注意电动机周围是否有人或其他东西，要清除附近的杂物，提醒在场人员注意。

（5）合闸启动时造作人员要眼看电动机，耳听声响，发现电动机不转或者转动时发出强烈的振动和噪声，或有冒火、冒烟现象，应立即切断电源。只有电动机正常起动后，正常运行 1min 左右后，操作人员才可离开操作位置。

（6）在减压起动时，起动设备的操作要根据电动机起动情况来进行。采用星形起动时，起动开始时一定要将操作手柄板向星形接法的方向，等到转速不在升高再倒向角接法一边。在利用自耦减压起动器起动电动机时，操作手柄应该在起动位置上停留一段时间，不要在电动机转速还没有升高的时候，就把手柄推向运转位置。

（7）同一台电动机不能连续多次起动，因较大的起动电流会使电动机绕组严重发热。一般连续起动的次数不宜超过 2～3 次。

（8）有电流表的电动机应检查起动电流和工作电流是否符合铭牌规定；没有电流表的电动机可用钳形电流表来测量电动机起动电流和工作电流。

（9）用手测试运转中电动机壳上的温度时，要手心向上手背挨电动机外壳，先快速触摸一下，证实机壳不带电后再用手背碰触机壳测一会儿温度。注意：不管修理或接触何种带电的电器设备，都要先用手背试一下电器外壳，因为若外壳带电，人体触电后手心的筋向一起抽，就可使手脱离电源；如果手心摸外壳，情况就不同了，手心有电流通过，筋要收缩，手不由自主抓住了外壳，这样人体就无法脱离电源了。

（10）电动机空转试车合格后，可带原负荷试车。在带负荷前要验证电动机转向是否与要求相符，不符合应切断电源，把三根电源线中的任意两根对调一下，根据方便也可以在电动机接线板上或在起动设备上，任意对调两根导线。验证电动机实际转向与要求相符后才能加带负荷试车。在电动机运转时需测电动机温度、起动电流、工作电流，听机器运转声音，如一切正常，可让生产机械开始工作。在证实生产机械效率达到要求后还需测量电动机在额定电压下工作时的起动电流、工作电流、温升是否符合电动机的技术要求，如合要求，则证明电动机修好，可交付使用。

5.5　三相异步电动机的常见故障处理

5.5.1　轴和轴承的检修

电动机所有轴承有滑动轴承和滚动轴承两类。轴承在正常情况下均是较耐摩擦的，其发生过快、过量摩擦的主要原因有装置不当、护封不严或润滑脂不纯而使灰尘、杂物进入轴承内所致。

当电动机处于正常运行时，其滚动轴承将只会产生均匀连续的轻微嗡嗡声。而滚动轴承处于缺少润滑脂状况时，可能会发生"咕噜咕噜"的声音；如果听到到不连续的"梗梗"声就可能是轴承钢圈破裂或滚珠有了缺损；如果轴承出现轻微的杂音，很可能是轴承内混进了沙土、杂物或轴承轻度磨损等。总之，如轴承产生异常杂音即说明其有故障。轴承的杂音严重时用耳就可以直接听出来；如是轻微的杂音，就需用一把螺丝刀抵在轴承外盖上，将耳朵贴近螺丝刀木柄来细听即可找出故障。除了察听声音外，轴承的发热和振动情况也是判断其是否有故障的检查方法。因为轴承松动必然引起电动机振动，而这时在电动机停止运行后用手摇动转轴的轴伸端就可以感觉到轴承是否松动，但正常轴承是不会有松动感的。

如需进一步确定轴承损坏的具体情况，应将轴承从转轴取下来，并用煤油或汽油将轴承清洗干净后进行仔细检查。可先查看轴承内的滚动件、夹持架和内、外钢圈等是否有破裂、锈蚀及疤痕等；然后用手托捏住轴承内圈并将其尽量摆平，再用另一只手转动轴承外圈。这时，如轴承外圈转动平稳并逐渐减速到停转，且转动中没有振动或明显的停滞现象，说明该轴承质量良好；如果用手转动轴承时出现杂音和振动，且停止时像刹车一样突然而止，甚至倒退反转等，说明轴承已存在严重缺损，应予修理或更换。

轴承是否严重磨损的检查，可采取用左手卡住其外钢圈，右手则捏住内钢圈用力朝各个方向推动，如果推动中感到间隙很大配合很松那就是磨损非常严重了。此外还可用塞尺或垫压铅熔丝来检查轴承的磨损情况，也就是检测轴承滚珠或滚柱与内、外钢圈之间的间隙。

轴承在修理时，首先将轴承拆卸下来以后，可先放到煤油或汽油中浸泡洗净，然后进行全面仔细的检查。如轴承外表或滚道内有锈迹，则可用00号砂布轻擦干净，再用汽油洗抹；如有较深裂纹或内、外钢圈碎裂，必须更换新轴承。

轴承损坏后也可以将几只同型号的轴承拆开，将它们的完好零件去拼凑组成一只轴承。滚珠或滚柱缺少、破损也可重新配上以后继续使用。有些用于高速电机的轴承，如磨损不是很严重，可将其换用到低速电动机上。

如轴承外盖压住轴承压得太紧，可能是轴承外盖的止口太长所致，此时应将其适当车短予以修正；如轴承内孔与轴承的轴颈相擦，可能是轴承盖止口松动后不同心，对此可采取重新加工校正予以修复。

5.5.2　笼型转子断条的检修

一、笼型转子断条的原因

笼型转子的主要故障是断条。铜条断裂的原因除了个别铜条存在先天性缺陷外，主要是由于嵌装时铜条在槽内松动，在运行中受电磁力和离心力的交变作用导致疲劳而断裂；另一个原因是铜条与端环的焊接不良而开焊。

铸铝转子断条的主要原因是浇注不良，导条有气孔、夹渣、收缩等内在缺陷，当通过电流时，引起局部高温而烧断；其次是电动机的使用条件恶劣，频繁的正反转及超载运行，使铝条受到机械力的冲击及大电流引起的高温作用而造成断条。

笼型转子断条后，电动机的输出功率减小，转速下降，定子电流表指针左右摆动。对少量断条可局部补焊，若断条较多，一般需换笼或更换新的转子。

二、断条的检查

（一）表面检查法

用肉眼或放大镜仔细观察转子铁芯表面，有裂纹或过热变色即是断条处。断条处通常在槽口附近。

（二）铁粉显示法

用电焊机从转子两端环通入低压大电流（150～200A），流过每根铝条中的电流便在其周围产生磁通，将铁粉撒在转子表面，铝条周围的铁芯便能吸引铁粉，在导条上形成均匀、整齐的直线排列，如图5-59所示。如果某一导条周围吸引铁粉很少，甚至不吸引，便说明该导条已断。电流的大小以产生的磁通能使铁粉排列成行为准。

（三）大电流感应法

用高导磁率的钢片或硅钢片做一个几型铁芯（截面积 6～8cm^2），其上用 ϕ0.17mm 高强度漆包线绕 800～1000 匝，并接到万用表的低电压档，如图 5-60 所示。从端环通入 200～400A 交流电（小型电动机电流适当减小），当导条完好时其电流产生的磁通经 Π 型铁芯构成回路，在线圈中感应出电动势，万用表便有指示。逐槽移动铁芯进行测量，当槽内有断条时，万用表的读数就会减小或等于零。

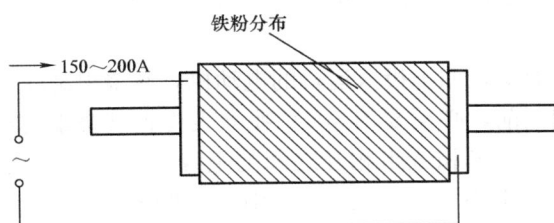

图 5-59 铁粉显示法检查断条

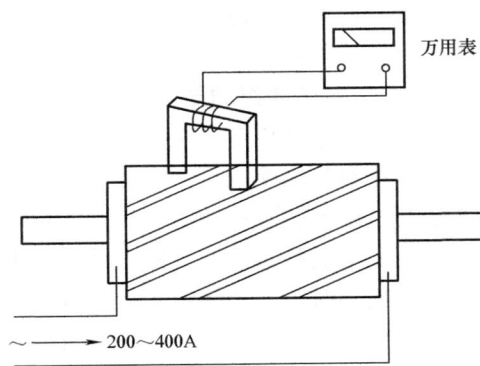

图 5-60 感应法检查断条

三、断条的修理

（1）补焊。若断条少，断裂处在外表面，可进行补焊。先将铝条断裂处挖大，加热至 450℃ 左右，用气焊法进行补焊。焊条配方为锡 63%、锌 33%、铝 4%。

（2）换铝条。在铣床上用立式铣刀将断条端部铣一缺口，露出槽孔，用略小于导条直径的深孔钻头（普通钻头接长）沿导条槽钻穿，然后打入与孔径相同的轧制铝条（性能比铸铝好），两端长出端环各 5mm，在用氩弧焊或气焊将铝条与端环焊牢（用气焊时注意保护周围的铝风扇叶不被热熔化），焊好后清理焊渣，并做静平衡试验。

（3）换笼。当铸铝转子断条较多，无法补焊及更换铝条时，可用物理或化学的方法将铝笼融化或溶解，然后更换为铜笼。融化或溶解前，应先车去两头的端环，用夹具将铁芯夹紧，以免铝熔化或溶解后铁芯松散。

四、校平衡

校平衡就是在转子适当部位固定一重物，其在转子上产生的作用力与不平衡力的大小相等、方向相反，使转子旋转时平稳而不振动。一般修理现场只校静平衡，校动平衡通常在专用的动平衡机上进行。

现场校静平衡可采用简便的方法，用两根长约 1m 的角钢，一边开出 45°斜口，将角钢安装在牢固的基础上，两根角钢相互平行，纵横要水平，斜口呈一条水平直线，然后将转子两轴伸端搭放在斜口上，如图 5-61 所示。推动转子使它在斜口上慢慢滚动，当转子停止时，必然是重边在下，在最低点做

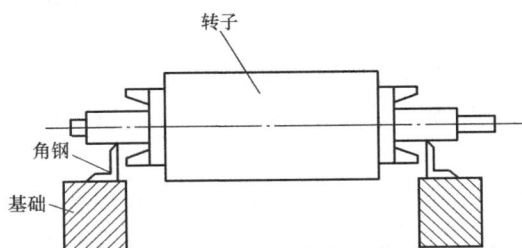

图 5-61 转子校静平衡

上标记。再将转子向左（或向右）转 90°即放手，看其是否向右（或向左）转去，经多次摇摆，在轴下部做好标记。最后将标记处转到上面，放手后若转子自转或摇摆停下时，标记仍在下面，说明标记处即转子的偏重点。为了校正不平衡的转子，在偏重点对边的端环粘上配重用的白胶泥。重复上述试验，直到转子可在任何位置停住。称下配重白胶泥的质量，此时白胶泥的质量即为合适配重。用同质量的金属制成平衡块，用燕尾槽或螺钉固定在端环上或专用的平衡盘上。当配质量很小，端环截面裕度较大时，也可在偏重处钻几个浅孔，使钻下来的金属屑质量与白胶泥的质量相等，这样也可以使转子达到平衡。

装配平衡块应注意三点：一是质量及位置要准确；二是固定要牢固；三是平衡块任一点不得超出转子外圆表面，以防擦坏定子绕组。

5.5.3 定子绕组的局部修理

三相异步电动机定子绕组常见的故障有绝缘受潮、绕组通地、绕组短路和绕组断路等。

一、绕组绝缘受潮

遭受过雨淋、水浸的电动机，或环境潮湿而又长期未投入运行的电动机，其绕组绝缘均可能发生受潮故障。这类受潮电动机在重新使用前，必须要用 500V 兆欧表检查其绕组的绝缘电阻。检测时，三相绕组对机壳（也称对地）及各相绕组相互之间的绝缘状况均须检测。当电动机额定电压为 380V 时，如测得的绝缘电阻小于 $0.5M\Omega$，说明电动机绕组绝缘受潮严重。这时，三相异步电动机就需烘干处理，待绝缘电阻数值达合格标准后才能使用。电动机绕组绝缘的加热烘干可采用灯泡、电炉和烘房等进行。有些电动机由于使用日久绕组绝缘已经老化，对此类情况可在烘干过程中再浸漆处理一次，以增强电动机绕组绝缘能力和提高其使用寿命。

二、绕组通地故障

异步电动机如长期超载运行，将因绕组温升过高而导致绝缘老化失效，或因受潮、腐蚀、定转子相擦、机械损伤及制造工艺不良等，均有可能产生电动机绕组的通地故障。绕组发生通地故障时，整台电动机都会带电，并有可能导致电气设备、线路失控，时间久了还可能因绕组长时局部过热而发展成绕组短路故障，使电动机无法正常地运行，甚至还会引起人身伤亡的严重事故。三相异步电动机定子绕组如发现有绕组通地故障，应立即停止使用并进行检试修复。绕组通地故障的检查方法如下：

（1）外观检查。可以仔细目测检查电动机的定子铁芯内、外侧、槽口和绕组直线部分、端接部分、引出线端以及接线板等处，有无绝缘破损、烧焦、电弧痕迹等现象和烧焦气味等，认真细微地观察以找出故障的位置。

（2）兆欧表检查。对于额定电压 380V 的三相异步电动机，可使用 500V 电压的兆欧表进行检测。测量时，将兆欧表的相线接异步电动机绕组的引出线端，另一根地线接电动机的金属机壳。按照兆欧表所规定的转速（通常为 120r/min）转动手柄，如兆欧表的指针指示为零，即说明绕组绝缘有可能已被击穿而通地；假如指针在兆欧表零值附近摇摆不定时，说明绕组尚具有一定的电阻值，这时绕组很可能已经受潮。图 5-62 所示即为用兆欧表检测电动机绕组通地情况的接线。

（3）试灯检查。如果没有兆欧表，也可以用 36V 或 220V 电源串接灯泡进行检查。图 5-63 所示即为用试灯检查绕组通地故障的接线。检测时，如果灯泡发亮，说明绕组绝缘损坏已直接通地或严重受潮。此时可拆开端盖并取出转子，逐极相组检查找出绕组的通地故障点。在采用这种试灯检查（220V 电压时）应特别注意人身安全，以防触电伤人事故的发生。

用以上三种方法仍不能找到电动机绕组通地的故障点时，绕组的通地故障就很可能是发生在定子铁芯槽内。这时，首先要找出三相绕组中哪一相绕组通地，然后再将该相绕组采用"对半检测，分组排除"的方法，逐级查出绕组准确的通地故障点。查出通地线圈的故障位置以后，再根

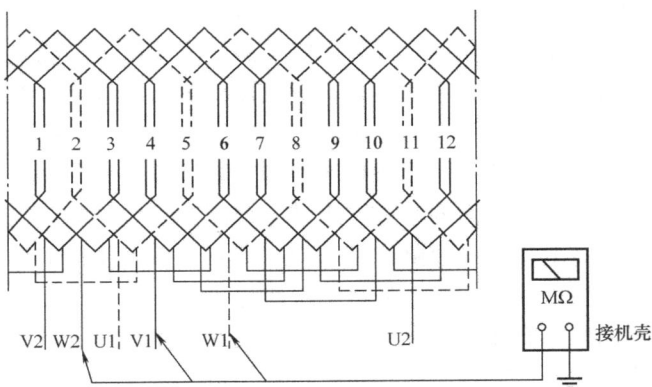

图 5-62　兆欧表检测电动机绕组通地情况的接线图

据该绕组故障范围的大小、绝缘的好坏程度和返修的难易等具体情况，做出采取绕组局部修理或是重换全部绕组的处理。

三、绕组短路故障

三相异步电动机由于超载运行、电压过高或过低、单相运行、机械碰撞等多种原因，均可能导致电动机电流过大、绝缘损坏而产生绕组短路。如不及时发现和检修，绕组将会迅速发热而故障范围扩大，严重时甚至会使整个绕组全部烧毁。下面介绍绕组短路故障及检修方法。

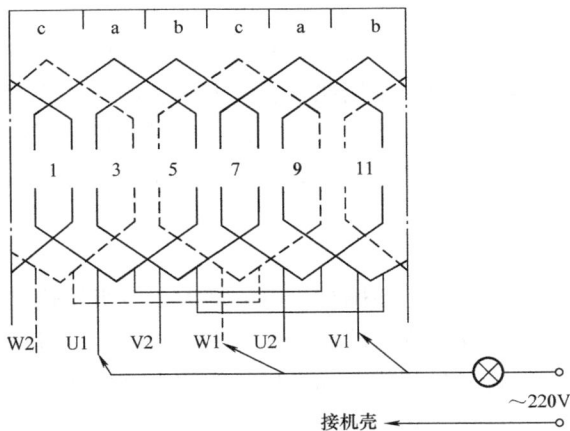

图 5-63　用试灯检查绕组通地故障的接线图

（一）检查

（1）外观检查。由于短路线圈内会产生很大的环流，使线圈迅速发热、冒烟、散发焦臭气味，以及使绝缘物因高温而变色等。如经仔细的目测检查，大多能找到绕组发生故障的具体位置。

（2）空转检查。对于小功率三相异步电动机的短路故障，有时可采取电动机空载运行 10～15min（如出现烧熔金属体、冒烟等异常情况时，应立即停车），然后迅速拆开电动机两侧的前、后端盖，用手依次触摸绕组端部的各个线圈，对温度明显高于其他线圈和极相组的应仔

细察看，直到找出准确的绕组短路故障点。

（3）电桥检查。采用这种方法检查时需确定三相绕组中是哪相绕组短路，然后用电桥表逐一检查测量该相绕组各极相组的电阻值。当某极相组的电阻值明显比其他极相组的电阻值小时，该极相组内就很可能存在有短路线圈，如继续查找极相组内各线圈的电阻值，就能找到短路线圈的故障点。

（二）绕组短路故障的修理

如果定子绕组绝缘未整体老化碎裂且短路线圈的线匝还没有烧断、烧坏，则可以采用绕

组局部修理的方式解决，具体修理方法如下：

（1）匝间短路的修理。匝间短路故障多由于导线绝缘层破损而产生。此时，如槽绝缘受损轻微且短路的线匝数不多，就只需将短路线匝从端部剪断，再将绕组加热变软后用钳子将已坏的短路线匝从端部抽出，然后将原有线圈依前接好，即可继续使用。在抽出线圈的短路线匝数时，应注意不要碰坏相邻的完好线匝和线圈，以免扩大绕组故障范围。

（2）短路线圈的修理。当整个线圈短路烧坏时，可采用穿线法修理。进行这种修理时，首先要将电动机的短路线圈从两端剪断，并且使整个绕组加热变软，然后将剪断的线匝从槽内一根根地抽出。原来的槽绝缘应尽可能拆除干净，并按原来的槽绝缘结构换上新绝缘。同时，依照原有线圈的导线型号、规格及线匝总长度（应比原线圈匝数的总长度稍长些）选用导线，在槽内穿绕至绕足原有匝数。最后将该穿绕线圈整形并按极相组接好后，经浇浸绝缘漆和烘干即可。

（3）整个极相组短路的修理。这种故障主要是极相组间连接线上的绝缘套管未套至线圈接近槽口处，或者是绝缘套管已老化破损、被压破所致。修理这种极相组间短路故障时，可采取先将绕组加热使其变软，然后用理线板撬开极相组的引线处，并将绝缘管重新套至接近槽口的地方；或者用复合绝缘纸将短路故障处隔垫好，即可将极相组间短路修复。

（4）相间短路的修理。电动机的三相绕组之间，由于在嵌线过程中相间绝缘（包括绕组端部绝缘、槽内的中间绝缘）垫放不当，或因电动机长期超载运行使温升过高而绝缘老化破损，均可能形成绕组相间短路故障。对于这类短路故障的修理，首先仍需加热绕组使其变软，然后将故障处的绕组用理线板撬开，垫入绝缘纸后即可修复。

四、绕组断路故障

三相异步电动机绕组由于受机械碰撞、焊接不良、严重短路等原因，都可能使绕组及其线圈产生断路故障。绕组断路故障的检查较为容易，可以采用兆欧表、万用表或试灯等方法进行。如断路故障点是发生在绕组端部且相邻线圈处绝缘完好无损伤，这时就只需将断路处重新连接和绝缘即可。如断路故障是发生在铁芯槽内，这时就必须采用前述的穿绕法或重换新线圈进行修理。

五、绕组内部接错故障

当绕组接线发生错误时，轻则将出现电动机起动、运转困难、电流增大、绕组发热和噪声刺耳等现象，严重时电动机甚至无法起动，并且发出剧烈的振动和吼声，其电流也将急剧上升，如不及时关断电源，将很快因发热冒烟而将绕组烧毁。绕组接错的检查方法如下。

（一）外观检查法

如果对绕组连接线进行仔细的外观检查，并追踪各相绕组内极相组、并联支路的连接情况，绕组接错的位置一般均能找到。外观检查可按下述方法进行。

（1）极相组内各线圈连接的检查。通常极相组内的各个线圈均系采用多块绕线模一次绕成，线圈之间是利用绕线时的过槽线串接而成极相组的。所以在检查时只需注意不要将线圈嵌"反"，因为一旦嵌反则这个线圈内的电流方向也会与极相组内其他线圈的电流方向相反，最终将削弱该极相组所产生磁极的磁场强度。

（2）显极接法的检查。对于采用显极接法的电动机绕组，每相绕组各自均应按照其线端"头与头相接、尾与尾相连"的接法进行连接。因此，可以根据显极接法的接线特征，按极相组出线端"头、尾"端的走向和连接状况逐一检查。只要认真检查、细心核对，电动机绕组接错之处一般都是容易发现和找出的。

(3) 庶极接法的检查。对于采用庶极接法的电动机绕组，每相绕组各自均应按照"头与尾相接、尾与头相连"的接法进行连接。所以可按庶极接法的接线原则，根据极相组出线端"头、尾"端的走向和连接情况，逐一核对绕组的接法，发现电动机绕组接错之处。

(4) 三相绕组出线位置的检查。从前述已知，三相异步电动机的定子绕组在铁芯空间的分布上必须是三相互差 120°电角度；经与在时间上互差 120°电角度的三相电源结合后，才会在定子铁芯建立一个自行旋转的三相旋转磁场。并且也知道三相绕组互差 120°电角度，其实质是要将 V 相绕组反接，以使处于同极下三相的极相组电流方向相同而产生同一的磁极极性。按此方法检查，即可找出三相绕组出线位置的错误处。

(二) 指南针检查法

如图 5-64 所示，将 3.6V 的直流电源依次接通三相绕组中的一相绕组，并用指南针沿定子内圆周表面移动作逐点检查。如果绕组没有接错，则指南针会在一相绕组中经过相邻的极相组时所指示的极性应该是相反的，而且在整个三相绕组的相邻极相组（不同相极相组）的极性也应相反；如指南针指示出相邻两个极相组的极性方向相同时，即说明这两个极相组中有一个极相组反接；如指南针经过某一极相组时其指向飘忽不定，则表明该极相组内有反接的线圈。

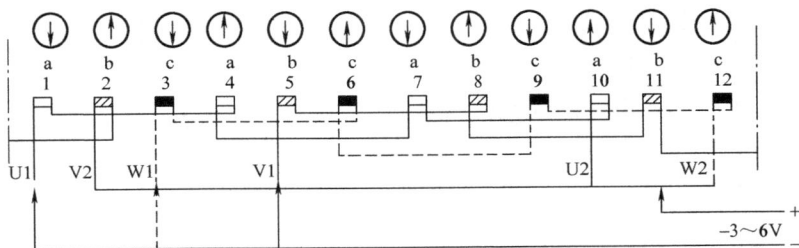

图 5-64 用指南针检查绕组接错示意图

六、绕组引出线端外部接错故障

绕组引出线端在外部接错所造成的后果，其严重程度与绕组内部接错的情况基本上相同。但其检查方法要简单方便得多，只需要在电动机接线板上对三相绕组引出线端进行检查及调换即可。电动机绕组引出线首、尾端连接正确与否的检查判断方法很多，这里介绍几种较为常用的方法。在对绕组引出线首、尾端作检查判断前，首先必须将三相绕组各相的首、尾端按相别分开，然后再进行检查判断。

(一) 万用表电压测量法

如图 5-65 (a) 所示先将三相绕组的各一根线端连接成 Y 形，并把 36V 交流电源接入其中的一相绕组，用万用表的电压档测量其余两相的引出线端，看有无电压读数并如实记录；然后换成图 5-65 (b) 所示接法，并再次记录电压读数，最后再按下述情况判断确定。

如按图 5-65 (a)、(b) 中两种接线检测均无电压读数，则表示三相绕组的首、尾端是正确的。这时，只需将 U 相的首、尾端分别标上 U1、U2，V 相的首、尾端分别标上 V1、V2，W 相的首、尾端分别标上 W1、W2 即可。必须注意的是图 5-65 中接成 Y 形中性点的三相线端，应全部确定为三相绕组首端并标以 U1、V1、W1，或将它们全部作为尾端而标

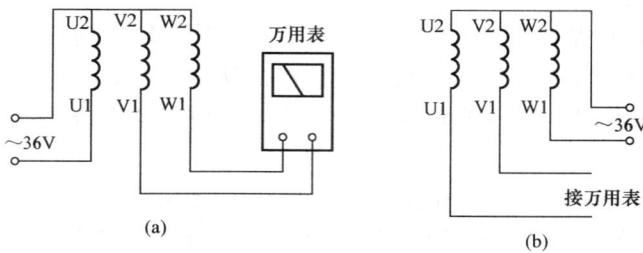

图 5-65　用万用表判断绕组首尾端示意图
(a) 接线一；(b) 接线二

作 U2、V2、W2。如按图 5-65 (a)、(b) 中两次测量均有电压读数，说明两次中没有接电源的那一相绕组首、尾端反接。当在两次测量中一次有读数而另一次无读数时，则表示无读数的一次，接电源那一相绕组首、尾端已反接。采用万用表电压测量方法检测除了要使用万用表（或交流电压表、试灯）外，还必须具备低压交流电源。

（二）干电池检测法

如图 5-66 (a) 所示，将一节普通干电池与一只开关串联并接一相绕组回路中，而电压表（最好是直流毫伏表、毫安表、万用表的毫安档）接另一相绕组回路。当合上开关 K 的瞬间，表头指针应指示正向（即大于零的一边）摆动，不然则应两表笔调换而使表针朝正向摆动，这时电池的"＋"极与表头的"－"极同为相的首端（或称同名端）。同理，如将表接到另一未测试的相绕组回路中，如图 5-66 (b) 所示经过两次检测，就可找出三相绕组的首、尾端。

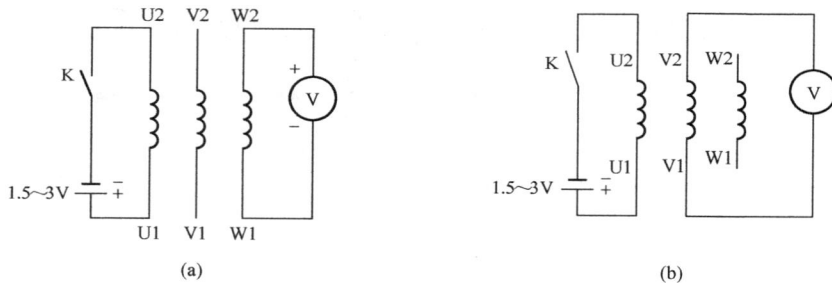

图 5-66　用干电池检测绕组首尾端示意图
(a) 接线一；(b) 接线二

采用干电池检测法时，除万用表外仅需一节干电池即可，因而较万用表电压测量法简单且方便。

5.5.4　定子铁芯的局部修理

铁芯的常见故障包括：①齿端沿轴向外胀，其主要原因为铁芯两侧压圈压力不足；②铁芯过热，其主要原因是片间绝缘不良使涡流增大；③局部烧损，其主要原因是铁芯严重接地或定转子相擦（扫膛）；④整体松动，其主要原因是与机座或支架配合过松、脱焊或定位螺钉松脱等。

铁芯的检修有以下几种方法：

（1）表面损伤。用锉刀除去凸出的毛刺，修锉平整后，将连接的硅钢片分开，用刷子蘸汽油洗净表面后，涂上绝缘漆。

（2）齿根烧断。由接地故障引起的少量齿根烧断，可将断齿凿掉，清除毛刺后，填以绝缘胶。挖凿时，注意不要损坏绕组。

（3）齿段烧坏。这是严重接地故障所致。损坏段在铁芯长度 1/3 以下时，可全部凿掉，填充同尺寸的绝缘布板形成假齿。假齿固定方法：对开口槽可用槽楔固定；对半开（闭）口槽，将假齿刨低 5mm，把两端的齿片弯 90°扣紧或用螺钉固定。

（4）铁芯松动可在机壳上另加定位螺钉将铁芯固定，或用电焊焊牢。

（5）齿部沿轴向外胀这是由于两端压圈的压力不足造成的，如不及时修理，容易损坏槽绝缘及线圈。修理时，按铁芯的尺寸做两块钢圆盘，在铁芯两端用双头螺栓夹紧，使其恢复原形。夹紧压力按 2MPa 计算。

（6）铁芯过热。由于片间漆膜老化或脱落而失去绝缘作用，使涡流损耗增大。是否需要拆开修理，需经温升试验后决定。试验采用涡流加热法。

做发热试验时，铁芯温度最好用热电偶测温仪测量，采用酒精温度计时（不能用水银温度计），要多埋几支。一般在通电 60～90min 后，如铁芯温度比环境温度高出 45℃或铁芯局部温度相差 30℃，就必须将铁芯拆开重刷绝缘漆或做氧化膜形成处理。

拆散铁芯硅钢片时，必须对好定位孔，保持原来的叠装顺序。将需要刷漆的硅钢片去毛刺，用汽油洗净并烘干，然后用松节油稀释后的 1611 号绝缘漆在硅钢片两面薄刷一层（双面总厚度不大于 0.03mm），烘干后便可重新组装。

修理现场有条件时，对小型电动机硅钢片可做氧化膜形成处理，其工艺过程是：将去净旧漆膜的硅钢片在炉内加热到 550～580℃，然后通入氧化剂（空气与蒸汽混合物），炉内气体保持 $5×10^4$～$10×10^4$Pa 的压力，经 3h 左右的保温及氧化，硅钢片两面便可形成一层均匀而具有良好绝缘性能及导热件能的氧化膜。

5.6　其他常用电动机的修理

5.6.1　单相异步电动机的修理

由于各种原因单相异步电动机的故障可说是不可避免的。因此，为了尽量减少发生故障，除应正确选配和合理使用电动机外，还要对电动机产生故障的原因、检查及处理有相应了解。这样就能在电动机发生故障时得到迅速而正确的处理。

表 5-1 所列为单相异步电动机常见故障、原因及处理方法。

表 5-1　　　　　　　　单相异步电动机常见故障、原因及处理方法

故障现象	产 生 原 因	检 查 及 处 理 方 法
电动机不能起动并有嗡嗡声	（1）电压太低 （2）负荷机械被卡住 （3）润滑脂太硬，小容量电动机带不动 （4）定子或转子绕组断路 （5）离心开关触点闭合不了 （6）定子绕组出线首尾接反或电机绕组内部接反 （7）电容器断路	（1）电源线太细，起动电压降太大，应更换为较粗的导线 （2）检查负荷机械并排除故障 （3）此类故障多发生在严冬无保温场所的电动机，可拆开轴承盖加入少量机油 （4）用万用表或试灯检查断路处，并排除故障 （5）检查离心开关是否已坏，或者动作不够灵活，应视情况予以调整 （6）给定子绕组通入直流电，并用指南针逐极检查绕组极性 （7）更换新电容器

故障现象	产　生　原　因	检查及处理方法
电源开关合上后烧熔丝	(1) 定子绕组通地或短路 (2) 开关与定子之间接线有短路 (3) 电动机负荷过大有机械被卡住 (4) 熔丝选择过细 (5) 引出线接地	(1) 打开电动机察看绕组是否有烧焦、高温变色等现象的地方，并用手摸比较温度，找出短路处，修复 (2) 用试灯或兆欧表查出接地处，垫好绝缘并刷上绝缘漆将电动机的接线端拆开，检查导线的绝缘性能并排除故障 (3) 用电流表检查定子电流，用手转动转子看有无卡住现象，可采取减轻负荷及排除故障 (4) 熔丝对电动机过载不起保护作用，只对短路和过载起动时起保护作用，所以熔丝一般可按下式选用，即 $$熔丝额定电流 \geqslant \frac{起动电流}{2 \sim 2.5}(A)$$ (5) 将引出线重新绝缘，连接好
电动机的温升超过额定值或冒烟	(1) 电压过低或过载、负荷机械被卡住或润滑不良 (2) 电机通风不好或被暴晒 (3) 电压过高或接法错误 (4) 笼型转子绕组断条 (5) 正反转频繁或起动次数过多 (6) 定转子相擦 (7) 定子绕组有小范围的短路故障，或定子绕组存在局部接地故障 (8) 起动后离心开关触头断不开	(1) 检测电压是否过低，如电源线太细压降太大，则可更换粗线或适当提高电压；用电流表测量电流，如过载则适当降低负荷，有条件时可采用风扇或鼓风机吹风，加强散热冷却；排除负荷机械故障，给机械加润滑脂 (2) 检查电动机风扇是否损坏或未固紧；移去阻塞风道的杂物 (3) 如电压超出标准很多，可适当降低电压 (4) 如确定为断条后，可更换一个转子 (5) 减少正反转和起动的次数，或改用其他合适类型的电动机 (6) 如轴承松动，则须换新轴承；锉去定、转子相擦的部分；校正轴中心线 (7) 参阅本表"电源开关合上后烧熔丝"中"(1) 定子绕组通地或短路"的内容处理 (8) 检测总电流或起动用辅助绕组回路电流，检修或更换离心开关
电动机转动时噪声太大	(1) 绕组短路或接地 (2) 离心开关损坏 (3) 轴承损坏 (4) 轴向间隙太大 (5) 电动机内落入杂物	(1) 检测电阻值，排除故障 (2) 修理或更换离心开关 (3) 修理或更换轴承 (4) 将间隙调至适当值 (5) 拆开电动机清除杂物
空载能起动但起动迟缓且转向不定	(1) 辅助绕组断路 (2) 离心开关触点合不上 (3) 电容器断路	(1) 查出断路故障处并予以修复 (2) 同上 (3) 更换电容器

续表

故障现象	产 生 原 因	检查及处理方法
电动机起动困难加上负荷后转速立即下降	(1) 电源电压低 (2) 转子鼠笼断条 (3) 定子绕组内部有局部线圈接错，此时，电流也不正常 (4) 轴承的摩擦加大 (5) 负荷过重	(1) 检测电源电压 (2) 拆开电动机检修笼型转子断条故障 (3) 拆开电动机，认真检查主、辅、调各套绕组 (4) 清洗轴承，换上适宜的润滑脂 (5) 更换容量较大而又适宜的电动机
电动机的空载电流偏大	(1) 电源电压过高 (2) 电动机本身气隙较大 (3) 定子绕组匝数未绕够 (4) 电动机装配不当	(1) 检测电源电压 (2) 拆开电动机，用内卡、外卡仔细地测量定子铁芯内径和转子铁芯外径 (3) 重绕定子绕组，增加匝数 (4) 用手试转电动机，如转子转动不灵活，则可能是转子轴向位移过多，或端盖螺丝没有上紧，可放松螺钉再试转
绝缘电阻降低	(1) 潮气浸入 (2) 引出线端和接线盒接头的绝缘即将损坏 (3) 电动机过热后绝缘老化	(1) 用兆欧表检测后，进行烘干处理 (2) 重新包扎引出线端 (3) 作重新浸漆处理
机壳带电	(1) 引出线或接线盒接头的绝缘损坏碰机壳 (2) 端部太长碰触机壳 (3) 定子绕组两端的槽绝缘损坏 (4) 槽内有铁屑，毛刺未清除干净，导线嵌入后即通地 (5) 在嵌线过程中，导体绝缘曾受到机械损伤 (6) 外壳没有可靠接地	(1) 经检测后，套上绝缘管或包扎绝缘带 (2) 如拆下端盖后接地现象即消除时，则应将绕组端部刷上一层绝缘漆，并同时在线圈破损处垫放好绝缘纸，然后再装上端盖 (3) 细心扳动绕组端接部分，耐心找出绝缘损坏处，然后垫上同等绝缘纸并刷上绝缘漆 (4) 拆开每个线圈接线头，用分组淘汰法找出通地线圈后，进行局部修理 (5) 拆开每个线圈的接头，用分组淘汰法找出接地线圈后，进行局部修复 (6) 当按上述几个方法排除故障后。将电动机外壳进行可靠接地
轴承盖发热	(1) 新换轴承装得不好，有歪斜、卡住等不灵活现象 (2) 轴承脂干涩或润滑脂太少 (3) 有漏油现象，润滑脂太多 (4) 皮带轮张得太紧或联轴器装配不在同一轴线上 (5) 轴承润滑脂内有灰砂、铁屑等杂物 (6) 轴承已损坏 (7) 端盖与机座不同心，转子转起来很紧	(1) 可转动转子或拆开端盖转动轴承，以找出故障所在 (2) 清洗轴承并加上轴承润滑脂 (3) 一般润滑加到轴承室的70%左右，即将轴承加满，轴承盖内浅浅加一层即可 (4) 转动转子，检查皮带张紧情况，以及联轴器的连接情况 (5) 用铁棒或螺丝刀的一端放在轴承端盖处，用耳细听。轴承运转如有杂声，则应立即停止运行并清洗轴承 (6) 更换同型号新轴承 (7) 检测端盖的同心度

5.6.2 直流电动机的修理

直流电动机的常见故障、产生原因及处理方法见表5-2。

表5-2   直流电动机的常见故障、产生原因及处理方法

故障现象		产 生 原 因	处 理 方 法
绝缘电阻低		（1）电动机绕组和导电部分有灰尘、金属屑、油污物等 （2）绝缘受潮 （3）绝缘严重老化	（1）用压缩空气吹净，无效时可用弱碱性洗涤剂进行清洗，然后干燥处理 （2）烘干处理 （3）浸漆处理或更换绝缘
电枢接地		（1）金属异物使线圈与地接通 （2）绕组槽部或端部绝缘损坏	（1）用220V试灯查出接地点，清除异物 （2）用低压直流电源检测换向片间压降或其与轴间压降，找出故障并更换故障线圈
电枢绕组	短路	（1）接线错误 （2）换向片间有焊锡等金属物短接 （3）线圈匝间绝缘损坏	（1）按接线图纠正电枢线圈与换向器的连接 （2）用检测片间压降的方法，清除污物 （3）更换新绝缘
	断路	（4）接线错误 （5）线圈与换向片焊接不良	（4）同电枢绕组短路故障（1）项 （5）重新补焊连接部分
	接触电阻大	（6）线圈与换向片焊接不良 （7）换向片与升高片焊接不良	（6）同电枢绕组断路故障（5）项 （7）加固和补焊换向片与升高片的连接
不能起动或转速不正常		（1）负荷力矩过大 （2）电枢的电源电压低于额定值 （3）励磁绕组短路、断路、接线错误 （4）电刷不在中性线位置 （5）起动器接触不良，电阻值不适当 （6）换向极线圈接反	（1）减少负荷阻力矩 （2）提高电源电压到额定值 （3）消除短路、断路，纠正接线错误 （4）调整电刷到中性线位置 （5）更换适当的起动器 （6）将换向极出线端互换
电流和转速发生剧烈变化		（1）电刷不在中性线上 （2）电动机电源电压波动 （3）串励绕组或换向极绕组接反 （4）励磁电流太小或励磁电路有断路	（1）重新调整电刷位置 （2）检查电源电压 （3）找出故障改正接线 （4）增加励磁电流或找出断路进行修理
电动机过热		（1）负荷过大 （2）电枢绕组短路 （3）主磁极线圈短路 （4）电枢铁芯绝缘损坏 （5）冷却空气量不足，环境温度高，电动机内部不清洁	（1）减小和限制负荷 （2）按电枢绕组短路故障（1）、（2）、（3）项处理 （3）找出短路点，补充加强绝缘 （4）局部或全部进行绝缘处理 （5）清理电动机内部，增大风量，改善周围冷却条件
机组机械振动		（1）电动机的基础不坚固或电动机在基础上固定不牢固 （2）机组、电动机轴线定位不正确 （3）电动机不平衡	（1）增加基础的坚实性和加强电动机在基础上的固定 （2）重新调整好机组轴线定位 （3）重新校好电枢平衡

续表

故 障 现 象	产 生 原 因	处 理 方 法
滚动轴承发热有噪声	(1) 轴承内润滑脂加得太满 (2) 轴承内滚珠磨损 (3) 轴承与轴配合太松	(1) 减少轴承内润滑脂 (2) 更换轴承 (3) 使轴与轴承达到要求的配合精度

5.6.3　单相串励电动机的修理

单相串励电动机的故障与负荷状况、维护检修和制造质量等诸多因素有关。在同一种故障中可能有不同的表面现象，而同一种现象也可能由不同的故障所引起。因此电动机的故障情况多种多样，故障的分析与检查也是非常复杂的。需要在生产实践中积累一定的经验，才能对单相串励电动机故障进行正确的分析与判断，才能迅速而准确地处理好电动机各种复杂多变的故障。

表 5-3 中简要地介绍了单相串励电动机的常见故障、原因及处理方法。

表 5-3　　　　　　　　　单相串励电动机常见故障、原因及处理方法

故 障 现 象	产 生 原 因	处 理 方 法
电动机不能起动	(1) 负荷过重 (2) 轴承太紧，以致电枢被轧住 (3) 熔丝烧断 (4) 电枢、励磁绕组及各连接线有断路，通地等故障 (5) 电动工具中的齿轮耦合不好 (6) 电刷与换向器接触不良 (7) 励磁绕组接反	(1) 减少电动机的负荷 (2) 将端盖内孔或轴承颈刮削一下，再将轴承洗擦干净或者重换轴承 (3) 装上符合规定的熔丝 (4) 测量各绕组的直流电阻、电压降或绝缘电阻，确定故障原因，并予以排除 (5) 查找耦合不好的齿轮，并予更换 (6) 检查弹簧压力，查看电刷在刷盒中是否卡住 (7) 用指南针对各励磁绕组进行极性检查，找出接反线圈并予以重接
电动机转速太高	(1) 电源电压太高 (2) 电刷位置不对，或线圈元件到换向器片上的焊头位置不对 (3) 励磁回路有短路、通地等故障	(1) 降低电源电压或在电枢回路中串一电阻 (2) 移动电刷调整换向位置使火花减至最小，检测换向器相邻两片电阻，电压找出接错线圈元件 (3) 检测直流电阻或绝缘电阻，查出故障予以消除
电动机转速太慢	(1) 负荷过重 (2) 电枢里有短路、断路故障 (3) 轴承太紧 (4) 电源电压低 (5) 换向片有短路、通地故障	(1) 可减少负荷 (2) 用短路侦察器和电压表检测，找出故障予以修复 (3) 将轴承洗干净，重新加上干净的润滑脂 (4) 将电源电压调到额定电压值 (5) 用短路侦察器、试灯检测电枢，找出故障予以修复
电刷下冒火花及电刷剧烈发热	(1) 电刷与换向器接触不良 (2) 换向器表砸不平，片间云母高出换向片	(1) 将换向器用砂布打磨好 (2) 将电枢装上车床走一刀，并用挖槽工具削低片间云母

续表

故障现象	产 生 原 因	处 理 方 法
电刷下冒火花及电刷剧烈发热	（3）电刷牌号或尺寸不合适 （4）刷盒松动或装置不正 （5）电刷压力不适当 （6）换向器表面不光滑、不圆或有油污等 （7）电动机振动 （8）电动机过载 （9）电枢绕组有短路、断路、通地、反接等故障 （10）励磁绕组通地、短路等故障 （11）电枢绕组元件到换向器片上的焊接线头位置不对 （12）换向片短路、通地	（3）更换牌号和尺寸合适的新电刷 （4）紧固或纠正刷盒位置 （5）调整电刷压力，一般串励电动机压力为200～400g/cm²；电动工具用电动机则为300～500g/cm² （6）清洁或研磨换向器表面 （7）紧固或重新平衡电动机 （8）减少电动机负荷 （9）可用短路侦察器并结合试灯、电压、电阻表检测电枢，分别找出故障处予以修复 （10）可用试灯和欧姆表检测，找出故障并予以修复 （11）将电刷移到不发生火花的位置，如电刷不能移动，则需将线头重新焊接 （12）可用短路侦察器试灯等检测，以排除故障
换向片上有烧焦的黑斑	（1）换向片和线圈元件焊接不良 （2）绕组线圈元件有断路故障	（1）重新予以焊接 （2）可采用试灯或电阻表检测，找出故障重新连接
反向旋转时火花大	（1）电刷位置不对 （2）电刷分布不均匀 （3）线圈元件到换向片上焊头位置不对	（1）重新调整电刷位置 （2）设法使电刷均匀分布 （3）可采用欧姆表检测电枢绕组电阻，找出接错的线圈元件并予以更正和重新焊好
电机运转时发热	（1）电动机超载 （2）电动机绕组有短路、通地故障 （3）电源电压过高 （4）通风散热不好 （5）换向器发生火花 （6）轴承太紧	（1）减轻电动机的负荷 （2）检测绕组片间电压，找出故障予以修复 （3）将电压降低到额定电压值 （4）检查环境温度是否过高，风扇是否脱落，风扇旋转方向是否正确，电机通风道是否通畅 （5）电刷与换向器接触不好，换向器表面不平、电刷牌号或尺寸不符等，对症更换或修复 （6）将轴承洗刷干净，重新加上干净润滑脂
电机运行时有噪声	（1）轴承磨蚀，使电枢与极靴相擦 （2）换向片不平或云母片突出 （3）电刷太硬 （4）电刷压力太大	（1）换装新轴承 （2）车光换向器外圆，用专用工具挖削片间云母 （3）换用合适的较软电刷 （4）调整弹簧至适宜压力
电动机冒烟	（1）电刷下火花太大 （2）电枢绕组有短路故障 （3）电枢绕组各元件间充满电刷粉尘及油污，并引起燃烧	（1）参见本表"电刷下冒火花"一栏 （2）用短路侦察器、电流表检测，并排除故障 （3）彻底清除干净这些粉尘和油污

5.7 技 能 训 练

5.7.1 三相交流异步电动机的拆装

一、训练内容

(1) 掌握三相交流异步电动机的结构和工作原理。

(2) 学会电机拆装常用工具的正确选用及操作技能。

(3) 学会电机拆卸和装配的步骤、方法等。

二、器材准备

(1) 带有前后轴承端盖的三相交流异步电动机。

(2) 常用电机检修常用工具 1 套。

(3) 常用电机检修常用量具 1 套。

三、训练要求

(1) 三相交流异步电动机的结构和工作原理。

(2) 拆卸小型三相交流异步电动机的步骤、方法。

(3) 装配小型三相交流异步电动机的步骤、方法。

(4) 正确使用各种工具。

四、实训成绩（见表 5-4）

表 5-4 成 绩 评 定 标 准

序号	考核内容	配分	评 分 标 准	得分
1	电动机的结构、组成	10	错误一项扣 2 分	
2	拆卸小型三相交流异步电动机	25	错误一项扣 2 分	
3	装配小型三相交流异步电动机	20	错误一项扣 2 分	
4	正确使用各种工具	25	使用错误一项扣 5 分	
5	操作规范、有序、不超时	10	操作欠规范或超时每项扣 2 分	
6	遵守安全规范，无人身、设备事故	10	出现人身、设备事故此实训按 0 分计算	
合计得分				

5.7.2 三相交流异步电动机的绕组重绕

一、训练内容

(1) 掌握三相交流异步电动机定子绕组的类型、结构和相关基础知识。

(2) 学会三相交流异步电动机绕组重绕常用工具的选用及使用。

(3) 学会三相交流异步电动机绕组重绕的工序及工艺。

(4) 学会三相交流异步电动机绕组重绕后的试验。

二、器材准备

(1) 三相交流异步电动机 1 台。

(2) 常用电机检修常用工具和量具各 1 套。

(3) 电机绕组下线工具及材料。

三、训练要求

（1）三相交流异步电动机定子绕组的类型、要求。

（2）绕组的重绕。

（3）绕后试验。

四、成绩评定（见表 5-5）

表 5-5　　　　　　　　　　　　成 绩 评 定 标 准

序号	考核内容	配分	评 分 标 准	得分
1	原始数据记录	8	填错或少一项扣 0.5 分	
2	拆除绕组和清理	6	操作不规范或清理不好一项扣 1 分	
3	绕制线圈	15	绕制方法不正确或绕制不整齐一项扣 2 分	
4	绝缘纸的裁剪和放置	6	裁剪尺寸不合格、多裁、放置不整齐一片扣 1 分	
5	嵌线术语和规律	4	表述不正确，每次扣 1 分	
6	嵌线	15	嵌线方法、工具不当，每次扣 2 分；随机抽查一个线圈	
7	接线	15	每个接头绝缘漆刮不净扣 1 分；每个接头接错或连接不当扣 5 分；每个接头焊接不当扣 1 分；接头绝缘套管少套或选配不当，每个扣 1 分	
8	绕后试验	8	试验结果错误一个扣 1 分	
9	正确使用各种工具	8	使用错误一项扣 4 分	
10	操作规范、有序、不超时	5	操作欠规范或超时每项扣 2 分	
11	遵守安全规范，无人身、设备事故	10	出现人身、设备事故此实训按 0 分计算	
	合计得分			

思　考　题

5-1　三相交流异步电动机主要由哪几部分组成？

5-2　画图说明三相交流异步电动机定子绕组的接线方式。

5-3　三相电动机定子旋转磁场的转速 n_1、定子电流频率 f 及磁极对数 p 之间有什么关系？

5-4　如何理解三相交流异步电动机的"异步"？

5-5　什么是三相交流异步电动机转差率？额定运行时转差率为多少？

5-6　简述三相异步电动机的拆卸过程。

5-7　简述三相异步电动机的装配过程。

5-8　简述直流电动机电刷装置的作用及安装。

项目6 常用低压电器及应用

【教学目标】

掌握常用低压电器工作原理、种类、文字图形符号、适用场合与条件。

掌握电气工程图的读图方法，弄清电气原理图、安装图与位置图的对应关系。

掌握典型控制电路的工作原理及安装、调试方法。

6.1 常用低压电器

低压电器通常是指工作在交流 50Hz、额定电压 1200V 以下、直流额定电压 1500V 以下的电路中，起接通、断开、保护、控制、调节或转换作用的电器设备。例如接触器、继电器、开关、按钮等，这些低压电器是电气控制系统的基本组成元件。

6.1.1 主令电器

主令电器主要用于发布指令或信号，闭合或断开控制电路，改变控制系统工作状态，或实现远程控制。在设备电气控制系统中，主令电器可以直接作用于控制电路，也可以通过电磁式电器的转换对电路实现控制。其主要分为控制按钮、行程开关、接近开关，万能转换开关等。

一、控制按钮

（一）作用

控制按钮是一种手动的、可以自动复位的主令电器。它的使用非常广泛，主要用于接触器、继电器及其他电气控制电路中，实现远距离控制；同时可通过按钮之间的电气连锁，实现对其他电器设备的控制和保护。

（二）外形和基本结构

控制按钮外形图如图 6-1 所示。其基本结构如图 6-2 所示。

控制按钮一般由按钮帽、复位弹簧、动触点、动断触点（常闭触点）、动合触点（常开触点）外壳及接线柱组成。

（三）工作原理

将按钮帽按下，桥式动触点向下移动，先将动断触点分断，再将动合触点接通，未受外力（常态）时，在复位弹簧作用下桥式动触点上升，恢复原来位置，将动合触点分断，动断触点闭合。

为了表示各个按钮的作用，防止误操作，通常将按钮帽做成不同的颜色，以示区别。其颜色有红、黑、绿、黄、蓝、白、灰等，国标

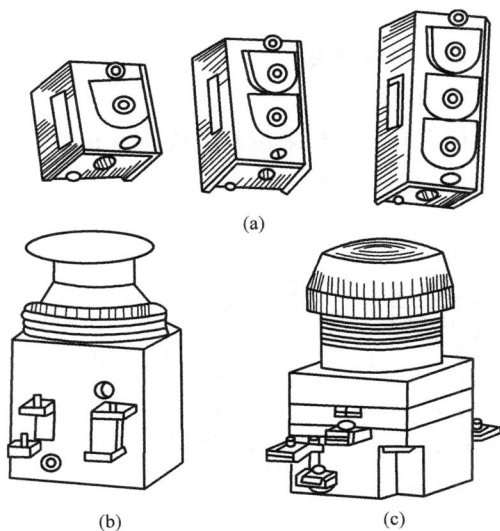

图 6-1 控制按钮外形图

(a) LA10 系列；(b) LA18 系列；(c) LA19 系列

GB 5226—1985 对按钮颜色作了如下规定：

（1）"停止"和"急停"的按钮必须是红色。

（2）"起动"的按钮是绿色。

（3）"起动"与"停止"交替动作的按钮必须是黑色、白色或灰色，不得用红色和绿色。

（4）"点动"按钮必须是黑色。

（5）"复位"（如保护继电器的复位按钮）必须是蓝色。当复位按钮还有停止的作用时，必须是红色。

（四）图形及文字符号

控制按钮的图形及文字符号如图 6-3 所示。

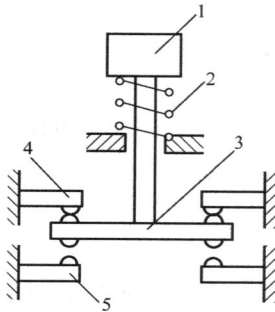

图 6-2　控制按钮的基本结构

1—按钮；2—复位弹簧；3—动触点；

4—动断触点；5—动合触点

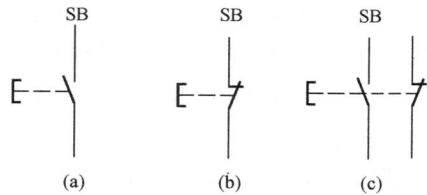

图 6-3　控制按钮的图形及文字符号

（a）动合触点；（b）动断触点；（c）复合触点

（五）选用

控制按钮主要根据所需要的触点数、使用场合、颜色标注、复位方式、额定电压、额定电流等进行型号的选择。

目前常用的控制按钮有 LA18、LA19、LA20 等系列产品。一般控制按钮的额定电压交流为 380V、直流为 220V，额定电流为 5A。

二、行程开关

（一）作用

行程开关又称限位开关或位置开关，是根据运动部件位置而切换电路的自动控制电器。它主要用于检测机械运动位置，将机械位移变为电信号，从而控制机械运动的运动方向、行程长短或改变运动状态。

（二）外形和基本结构

行程开关外形如图 6-4 所示。JLXK1-Ⅲ型行程开关的内部基本结构如图 6-5 所示。

（三）工作原理

行程开关工作原理与控制按钮类似。当生产机械上安装的挡铁碰压行程开关按钮时，按钮向内运动，压迫弹簧，使动断

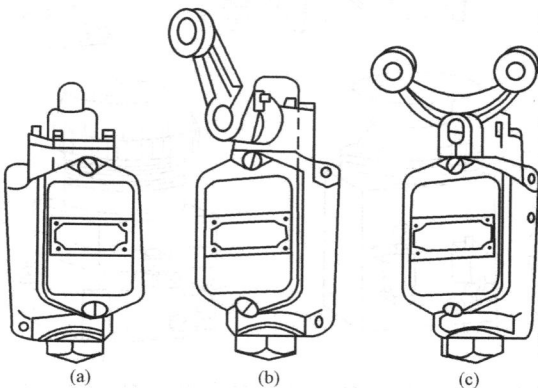

图 6-4　行程开关外形及结构图

（a）按钮式；（b）单轮旋转式；（c）双轮旋转式

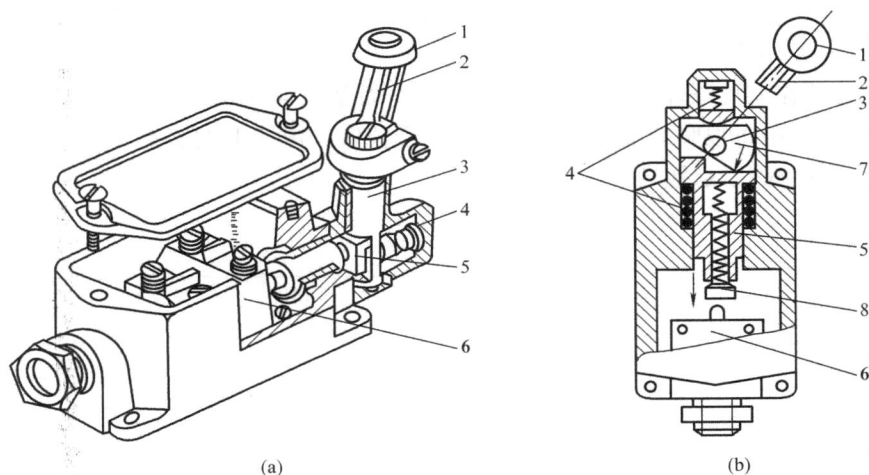

(a)   (b)

图 6-5 JLXK1-Ⅲ型行程开关

(a) 结构；(b) 动作原理

1—滚轮；2—杠杆；3—转轴；4—复位弹簧；5—撞块；6—滚动开关；7—凸轮；8—调节螺钉

触点断开，动合触点闭合。从而实现由机械运动转换为电信号的断开与接通。当外界机械作用去除后，由于弹簧的反作用，触点自动恢复原来位置，动合触点断开，动断触点闭合。

（四）图形及文字符号

行程开关图形及文字符号如图 6-6 所示。

（五）选用

行程开关选用时主要根据机械设备运动方式与安装位置、挡铁的形状、速度、工作力、工作行程、触点数量及额定电压、额定电流等来选择。

机床上常用的行程开关有 LX2、LX19、JLXK1、LXW-11、JLXW1-11 型微动开关等。普通行程开关允许操作频率为 1200～2400 次/h。

三、凸轮控制器

凸轮控制器主要用于起重设备和其他电力拖动装置，以控制电动机的起动、正反转、调速和制动。其结构如图 6-7 所示。

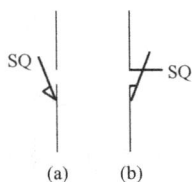

图 6-6 行程开关图形及文字符号

(a) 动合触点；(b) 动断触点

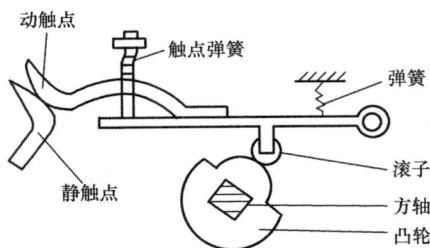

图 6-7 凸轮控制器结构示意图

凸轮控制器的动作原理如下：

转动手柄时，转轴带动凸轮一起转动，转到某一位置时，凸轮顶动滚子，克服弹簧压力使动触点顺时针方向转动，脱离静触点而分断电路。在转轴上叠装不同形状的凸轮，可使若干个触点组按规定的顺序接通或分断。

凸轮控制器在电气原理图中的图形、文字符号及触点通断表分别如图6-8（a）、（b）所示。图6-8（a）中每根竖的虚线表示手柄的一个位置，虚线上的黑点"·"表示手柄在该位置时，上面这一副触点接通。

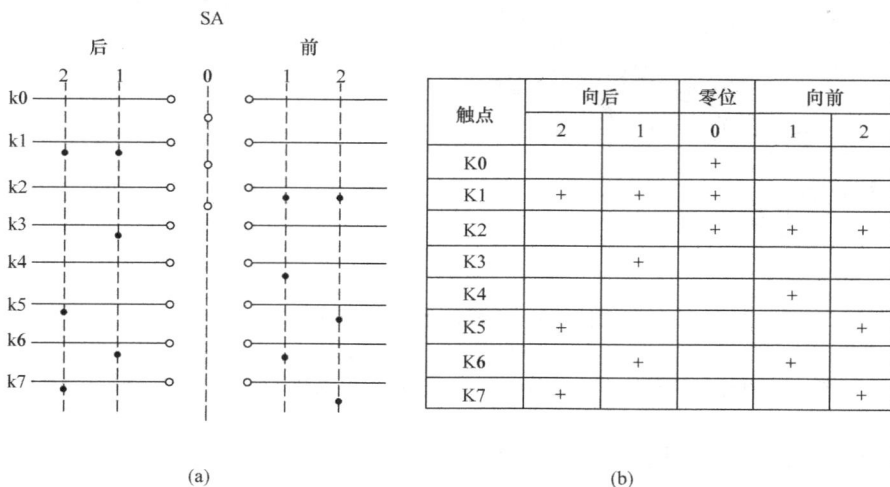

触点	向后		零位	向前	
	2	1	0	1	2
K0			+		
K1	+	+	+		
K2			+	+	+
K3		+			
K4				+	
K5	+				+
K6		+		+	
K7	+				+

(a)　　　　　　　　　　　　　(b)

图6-8　凸轮控制器的图形、文字符号及触点通断表

（a）图形、文字符号；（b）触点通断表

国产的凸轮控制器有KT10、KT14等系列交流凸轮控制器和KTZ2系列直流凸轮控制器。KT14系列凸轮控制器主要技术数据见表6-1。

表6-1　　　　　　　　　　　　KT14系列凸轮控制器主要技术数据

型　　号	额定电压（V）	额定电流（A）	位置数		最大功率（kW）	额定操作频率（次/h）	最大工作周期（min）
			左	右			
KT14-25J/1			5	5	11		
KT14-25J/2		25	5	5	2×5.5	600	10
KT14-25J/3	380		1	1	5.5		
KT14-60J/1			5	5	30		
KT14-60J/2		60	5	5	2×11	600	10
KT14-60J/4			5	5	2×11		

选用凸轮控制器时，主要根据电动机的容量、额定电压、额定电流和控制位置数目来选择。

6.1.2　低压开关类电器

一、刀开关

（一）作用

刀开关俗称闸刀开关，是一种结构较为简单的手控低压配电电器，其应用非常广泛。主要用来手动接通与断开交、直流电路电器设备的工作电源。

（二）分类

刀开关按刀的极数可分单极、双极和三极刀开关；按灭弧装置可分为不带灭弧罩的刀开关和带灭弧罩的刀开关；按操作方式可分远距离连杆式刀开关和直接手动式刀开关。

常用的刀开关有 HK 系列闸刀开关、HH 系列封闭式负荷开关、HR 系列熔断器刀开关等。机床上常用的三极开关长期允许通过的电流有 100、200、400、600、1000A 五种。

（三）基本结构

HK 系列开启式刀开关、HH 系列封闭式闸刀开关基本结构分别如图 6-9、图 6-10 所示。其主要由操作手柄、动触头、静触头、进线座和出线座等组成。

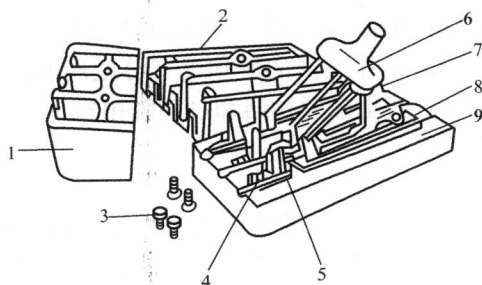

图 6-9　HK 系列开启式刀开关基本结构
1—上胶盖；2—下胶盖；3—胶盖紧固螺钉；
4—进线座；5—静触点；6—瓷手柄；
7—动触点；8—出线座；9—瓷座

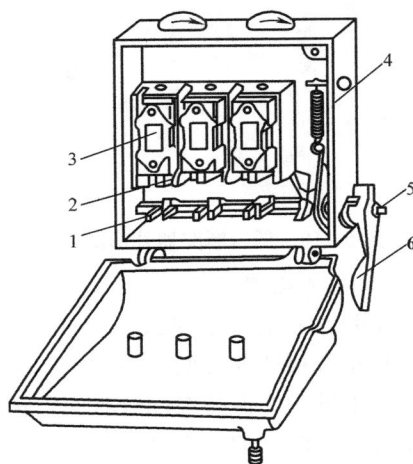

图 6-10　HH 系列封闭式
刀开关基本结构
1—闸刀；2—夹座；3—熔断器；
4—速断弹簧；5—转轴；6—手柄

（四）选用

刀开关主要根据电源种类、电压等级、负荷容量、所需极数及使用场合等来选用。例如，一般照明电路中，可采用额定电压 220V、额定电流不小于电路最大工作电流的双极式刀开关；在小容量电力拖动控制系统中，可用额定电压为 380V、额定电流不小于电动机额定电流 3 倍的三极式刀开关。

（五）图形及文字符号

刀开关的图形及文字符号如图 6-11 所示。

二、低压断路器

低压断路器又称为自动空气开关，是低压配电线路中一种重要的保护电器。

（一）作用

低压断路器是一种既有手动开关作用又能自动进行失压、欠压、过载、过流和短路等保护的电器。同

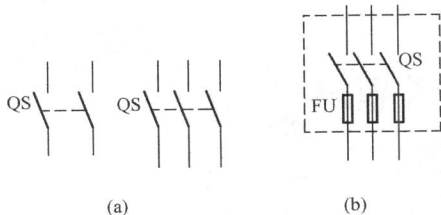

图 6-11　刀开关图形及文字符号
(a) 双极和三极刀开关；(b) 带熔断器的刀开关

时它也可用于不频繁地接通和分断电路以及控制电动机。使用低压断路器来实现短路保护比熔

断器优越，因为当三相电路短路时，很可能只有一相的熔断器熔断，造成断相运行。对于断路器来说，只要造成短路都会使开关跳闸，将三相电源同时切断。

机床上常用的低压断路器有 DZ10、DZ5-20、DZ5-50 系列，适用于交流电压 500V、直流电压 220V 以下的电路中，作不频繁的接通和断开电路用。

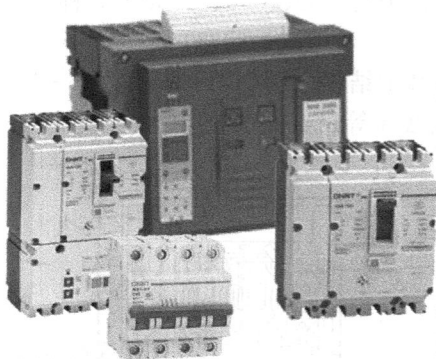

图 6-12　低压断路器外形图

（二）基本结构

目前各种常用低压断路器的外形如图 6-12 所示。

DZ5-20 型低压断路器的内部基本结构如图 6-13 所示。低压断路器主要由触点系统、灭弧装置、各种脱扣器、脱扣机构和操动机构等组成。触点系统和灭弧装置是断路器的执行元件，用于接通和分断主电路。脱扣器是断路器的感测元件，当脱扣器接收到电路的故障信号后，经脱扣机构动作，使触点分断。使断路器跳闸的脱扣器有分励脱扣器、欠电压脱扣器、过电流脱扣器和过载脱扣器。

（三）工作原理

低压断路器工作原理如图 6-14 所示。

（1）正常接通和分断。主触点 1 串接在被保护的三相主电路中，通过操动机构合闸后，主触点 1 由锁键 2 保持在闭合状态，锁键 2 由搭钩 3 支持着，电路接通正常工作。当需要断路器正常分断时，通过操动机构由杠杆 5 将搭钩 3 顶开（搭钩 3 可绕转轴 4 转动），锁键 2 和主触点 1 就被弹簧 6 拉开，电路分断。

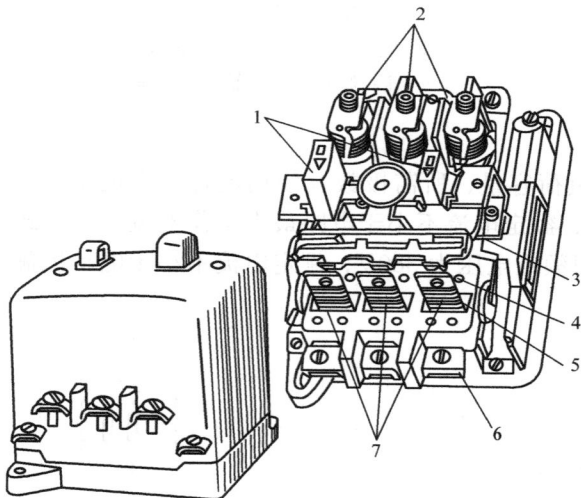

图 6-13　DZ5-20 型低压断路器的基本结构
1—按钮；2—电磁脱扣器；3—自由脱扣器；
4—动触头；5—静触头；6—接线柱；7—热脱扣器

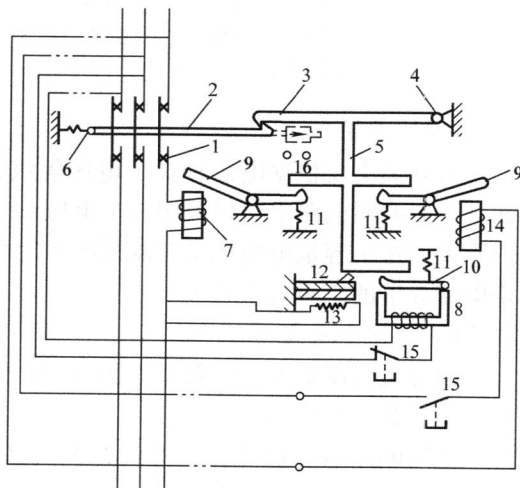

图 6-14　低压断路器的工作原理图
1—主触点；2—锁键；3—搭钩；4—转轴；5—杠杆；
6、11—弹簧；7—过电流脱扣器；8—欠电压脱扣器；
9、10—衔铁；12—热脱扣器双金属片；13—热元件；
14—分励脱扣器；15—按钮；16—合闸电磁铁

（2）远距离分闸。分励脱扣器 14 通过按钮 15 用来远距离分闸。正常工作时分励脱扣器的线圈没有电流，当需要远距离操作时，按下按钮使线圈通电，电磁铁带动自由脱扣机构动作，使断路器跳闸，切断电路，或由继电保护装置动作来实现自动跳闸。

（3）欠压保护。欠电压脱扣器 8 的线圈并联在主电路上，相当于一个电压继电器，正常工作时脱扣器线圈的电压是额定电压，电磁力使衔铁 10 吸合，断路器保持合闸状态。当电路电压过低或消失时，电磁吸力小于弹簧 11 的拉力，衔铁 10 被弹簧 11 拉开，衔铁撞击杠杆 5 顶开搭钩 3，使主触点 1 断开，从而实现欠压保护作用。

（4）过电流保护。过电流脱扣器 7 相当于一个电流继电器，脱扣器的线圈串接于电路中。正常工作时脱扣器线圈的电流是额定电流，断路器保持合闸状态。当电路发生短路或产生很大的过电流时，过电流脱扣器 7 产生的电磁引力将衔铁 9 吸合，撞击杠杆 5，顶开搭钩 3，使主触点 1 断开，从而将电路分断。

（5）过载保护。热脱扣器相当于一个无触点的热继电器，脱扣器的线圈串接于电路中。正常工作时，断路器保持合闸状态。当电路发生过载时，过载电流流过电阻丝 13，使热脱扣器的热组件双金属片 12 受热弯曲，通过杠杆 5 顶开搭钩 3，使主触点 1 断开，从而起到过载保护作用。

（四）图形及文字符号

低压断路器的图形及文字符号如图 6-15 所示。

（五）选用

（1）低压断路器的选择。应根据线路及电气设备的额定电流及对保护的要求来选择低压断路器的类型。若额定电流较小（600A 以下）、短路电流不太大，可选用塑壳式断路器；对短路电流相当大的支路，则应选用限流式断路器；若额定电流很大，则应选择万能式断路器；若有剩余电流保护要求时，应选用剩余电流保护断路器等；控制和保护硅整流装置及晶闸管的断路器，应选用直流快速断路器。

图 6-15　低压断路器的图形及文字符号

（2）低压断路器技术参数选用原则：

1）低压断路器的额定工作电压应不小于线路额定电压；

2）低压断路器过流脱扣器的额定电流应不小于线路计算电流，热脱扣器的额定电流也应不小于线路的计算电流；

3）低压断路器的额定电流应不小于它所安装的过电流脱扣器与热脱扣器的额定电流；

4）低压断路器的额定短路通断能力应大于或等于线路中可能出现的最大短路电流，一般按有效值计算；

5）线路末端单相对地短路电流等于或大于 1.25 倍低压断路器瞬时（或短延时）脱扣器整定电流；

6）低压断路器欠电压脱扣器额定电压等于线路额定电压；

7）低压断路器分励脱扣器额定电压等于控制电源电压；

8）电动操动机构的工作电压等于控制电源电压。

（六）低压断路器的安装

（1）安装前的检查：

1）安装前外观检查。检查断路器在运输过程中有无损坏，紧固件有否松动，可动部分是否灵活等，如有缺陷，应进行相应的处理或更换。

2）技术指标检查。检查核实断路器工作电压、电流、脱扣器电流整定值等参数是否符合要求。断路器的脱扣器整定值等各项参数出厂前已整定好，原则上不准再动。

3）绝缘电阻检查。安装前先用 500V 兆欧表检查断路器相与相、相与地之间的绝缘电阻，在周围空气温度为（20±5）℃和相对湿度为 50％～70％时应不小于 10MΩ，否则断路器应烘干。

4）清除灰尘和污垢，擦净极面防锈油脂。

（2）安装注意事项：

1）断路器底板应垂直于水平位置，固定后，断路器应安装平整，不应有附加机械应力；

2）电源进线应接在断路器的上母线上，而接往负荷的出线则应接在下母线上；

3）为防止发生飞弧，安装时应考虑到断路器的飞弧距离，并注意到在灭弧室上方接近飞弧距离处不跨接母线；

4）如果是塑壳式产品，进线端的裸母线宜包上 200mm 长的绝缘物，有时还要求在进线端的各相间加装隔弧板；

5）凡设有接地螺钉的产品，均应可靠接地。

（七）低压断路器的维护

通常低压断路器在使用期内应定期进行全面的维护与检修，其主要内容如下：

（1）每隔一定时间（一般为半年），应清除落于断路器上的灰尘，以保证断路器良好的绝缘。

（2）操动机构在使用一段时间后（可考虑一至两年一次），在传动机构部分应加润滑油（小容量塑壳式断路器不需要）。

（3）灭弧室在因短路分断后或较长时期使用之后，应清除灭弧室内壁和栅片上的金属颗粒和黑烟灰。有的陶瓷灭弧室容易破损，如发现破损的灭弧室，绝不要再使用，以免造成不应有的事故。长期未使用的灭弧室，在使用前应先烘一次，以保证良好的绝缘。

（4）断路器的触头在长期使用后，如触头表面发现有毛刺、金属颗粒等，应当予以清理，以保证良好的接触。可更换的灭弧触头，如发现磨损到少于原来厚度的 1/3 时要考虑更换。

（5）定期检查各脱扣器的电流整定值和延时，特别是电子式脱扣器，应定期用试验按钮检查其动作情况。

（6）在定期检查全部检修工作完毕后，应作几次传动试验，检查动作是否正常，特别是对于连锁系统，要确保动作准确无误。

（八）类型及主要参数

常用低压断路器的类型及其主要参数如下：

（1）万能式低压断路器，又称为敞开式低压断路器，具有绝缘衬底的框架结构底座，所有的构件组装在一起，用于配电网络的保护。其主要型号有 DW10 和 DW15 两个系列。

（2）装置式低压断路器，又称塑料外壳式低压断路器，具有用模压绝缘材料制成的封闭型外壳将所有构件组装在一起。它用于配电网络的保护和电动机、照明电路及电热器等控制开关。其主要型号有 DZ5、DZ10、DZ20 等系列。

（3）快速断路器，具有快速电磁铁和强有力的灭弧装置，最快动作时间可在 0.02s 以内，用于半导体整流元件和整流装置的保护。其主要型号有 DS 系列。

（4）限流断路器，利用短路电流产生巨大的吸力，使触点迅速断开，能在交流短路电流尚未达到峰值之前就把故障电路切断，用于短路电流相当大（高达 70kA）的电路中。其主要型号有 DWX15 和 DZX10 两种系列。

另外，我国引进的国外断路器产品有德国的 ME 系列、SIEMENS 3WE 系列，日本的 AE、AH、TG 系列，法国的 C45、S060 系列，美国的 H 系列等，这些产品都有较高的技术经济指标。国外先进技术的引进使我国断路器的技术水平达到了一个新的阶段，我国今后将进一步开发和完善新一代智能型的断路器。

6.1.3　熔断器

熔断器具有结构简单、使用维护方便、价格低廉、可靠性较高等特点，它在低压配电线路和电气设备中得到广泛应用。

一、作用

熔断器应用于低压配电线路和电气设备中，主要起短路保护和严重过载保护作用。

二、分类

熔断器的种类很多，按其结构形式分瓷插式熔断器、螺旋式熔断器、无填料密闭管式熔断器和有填料密闭管式熔断器。机床电气线路中常用的是 RL1 系列螺旋式熔断器和 RC1 系列插入式熔断器。

三、基本结构

螺旋式、瓷插式熔断器基本结构分别如图 6-16 和图 6-17 所示。

四、图形及文字符号

熔断器的图形及文字符号如图 6-18 所示。

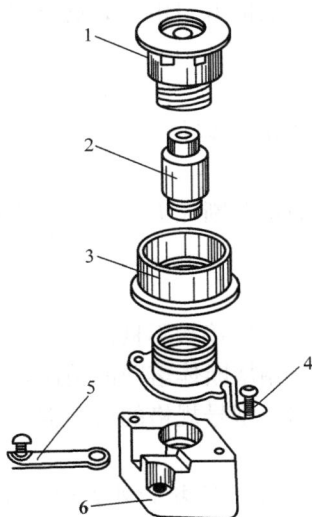

图 6-16　螺旋式熔断器基本结构
1—瓷帽；2—熔管；3—瓷套；
4—上接线柱；5—下接线柱；6—底座

图 6-17　瓷插式熔断器基本结构
1—熔丝；2—瓷插件；3—接线端子；
4—瓷底座；5—静触点；6—动触点

五、选用

（1）熔断器类型主要根据使用场合来选择。例如，作电网配电用应选择一般工业用熔断器；作硅元件保护用应选择保护半导体器件熔断器；供家庭使用宜选用螺旋式或半封闭插入式熔断器。

（2）熔断器的额定电压必须等于或高于熔断器工作点的电路额定电压。

（3）电路保护用熔断器熔体的额定电流基本上可按电路的额定负荷电流来选择，但主额定分断能力必须大于电路中可能出现的大故障电流。

（4）在电动机回路中作短路保护时，熔体的额定电流可按下列情况确定：

1）单台直接起动电动机，熔体的额定电流＝（1.5～2.5）×电动机额定电流；

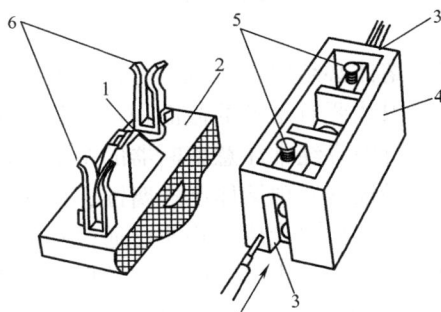

图 6-18　熔断器
图形及文字符号

2）多台直接起动电动机，熔体的额定电流＝（1.5～2.5）×功率最大的电动机额定电流＋其余电动机额定电流之和；

3）减压起动电动机，熔体的额定电流＝（1.5～2）×电动机额定电流。

（5）为了防止越级熔断、扩大停电事故范围，各级熔断器间应有良好的协调配合，使下一级熔断器比上一级的先熔断，从而满足选择性保护要求。选择时上下级熔断器应根据保护特性曲线上的数据及实际误差来选择。一般老产品的选择比为 2∶1，新型熔断器的选择比为 1.6∶1。例如下级熔断器额定电流为 100A，上级熔断器的额定电流最小也要为 160A，才能达到 1.6∶1 的要求；若选择比大于 1.6∶1，则能更可靠地达到选择性保护。

（6）保护半导体器件熔断器的选用。在变流装置中作短路保护时，应考虑到熔断器熔体的额定电流是用有效值表示，而半导体器件的额定电流是用通态平均电流 I_{av} 表示的，应将 I_{av} 乘以 1.57 换算成有效值。

应该指出，熔断器与半导体器件串联时，应该使前者的 I^2t 值小于后者，以保证短路时熔断器先熔断。另外，熔断器断开过电压是在熔断器灭弧过程中出现的，它会使半导体器件受到反向电压击穿，从而引起半导体器件的损坏。因此，熔断器的断开过电压，必须等于或小于半导体器件允许承受的反向峰值电压。

六、熔断器的安装和使用注意事项

（1）安装熔断器除保证足够的电气距离外，还应保证足够的间距，以保证拆卸、更换熔体方便。

（2）安装前应检查熔断器的型号、额定电压、额定电流、额定分断能力等参数是否符合规定要求。

（3）安装熔体必须保证接触良好，不能有机械损伤。

（4）安装引线要有足够的截面积，而且必须拧紧接线螺钉，避免接触不良。

（5）在运行中应经常注意熔断器的指示器，以便及时发现一相熔断体熔断的情况，防止缺相运行。如果检查发现熔体已经腐蚀、损伤或熔断，应更换同一型号规格的熔断器，不允许用其他型号的熔断器代用（除非已通过验证）。

（6）熔断器插入与拔出要用规定的把手，不要直接用手拔熔体（熔断后外壳温度很高，以免烫伤），也不可用不合适的工具插入与拔出；更换时，必须在不带电的情况下进行。

（7）使用时应经常清除熔断器上及导电插座上的灰尘和污垢。

七、基本技术数据

RL-1 系列螺旋式熔断器的基本技术数据见表 6-2。RC-1 系列插入式熔断器的基本技术数据见表 6-3。

表 6-2　RL-1 系列螺旋式熔断器的技术数据

型　　号	熔断器额定电流（A）	熔体额定电流（A）
RL1-15	15	2，4，6，10，15
RL1-60	60	20，25，30，35，40，50，60
RL1-100	100	60，80，100
RL1-200	200	100，125，150，200

表 6-3　RC-1 系列插入式熔断器的技术数据

型　　号	熔断器额定电流（A）	熔体额定电流（A）
RC1-10	10	1，4，6，10
RC1-15	15	6，10，15
RC1-30	30	20，25，30
RC1-100	100	80，100
RC1-200	200	100，150，200

6.1.4 接触器

接触器具有操作频率高、使用寿命长、体积小、价格低和维护方便等优点，它在电力拖动控制系统得到广泛应用。

一、作用

电磁式接触器是利用电磁吸力的作用使主触点闭合或分断电动机电路或其他负荷电路的控制电器。用它可以实现频繁地远距离操作，并具有欠电压保护与零压保护功能。它有着比工作电流大数倍乃至十几倍的接通和分断能力，但不能分断短路电流。接触器最主要的用途是控制电动机的起动、反转、制动和调速等。它是电力拖动控制系统中最重要也是最常用的控制电器。

二、分类

接触器按其触点通过电流的种类分为交流接触器和直流接触器。

目前我国常用的交流接触器主要有 CJ20、CJX1、CJX2、CJ12 和 CJ10 等系列。常用的直流接触器有 CZ18、CZ21、CZ22、CZ10、CZ2 等系列，其中 CZ18 系列是取代 CZ20 系列的新产品。

引进产品应用较多的有德国 BBC 公司制造技术生产的 B 系列、德国 SIMENS 公司的 3TB 系列、法国 TE 公司 LC1 系列等。

CJ10-20 型接触器的型号中，CJ 表示交流接触器，10 表示设计序号，20 表示主触头额定电流为 20A。

三、基本结构

几种常用接触器外形如图 6-19 所示。

CJ0-20 型交流接触器内部基本结构如图 6-20 所示。

图 6-19 常用接触器外形图

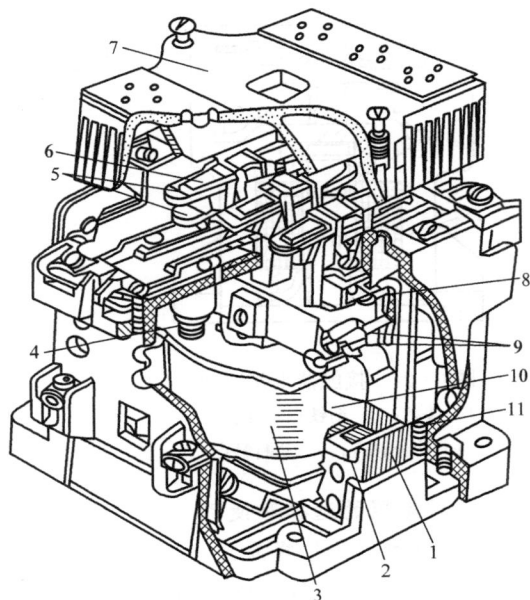

图 6-20 CJ0-20 型交流接触器基本结构

1—铁芯；2—短路环；3—线圈；4—恢复弹簧；5—主触点；
6—触点压力弹簧；7—灭弧装置；8—辅助动断触点；
9—辅助动合触点；10—衔铁；11—缓冲弹簧

交流接触器主要由电磁系统、触点系统和灭弧装置等部分组成。

（1）电磁系统。电磁系统用来操作触点的闭合与分断，其包括线圈、动铁芯和静铁芯。

（2）触点系统。触点系统用来直接接通和分断所控制的电路，包括主触点和辅助触点。

（3）灭弧装置。灭弧装置用来熄灭主触点在切断电路时所产生的电弧，保护触点不受电弧灼伤。

接触器主触点通常为三对，构成三个动合触点，用于通断电流较大的主电路；辅助触点一般有动合、动断各两对，用于通断电流较小的控制电路，在控制电路中还能起电气自锁或互锁等作用。

接触器在分断大电流电路时，往往会在动、静触点之间产生很强的电弧。电弧的存在不仅延迟了电路的分断时间，而且还易烧毁触点，使触点熔焊而损坏其他部件，甚至引起火灾、爆炸等更大的事故。因此，容量稍大的接触器（10A 以上）应设置灭弧装置。

在交流接触器的铁芯上装有一个短路环，其作用是减少交流接触器吸合时产生的振动和噪声，因此短路环又称减振环。

四、工作原理

交流接触器工作原理如图 6-21 所示。

当接触器的电磁线圈 3 通电以后产生磁场将铁芯磁化，通过电磁吸力吸引衔铁 2，使它向着铁芯 1 运动，并最终吸合在一起。由于接触器触点系统中的动触点是同衔铁机械地固定在一起的，因此当衔铁 2 被铁芯 1 吸引向下运动时，动触点也随着向下运动，使动合主触点和动合辅助触点闭合，动断辅助触点断开。若电源电压消失或显著降低，电磁吸力消失或过小，衔铁在释放缓冲弹簧的反作用力下脱离铁芯，相应地动合主触点和动合辅助触点断开，动断辅助触点闭合。

五、图形及文字符号

接触器图形及文字符号如图 6-22 所示。

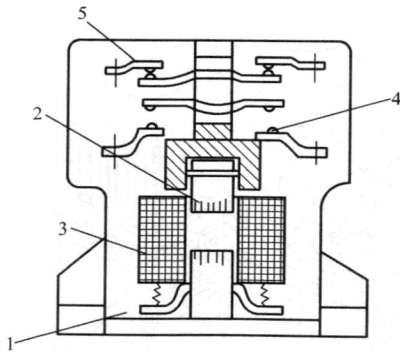

图 6-21　接触器工作原理
1—铁芯；2—衔铁；3—线圈；
4—动合触点；5—动断触点

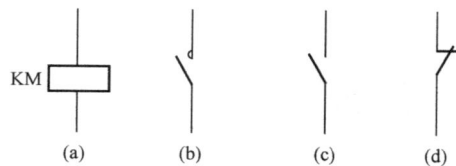

图 6-22　接触器图形及文字符号
（a）线圈；（b）主触点；
（c）动合触点；（d）动断触点

六、接触器的选择和使用

（一）接触器的选择原则

（1）根据接触器控制电动机或负荷电流的类型选择，即交流负荷应使用交流接触器，直流负荷使用直流接触器。直流电动机或直流负荷的容量比较小时，也可以全用交流接触器进行控制，但触点的额定电流应选大一些。

（2）接触器主触点的额定电压应大于或等于负荷回路的额定电压。机械设备控制中的交流接触器，额定电压一般为 500V 和 380V 两种。

（3）按相关手册或说明书上规定的类别使用接触器时，主触点的额定电流应等于或大于实际额定电流。

（4）按轻载使用类别设计的接触器，用于重载使用类别时，应减小容量使用；用于反复短时工作制设备的接触器，其额定电流应大于负荷的等效发热电流。

（5）接触器线圈的电压，吸引线圈的额定电压从安全考虑应选低一些，但控制电路简单，为节省变压器可选用 380V。CJ10 系列交流接触器的吸引线圈电压有 36、110（127）、220V 和 380V 四种。

（6）接触器触点数量、种类等应满足控制线路的要求；应注意负荷的工作性质，用于长期工作制设备时，应尽量选择银或银基合金触点的接触器（如 20 系列），如选铜触点的接触器（如 12 系列），则应将接触器的额定电流降低到间断长期工作制时额定电流的 50% 以下使用。以上几条原则，可在有关设计手册或产品目录上选择到合适的接触器型号。

（二）接触器安装前的检查

（1）须检查接触器的铭牌及线圈的技术参数，如额定电压、额定电流、操作频率和通电持续频率等，是否符合实际使用要求。

（2）将铁芯极面上防锈油擦净，以免油垢黏滞造成接触器线圈断电后铁芯不释放。

（3）用于分合接触器的活动部分，要求动作灵活，无卡住现象。

（4）检查与调整触点的工作参数，如开距、超程、初压力和终压力等，并要求各极触点接触良好、分合同步。

（三）接触器安装与调整

（1）安装接线时应注意误使螺钉、垫圈、接线头等失落，以免落入接触器内部造成卡住或短路现象，并将螺钉拧紧以免松脱。

（2）安装时，接触器底面与地面的倾斜度应小于 5°。20 系列接触器安装时，应使有孔两面放在上下方向，有利于散热。

（3）检查接线正确无误后，应在主触点不带电情况下，先使吸引线圈通电分合数次，检查其动作是否可靠，然后才能投入使用。

（四）接触器的使用

（1）接触器在使用中，应定期检查各部件，要求可动部分无卡住、紧固件无松脱，如有损坏，应及时检修或更换。

（2）触点表面应经常保持清洁，不允许涂油。当触点表面因电弧作用形成金属小珠氧化膜时，应及时清除。

（3）原来有灭弧室的接触器，一定要带灭弧室使用，以免发生短路事故。

七、技术数据

CJ10 系列交流接触器有关技术数据见表 6-4。

表 6-4　　　　　　　　　　　CJ10 系列交流接触器有关技术数据

型　号	触点额定电压（V）	主触点额定电流（A）	辅助触点额定电流（A）	额定操作频率（次/h）	可控制电动机功率（kW）	
					380V	220V
CJ10-5		5			2	2.2
CJ10-10	500	10	5	600	2.5	4
CJ10-20		20			5.5	10

型　　号	触点额定电压 （V）	主触点额定电流 （A）	辅助触点额定电流 （A）	额定操作频率 （次/h）	可控制电动机功率（kW）	
					380V	220V
CJ10-40		40			11	20
CJ10-60	500	60	5	600	17	30
CJ10-100		100			30	50
CJ10-150		150			43	75

常见接触器使用类型及典型用途见表 6-5。

表 6-5　　　　　　　　　　常见接触器使用类型及典型用途

电流种类	使用类型	典　型　用　途
AC（交流）	AC1	无感或微感负荷、电阻炉
	AC2	绕线式电动机的起动和中断
	AC3	笼型电动机的起动和中断
	AC4	笼型电动机的起动、反接制动、反向和点动
DC（直流）	DC1	无感或微感负荷、电阻炉
	DC3	并励电动机的起动、反接制动、反向和点动
	DC5	串励电动机的起动、反接制动、反向和点动

八、接触器常见故障（见表 6-6）

表 6-6　　　　　　　　接触器常见故障现象、原因与处理方法

故障现象	故　障　原　因	处　理　方　法
不吸合	（1）线圈供电线路断路 （2）线圈导线断路或烧坏 （3）控制回路触点接触不良，不能接通电路 （4）机械可动部分卡住，转轴生锈或歪斜 （5）控制归路接线错误 （6）电源电压过低	（1）更换导线 （2）更换线圈 （3）检查控制回路，消除故障 （4）排除卡住故障，修理受损零件 （5）检查、改正线路 （6）调整电源电压
吸力不足（即不能完全闭合）	（1）电源电压过低或波动较大 （2）控制回路电源容量不足，电压低于线圈额定电压 （3）触点弹簧压力过大或触点超额行程太大 （4）控制回路触点不清洁或严重氧化使触点接触不良	（1）调整电源电压 （2）增加电源容量，提高电压 （3）调整弹簧压力及行程 （4）定期清扫，修理控制触点

九、直流接触器

直流接触器有 CZ5、CZ16、CZ17 和 CZ18 等系列。与交流接触器相比，它具有冲击小、噪声低、寿命长等优点。其结构和工作原理与交流接触器基本相同。

6.1.5　继电器

继电器是一种根据外界输入信号（电流、电压、时间、速度、温度）发生变化时，通过触点接通或分断其控制电路，以实现自动控制或完成保护任务的电器。

继电器种类很多，分类方法也多种多样，按输入信号的性质可分为电压继电器、电流继电器、时间继电器、速度继电器、温度继电器、压力继电器和中间继电器等；按工作原理可分为电磁式继电器、感应式继电器、热继电器及电子式继电器等。

常见的继电器外形如图 6-23 所示。

图 6-23　常见继电器外形图

下面仅对几种常用的继电器作简单介绍。

一、电磁式继电器

电磁式继电器原理结构如图 6-24 所示。

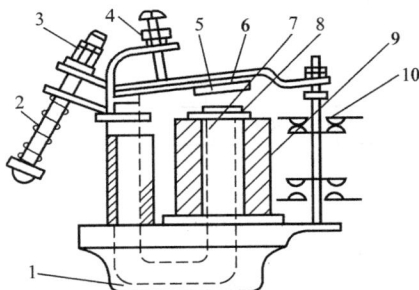

图 6-24　电磁式继电器原理结构

1—底座；2—反力弹簧；3、4—调节螺钉；
5—非磁性垫片；6—衔铁；7—铁芯；8—极靴；
9—电磁线圈；10—触点系统

电磁式继电器基本结构及工作原理与电磁式接触器大致相同，也是由电磁机构、触点系统和弹簧等部分组成。但电磁式继电器只有动合和动断辅助触点而没有主触点，且触点的额定电流一般为 5A，因此，无需灭弧装置。电磁式继电器的触点不能用来接通和分断负荷电路，但用来使控制电路接通和分断，这也是电磁式继电器与接触器作用的区别。电磁式继电器具有工作可靠、结构简单、制造方便、寿命长等一系列优点，故在电气控制系统中应用非常广泛。

常用的电磁式继电器有电流继电器、电压继电器和中间继电器等。

（一）电流继电器

触点的动作与否与线圈的动作电流大小有关的继电器称电流继电器。电流继电器的励磁线圈匝数少，导线截面积较大、阻抗较小。其励磁线圈串接在被测电路中，反映电路中电流变化，起过电流及欠电流保护。

电流继电器可分为过电流继电器和欠电流继电器。

过电流继电器正常工作时，不产生吸合动作，当线路中电流比规定负荷电流值大时，衔铁吸合带动触点动作切断电路，实现过电流保护。例如电力拖动系统中冲击性的故障电流时有发生，因此常采用过电流继电器作电路的过电流保护。

欠电流继电器正常工作时衔铁处于吸合状态，当电路的电流低于规定值时衔铁释放带动触点动作切断电路，实现欠电流保护。例如直流电动机励磁回路电流过小或断线电流为零时，易引起飞车，导致严重后果，因此必须装设欠电流保护，故产品上只有直流欠电流继电器而无交流欠电流继电器。

电流继电器主要根据电流种类和额定电流来选择。在机床电气控制系统中，用得较多的电流继电器有 JL14、JL15、JT3、JT9、JT10 等型号。

电流继电器图形及文字符号如图 6-25 所示。

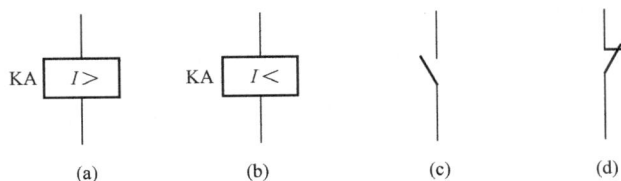

图 6-25　电流继电器图形及文字符号

（a）过电流线圈；（b）欠电流线圈；（c）动合触点；（d）动断触点

（二）电压继电器

电压继电器可分为过电压继电器和欠电压继电器，电压继电器的励磁线圈匝数多，导线截面积较小，阻抗较大。其励磁线圈与被测电路并联，反映电路中电压的变化，可作为电路的过电压和欠电压保护。

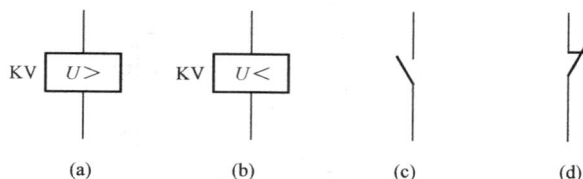

图 6 - 26　电压继电器图形及文字符号
（a）过电压线圈；（b）欠电压线圈；（c）动合触点；（d）动断触点

当线圈的电压超过额定电压，即电压为 1.1～1.15 倍的额定电压以上动作的继电器，称过电压继电器。当线圈的电压低于额定电压，即电压为 0.4～0.7 倍的额定电压时动作的继电器，称欠电压继电器。

电压继电器图形及文字符号如图 6 - 26 所示。

（三）中间继电器

中间继电器的作用是将一个输入信号变换成多个输出信号或将信号放大。它实质上是一种电压继电器，在电路中的接法和结构特征与电压继电器基本相同，但中间继电器触点数量较多，容量较大，起到中间放大（即增大触点数量和容量）的作用。

中间继电器基本结构如图 6 - 27 所示。中间继电器图形及文字符号如图 6 - 28 所示。

中间继电器选用时主要考虑触点的类型和数量，以及励磁线圈的额定电压或额定电流值。JZ7 系列中间继电器基本技术数据见表 6 - 7。

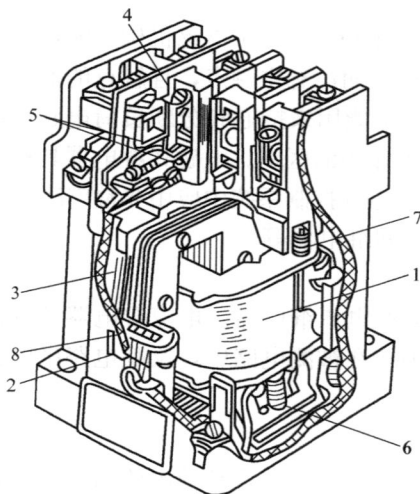

图 6 - 27　中间继电器基本结构
1—铁芯；2—短路环；3—衔铁；
4—动合触点；5—动断触点；6—反作用弹簧；
7—线圈；8—缓冲弹簧

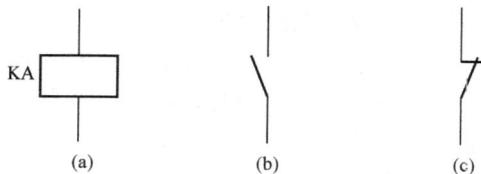

图 6 - 28　中间继电器图形及文字符号
（a）线圈；（b）动合触点；（c）动断触点

表 6 - 7　　　　　　　　　　　　　JZ7 系列中间继电器基本技术数据

型　号	触点额定电压（V）	触点额定电流（A）	触点数量		吸引线圈额定电压（V）	额定操作频率（次/h）
			动合	动断		
JZ7-44			4	4		
JZ7-62	380	5	6	2	12，36，110，127，220，380	1200
JZ7-80			8	0		

二、热继电器

热继电器是利用电流的热效应，来切断电路的一种保护电器，主要用来对电动机或其他负荷进行过载保护及三相电动机的断相保护。

（一）基本结构

热继电器主要由热元件、触点系统、动作机构、复位按钮和整定电流装置等部分组成。

（1）热元件。热元件是热继电器接受过载信号部分，它由双金属片及绕在双金属片外面的绝缘电阻丝组成。双金属片由两种热膨胀系数不同的金属片复合而成，如铁镍铬合金和铁镍合金。电阻丝用康铜或镍铬合金等材料制成，使用时串联在被保护的电路中。热元件一般有两个，属于两相结构热继电器。此外，还有三相结构热继电器。

（2）触点系统。触点系统一般配有一组切换触点，即一个动合触点和一个动断触点。

（3）动作机构、复位按钮和整定电流装置。动作机构由导板、补偿双金属片、推杆、杠杆及拉簧等组成，用来将双金属片的热变形转化为触点的动作。补偿双金属片用来补偿环境温度的影响。

热继电器动作后的复位分为手动复位和自动复位两种。手动复位的功能由复位按钮来完成。整定电流装置由旋钮和偏心轮组成用来调节整定电流的数值。热继电器的整定电流指长期通过而不致引起热继电器动作的电流值，超过此值就要动作。

图 6 - 29 所示为热继电器的基本结构。

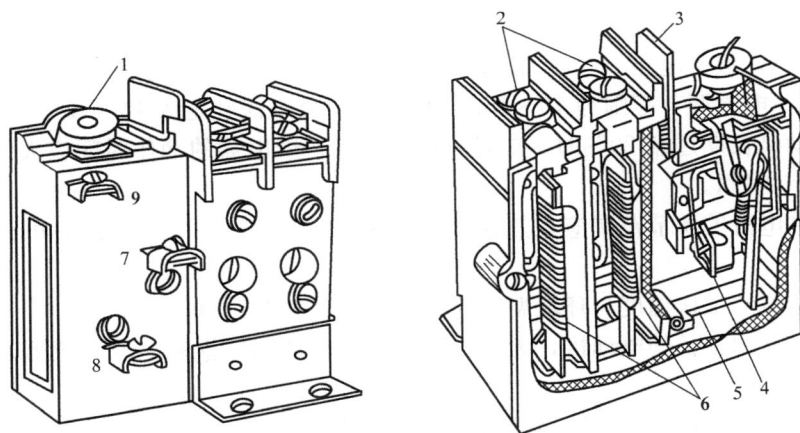

图 6 - 29　JR10 热继电器的基本结构

1—整定电流装置；2—主电路接线柱；3—复位按钮；4—动断触点；5—动作机构；
6—热元件；7—公共触点接线柱；8—动断触点接线柱；9—动合触点接线柱

（二）工作原理

三相热继电器的工作原理如图 6 - 30 所示。当电路过载时，流过热元件 1 的电流增大，使双金属片 2 受热后产生膨胀。由于膨胀系数不同，双金属片向一侧（向上）弯曲，经过一定时间后，弯曲位移增大，因而脱扣。扣板 3 在弹簧 4 的拉力作用下，将串接在电动机控制电路中的动断触点 5 断开，控制电路的断开使接触器线圈断电，从而断开电动机的主电路。通过正常负荷电流时，双金属片不弯曲。按下复位按钮 6 可使热继电器复位。旋动热继电器整定电流装置的旋钮，可调整整定电流值。

（三）图形及文字符号

热继电器图形及文字符号如图 6-31 所示。

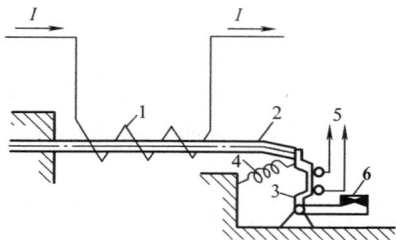

图 6-30　JR16 型三相热继电器的工作原理图
1—热元件；2—双金属片；3—扣板；4—弹簧；
5—动断触点；6—复位按钮

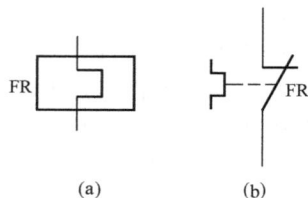

图 6-31　热继电器的图形及文字符号
（a）热元件；（b）动断触点

（四）热继电器的选择和使用

选择热继电器主要根据电动机的额定电流确定热继电器的型号、热元件的电流等级和整定电流。

（1）热继电器的选择：

1）一般情况下，按电动机额定电流来选择热继电器、热元件的型号规格。热元件额定电流应为电动机额定电流的 1.1～1.25 倍。

2）热继电器的整定电流一般取（0.95～1.05）倍电动机额定电流即可。例如电动机额定电流为 14.6A，额定电压 380V，若选用 JR0-40 型热继电器，热元件电流等级为 16A，由技术数据可知，电流调节范围为 10～16A，因此可将其电流整定为 14.6A。

3）当电动机长期过载 20％时，应可靠动作，且热继电器的动作时间应大于电动机长期允许过载及起动时间。

4）热元件电流的调节范围应在热元件额定电流的 60％～100％之间，可根据负荷变化的需要进行调节。

5）热继电器的工作温度与环境温度的温差在 15～25℃之间。

6）对起动时间较长的电动机，为防止误动作，常选用速饱和电流互感器与热继电器配合使用。

7）需要带断相保护时，应选用带动导板的三相热继电器。

8）当电动机起动次数频繁时，热继电器可能误动作，所以在控制重复短时工作制的笼型和绕线转子异步电动机时，不宜用热继电器作过载保护。

9）一般情况下可选用两相结构的热继电器，但有下列情况之一者应选用三相结构的热继电器：①电网电压不平衡；②工作条件恶劣，很少有人看管的电动机；③与大容量电动机并联的小容量电动机（公用同一组熔断器或供电变压器）。

10）有下列情况者不宜用热继电器，如必须使用时也要设法短接，避开起动电流，以免误动作：①操作次数过多，过于频繁；②工作时间短，间歇时间长；③起动时间过长，过载可能性小。

（2）热继电器的使用：

1）安装前检查。铭牌数据，热继电器的整定电流是否符合要求；查热继电器的可动部分，要求动作灵活可靠；清除部件表面污垢。

2）运行中检查：

a. 检查负荷电流是否与热元件的额定电流相配合。

b. 检查热继电器与外部导线的连接点处有无过热现象。

c. 检查与热继电器连接导线的截面积是否满足电流要求，有无因发热影响热元件的正常工作。

d. 检查热继电器的运行环境温度有无变化，是否超过允许范围（—30～+40℃）。

e. 如热继电器动作，应检查动作情况是否正确。

f. 检查热继电器周围环境温度与电动机周围环境温度，如后者环境温度比前者高出15～25℃时，应选用小一号等级的热元件；如低于15～25℃时，应调换大一号等级的热元件。

3）维护使用：

a. 热继电器安装的方向应与规定方向相同一般倾斜度不得超过5°。如与其他电器装在一起时，尽可能将它装在其他电器下面，以免受其他电器发热的影响。

b. 安装接线时，应检查接线是否正确，与热继电器连接的导线截面应满足负荷要求，安装螺钉不得松动，防止因发热而影响热元件正常动作。

c. 不能自行更动热元件的安装位置，以保证动作间隙的正确性。

d. 动作机构应正常可靠，复位按钮应灵活，调整部件不得松动，如有松动应重新进行调整试验并紧固。对于可调整的热电器应检查其刻度是否对准需要的刻度值。

e. 检查热元件是否良好，只能打开盖子从旁边察看，不得将热元件卸下。如必须卸下热元件，装好后应重新通电试验。

f. 检查热继电器热元件的额定电流值或刻度盘上的刻度值是否与电动机的额定电流值相符，如不相符，应更换热元件，并进行调整试验，或转动刻度盘的刻度达到符合要求。

g. 由于热继电器具有很大的热惯性，因此，不能作为线路的短路保护，必须另装熔断器作短路保护。

h. 使用保护性能完善的新系列热继电器，作电动机的过载保护，如 JR16 型热继电器，不仅具有一般热继电器保护特性，还具有当三相电动机发生一相断线或三相电流严重不平衡时，能及时对电动机进行断相保护的功能。

i. 使用中定期用布擦净尘埃和污垢，双金属片要保持原有金属光泽，如有锈迹，可用布蘸汽油轻轻擦除，不得用砂纸磨光。

j. 在使用过程中，每年应进行一次通电校验，当设备发生事故而引起巨大短路电流后，应检查热元件和双金属片有无显著的形，若已产生变形，则应更换部件。

（五）技术数据

JR0-40 系列热继电器有关技术数据见表 6-8。

表 6-8　　　　　　　　**JR0-40 系列热继电器有关技术数据**

型　号	额定电流（A）	热 元 件 等 级	
		额定电流（A）	电流调节范围（A）
JR0-40	40	0.64	0.4～0.64
		1	0.64～1

型　号	额定电流（A）	热元件等级	
		额定电流（A）	电流调节范围（A）
JR0-40	40	1.6	1～1.6
		2.5	1.6～2.5
		4	2.5～4
		6.4	4～6.4
		10	6.4～10
		16	10～16
		25	16～25
		40	25～40

（六）热继电器常见故障（见表 6-9）

表 6-9　　　　　　　热继电器常见故障现象、原因与处理方法

故障现象	故障原因	处　理　方　法
电动机烧坏，热继电器不动作	（1）热继电器的额定电流值与电动机的额定电流不符 （2）整定值偏大 （3）触点接触不良 （4）热元件烧断或脱焊 （5）动作机构卡住 （6）导板脱出	（1）接电动机的容量来选用热继电器（不可按接触器的容量来选用热继电器） （2）合理调整整定值 （3）清除触点表面灰尘或氧化物 （4）更换热元件或热继电器 （5）进行维修调整，但应注意修后不使特性发生变化 （6）重新放入，并试验动作是否灵活
热继电器动作太快	（1）整定值偏小 （2）电动机起动时间过长 （3）连接导线太细 （4）操作频率过高 （5）强烈的冲击振动 （6）可逆运转及密接通断 （7）安装热继电器与电动机处环境温度差太大	（1）合理调整整定值，如相差太大无法调整，则换热继电器电动机起动规格 （2）按起动时间要求，选择具有合适的可返回时间（t_f）的热继电器或在起动过程中将热继电器短接 （3）选用标准导线 （4）调换合适的热继电器 （5）应选用带防冲击振动的热继电器或采取防振措施 （6）改用其他保护方式 （7）按两地温度相差的情况配置适当的热继电器

三、时间继电器

时间继电器是利用电磁原理与机械动作原理实现触点延时闭合或延时断开的自动控制电器。

时间继电器按动作原理可分为机械式和电气式两大类；按延时方式可分为通电延时和断

电延时两种。空气阻尼式时间继电器结构简单、价格低廉，因此得到广泛应用。

　　空气阻尼式时间继电器基本外形结构如图 6 - 32 所示。它主要由电磁系统、延时机构和触点系统三部分组成，是利用空气阻尼原理获得延时的。

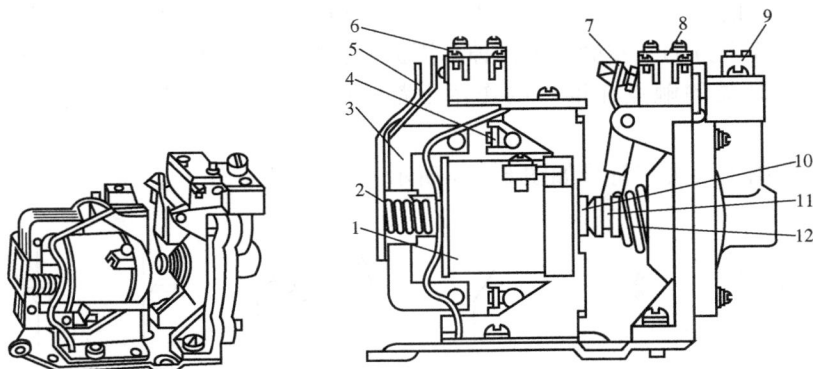

图 6 - 32　空气阻尼式时间继电器外形结构

1—线圈；2—反作用弹簧；3—衔铁；4—铁芯；5—弹簧片；6、8—微动开关；

7—杠杆；9—调节弹簧；10—推杆；11—活塞杆；12—宝塔弹簧

　　图 6 - 33 所示为 JS7-A 型空气阻尼式时间继电器的工作原理图。

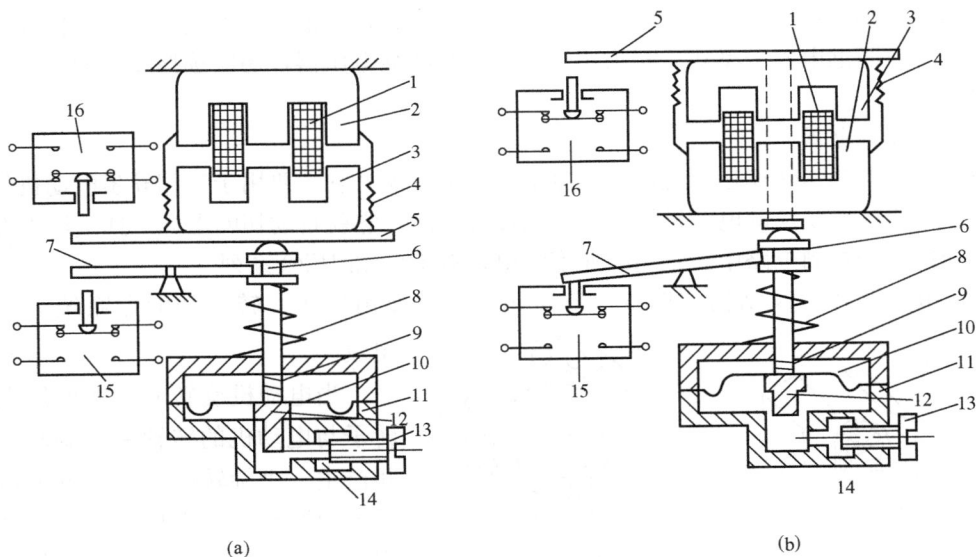

(a)　　　　　　　　　　　　(b)

图 6 - 33　JS7-A 型空气阻尼式时间继电器的工作原理图

(a) 通电延时型；(b) 断电延时型

1—线圈；2—铁芯；3—衔铁；4—反力弹簧；5—推板；6—活塞杆；7—杠杆；8—塔形弹簧；

9—弱弹簧；10—橡皮膜；11—空气室壁；12—活塞；13—调节螺杆；14—进气孔；15、16—微动开关

　　下面介绍通电延时动作的过程。当线圈通电后，衔铁克服反力弹簧的阻力，与固定的铁芯吸合，活塞杆在塔形弹簧的作用下，带动活塞及橡皮膜向上移动。由于橡皮膜下方气室的空气逐渐稀薄，形成负压，所以活塞杆只能慢慢向上移动，其移动速度快慢可通过调解螺杆

改变进气孔的大小决定。经过一定的延时时间后，活塞杆才能移到最上端，这时通过杠杆压动微动开关，使其动断触点断开，动合触点闭合，起到了触点通电延时动作的作用。当线圈断电时，电磁吸力消失，衔铁在反力弹簧的作用下释放，并通过活塞杆将活塞推向下端，这时橡皮膜下方气室的空气，迅速通过由橡皮膜中心孔、弱弹簧和活塞肩部共同形成的单向阀，然后从橡皮膜上方的气室缝隙中排掉。因此，杠杆和微动开关能迅速复位。在线圈通电和断电时，微动开关的触点在推板的作用下都能瞬时动作，因此作为时间继电器的瞬动触点。

时间继电器图形及文字符号如图 6-34 所示。

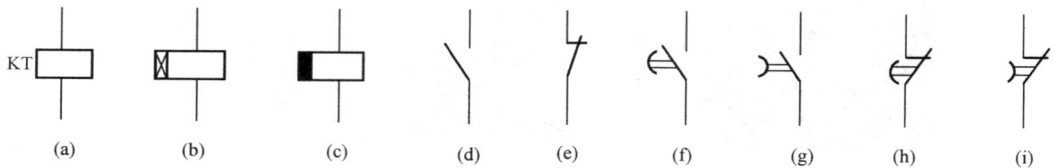

图 6-34　时间继电器图形及文字符号
(a) 线圈一般符号；(b) 通电延时线圈；(c) 断电延时线圈；(d) 瞬时动作动合触点；
(e) 瞬时动作动断触点；(f) 延时闭合瞬时断开动合触点；(g) 瞬时闭合延时断开动合触点；
(h) 延时断开瞬时闭合动断触点；(i) 瞬时断开延时闭合动断触点

时间继电器的选用应根据延时方式、延时准确度、延时范围、触点形式、工作环境等因素确定采用时间继电器的型式。若采用电磁机构时间继电压器，还应选择线圈的额定电压及额定电流。

四、速度继电器

速度继电器是当转速达到规定值时就动作的继电器。它主要用于三相异步电动机的反接制动控制。当反接制动的电动机转速下降到接近零时，它就自动切断电源。速度继电器常用在铣床和镗床的控制电路中。常用的速度继电器有 JY1 和 JFZ0 系列。

速度继电器外形及结构如图 6-35 所示。其主要由定子、转子和触点系统等几部分组成。

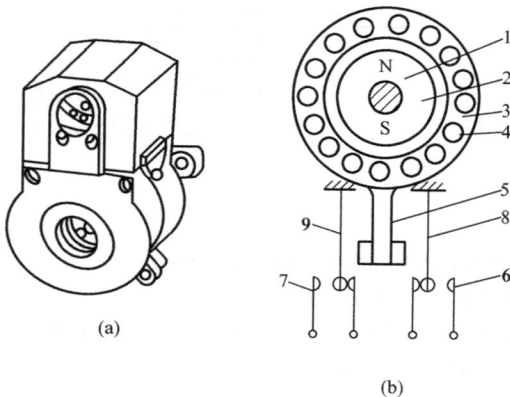

图 6-35　速度继电器外形结构及原理
(a) 速度继电器的外形；(b) 速度继电器的结构
1—转轴；2—永磁转子；3—定子；4—绕组；5—摆锤；
6、7—静触点；8、9—动触点

当电动机旋转时，速度继电器的转子与电动机的转轴一起旋转，在空间产生一个旋转磁场。速度继电器定子内短路导体绕组切割磁力线产生感应电流，该电流与磁场相互作用产生的转矩使定子随着转子转动。当它转到一个不大的角度时，带动和定子装在一起的摆锤推动动触点，使动合触点闭合，动断触点断开。当电动机的速度小于一定值时，速度继电器转子速度也就下降，使定子中的感应电流减小、转矩减小，定子就返回原来位置，使触点复位。

调节速度继电器螺钉的松紧，可以调节其反作用弹簧的反作用力，从而可调节触点动作所需的转子转速。一般速度继电器的动作转速为 120r/min，触点的复位转速为 100r/min 以下，转速在 3000～3600r/min 以下能可靠工作。

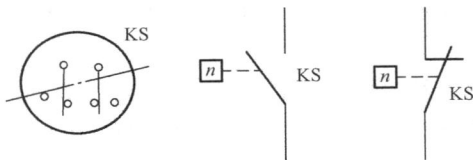

速度继电器图形及文字符号如图 6-36 所示。

图 6-36　速度继电器的图形及文字符号

JY1 型和 JFZ0 型速度继电器技术数据见表 6-10。

表 6-10　JY1 型和 JFZ0 型速度继电器技术数据

型　号	触点容量		触点数量		额定工作转速（r/min）	允许操作频率（次/h）
	额定电压（V）	额定电流（A）	正转时动作	反转时动作		
JY1	380	2	1 组转换触点	1 组转换触点	100～3600	＜30
JFZ0					300～3600	

6.2　电　气　识　图

电气控制系统是由许多电器元件按照一定要求连接而成的。为了表达生产机械电气控制系统的结构、原理等设计意图，同时也为了便于电气系统的安装、调整、使用和维修，需要将电气控制系统中各电器元件及其连接用图形表达出来，这种图就是电气控制系统图。

电气控制系统图一般有三种，即电气原理图、电器元件布置图、电气安装接线图。将在图上用不同的图形符号表示各种电器元件，用不同的文字符号表示电器元件的名称、序号和电气设备或线路的功能、状况和特征，还要标上表示导线的线号与接点编号等。各种图纸有其不同的用途和规定的画法，下面分别加以说明。

6.2.1　图形及文字符号

电气控制系统图中电气原理图应用最多，其采用电器元件展开的形式绘制而成，是利用各种电气符号、图形来表示系统中各电气设备、装置、元器件的连接关系的。电气符号包括文字符号、图形符号等，它们以文字和图形从不同角度为电气控制系统图提供了各种信息。

电力拖动控制系统由拖动机器的电动机和电气控制电路等组成。为了表达电气控制系统的设计意图，便于分析其工作原理、安装、调试和检修控制系统，必须采用统一的图形符号和文字符号来表达。

目前，我国已发布实施了电气图形和文字符号的有关国家标准，例如：

GB 4728—1985《电气图常用图形符号》；

GB/T 5226.1—1996《机床电气设备通用技术条件》；

GB 7159—1987《电气技术中的文字符号制定通则》；

GB 6988—1986《电气制图》；

GB 5094—1985《电气技术中的项目代号》。

电气图示符号有图形符号、文字符号及回路标号等，下面分别进行介绍。

一、图形符号

图形符号通常用于图样或其他文件以表示一个设备或概念的图形、标记或字符。电气控制系统图中的图形符号必须按国家标准绘制。图形符号含有符号要素、一般符号和限定符号。

（1）符号要素。它是指一种具有确定意义的简单图形，必须同其他图形组合才构成一个设备或概念的完整符号。如接触器动合主触头的符号就由接触器触点功能和动合触点符号组合而成。

（2）一般符号。它是指用以表示一类产品和此类产品特征的一种简单的符号，如电动机可用一个圆圈表示。

（3）限定符号。它是指用于提供附加信息的一种加在其他符号上的符号。

运用图形符号绘制电气系统图时应注意：

（1）符号尺寸大小、线条粗细依国家标准可放大与缩小，但在同一张图样中，同一符号的尺寸应保持一致，各符号间及符号本身比例应保持不变。

（2）标准中示出的符号方位，在不改变符号含义的前提下，可根据图面布置的需要旋转或成镜像位置，但文字和指示方向不得倒置。

（3）大多数符号都可以加上补充说明标记。

（4）有些具体器件的符号由设计者根据国家标准的符号要素、一般符号和限定符号组合而成。

（5）国家标准未规定的图形符号，可根据实际需要，按突出特征、结构简单、便于识别的原则进行设计，但需要报国家标准局备案。当采用其他来源的符号或代号时，必须在图解和文件上说明其含义。

二、文字符号

文字符号分为基本文字符号和辅助文字符号。文字符号适用于电气技术领域中技术文件的编制，也可表示在电气设备、装置和元件上或其近旁以标明它们的名称、功能、状态和特征。

（一）基本文字符号

基本文字符号有单字母与双字母两种。单字母符号按拉丁字母顺序将各元件电气设备、装置和元器件划分成为 23 大类，每一大类用一个专用单字母符号表示，如"C"表示电容器类，"R"表示电阻器类等。双字母符号由一个表示种类的单字母符号与另一个字母组成，且以单字母符号在前，另一字母在后的次序列出，如"F"表示保护器类，"FU"则表示为熔断器，"FR"表示具有延时动作的限流保护器等。

（二）辅助文字符号

辅助文字符号是用以表示电气设备、装置和元器件及电路的功能、状态和特征的，如"RD"表示红色，"SYN"表示限制等。辅助文字符号也可以放在表示种类的单字母后边组成双字母符号，如"SQ"表示压力传感器，"YB"表示电磁制动器等。为简化文字符号起见，若辅助文字符号由两个以上字母组成时，允许只采用其第一位字母进行组合，如"MS"表示同步电动机。辅助文字符号还可以单独使用，如"ON"表示接通，"PE"表示接地，"N"表示中间线等。

（三）补充文字符号的原则

当规定的基本文字符号和辅助文字符号如不敷使用，可按国家标准中文字符号组成规律和下述原则予以补充：

（1）在不违背国家标准文字符号编制的条件下，可采用国际标准中规定的电气技术文字符号。

（2）在优先采用基本和辅助文字符号的前提下，可补充未列出的双字母文字符号和辅助文字符号。

（3）文字符号应按电气名词术语国家标准或专业技术标准中规定的英文术语缩写而成。基本文字符号不得超过两位字母，辅助文字符号一般不超过三位字母。

（4）文字符号采用拉丁字母大写正体字。

（5）因英文字母中大写正体字"I"和"O"易同阿拉伯数字"1"和"0"混淆，因此不允许单独作为文字符号使用。

三、电路各接点标记

（1）三相交流电源引入线采用 L1、L2、L3 标记。

（2）电源开关之后的三相交流电源主电路分别按 U、V、W 顺序标记。

（3）分级三相交流电源主电路采用三相文字代号 U、V、W 的前边加上阿拉伯数字 1、2、3 等来标记，如 1U、1V、1W；2U、2V、2W 等。

（4）各电动机分支电路各接点标记采用三相文字代号后面加数字来表示，数字中的个位数表示电动机代号，十位数字表示该支路各接点的代号，U21 为第一相的第二个接点代号，以此类推。

（5）电动机绕组首端分别用 U、V、W 标记，尾端分别用 U、V、W 标记，双绕组的中点则用 U、V、W 标记。

（6）控制电路采用阿拉伯数字编号，一般由三位或三位以下的数字组成。标注方法按"等"原则进行，在垂直绘制的电路中，标号顺序一般由上而下编号，凡是被线圈、绕组、触点或电阻、电容等元件所间隔的线段，都应标以不同的电路标号。

6.2.2　绘图原则

一、电气原理图

电气原理图采用电器元件展开的形式绘制而成，根据电路工作原理绘制的。在绘制原理图时，一般应遵循下列规则：

（1）将电路图按功能划分成若干个图区，通常是一条回路或一条支路划为一个图区，并从左向右依次用阿拉伯数字编号，标注在图形下部的图区栏中，如图 6-37 所示。

电路图中每个电路在机床电气操作中的用途，必须用文字标明在电路图上部的用途栏内，如图 6-37 所示。

（2）电气控制电路原理图按所规定的图形符号、文字符号和回路标号进行绘制。

（3）动力电路的电源电路一般绘成水平线；受电的动力装置电动机主电路用垂直线绘制在图面的左侧，控制电路用垂直线绘制在图面的右侧，主电路与控制电路一般应分开绘制。各电路元件采用平行展开画法，但同一电器的各元件采用同一文字符号标明。

（4）所有电路元件的图形符号，均按电器未接通电源和没有受外力作用时的状态绘制。促使触点动作的外力方向必须是：当图形垂直放置时为从左向右，即在垂线左侧的触点为动

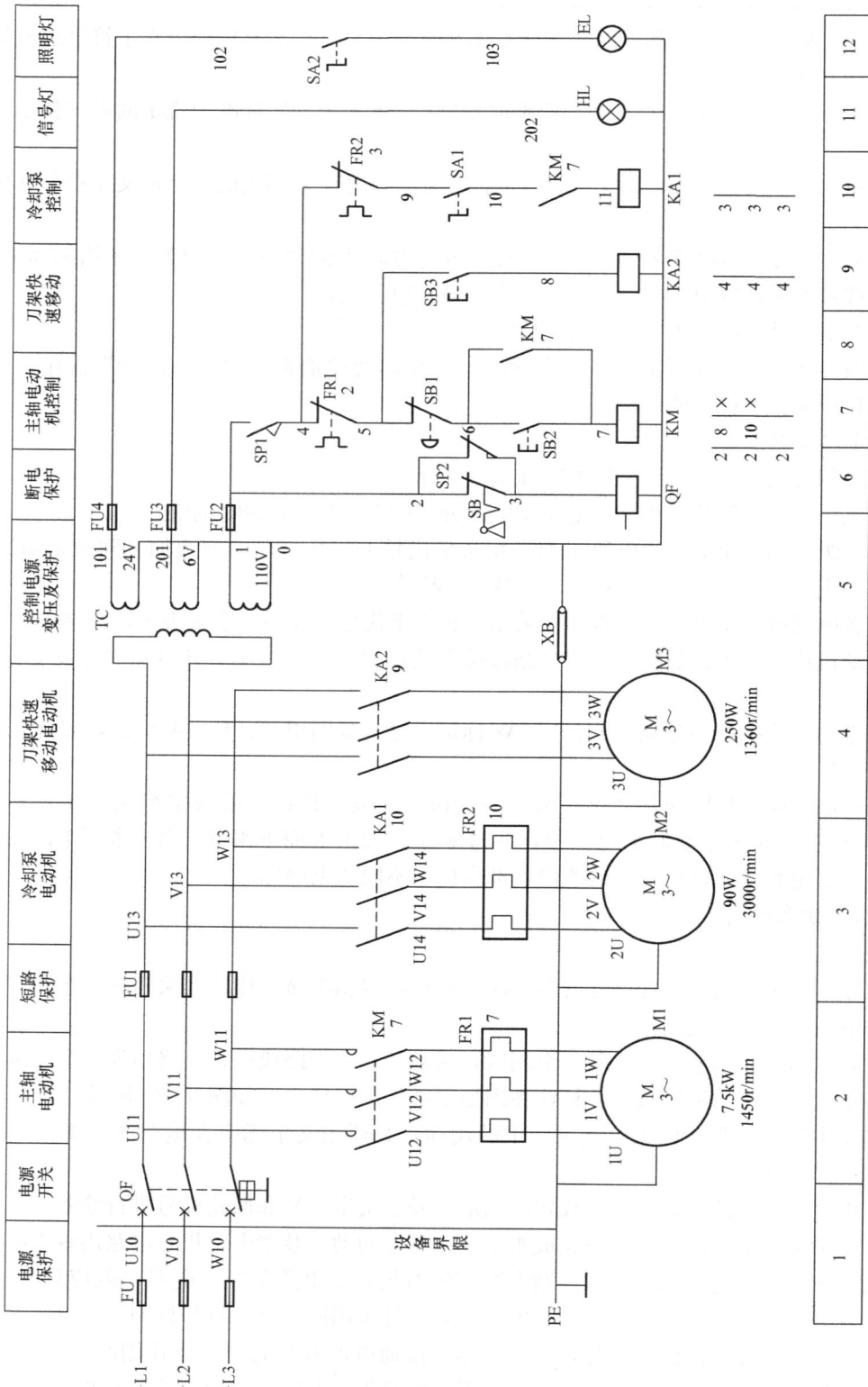

图 6-37　CA6140 型车床电气原理图

合触点，在垂线右侧的触点为动断触点；当图形水平放置时为从上向下，即在水平线下方的触点为动合的触点，在上方的触点为动断触点。

（5）具有循环运动的机械设备，应在电气控制电路原理图上绘出工作循环图。

（6）转换开关、行程开关等应绘出动作程序及动作位置示意图表。

（7）由若干元件组成的具有特定功能的环节，可用虚线框括起来，并标注出环节的主要作用，如速度调节器、电流继电器等。

（8）在电路中每个接触器线圈的文字符号 KM 的下面画两条竖直线，分成左、中、右三栏，把受其控制而动作的触点（头）所处的图区号按表 6 - 11 的规定填入相应栏内。对备而未用的触点，在相应的栏中用记号"×"标出或不标出任何符号。接触器线圈符号下的数字标记见表 6 - 11。

表 6 - 11   接触器线圈符号下的数字标记

栏　目	左　栏	中　栏	右　栏
触点（头）类型	主触头所处的图区号	辅助动合触点所处的图区号	辅助动断触点所处的图区号
举例： KM 2 ∣ 8 ∣ × 2 ∣ 10 ∣ × 2 ∣	表示 3 对主触头均在图区 2	表示一对辅助动合触点在图区 8，另一对动合触点在图区 10	表示 2 对辅助动断触点未用

（9）在电路图中每个继电器线圈符号下面画一条竖直线，分成左、右两栏，把受其控制而动作的触点所处的图区号，按表 6 - 12 的规定填入相应栏内。同样，对备而未用的触点在相应的栏中用记号"×"标出或不标出任何符号。接触器线圈符号下的数字标记见表 6 - 12。

表 6 - 12   继电器线圈符号下的数字标记

栏　目	左　栏	右　栏
触点类型	动合触点所处的图区号	动断触点所处的图区号
举例： KA 4 ∣ 4 ∣ 4 ∣	表示 3 对动合触点均在图区 5，另一对动合触点在图区 10	表示动断触点未用

（10）电路图中触点文字符号下面的数字表示该电路线圈所处的图区号。如图 6 - 37 所示在图区 4 标有 KA2，表示中间集电区 KA2 的线圈在图区 9。

二、电器元件布置图

电器元件布置图主要是用来表明电区设备上所有电机、电器的实际位置，为生产机械电气控制设备的制造、安装、维修提供必要的资料。以机床电器元件布置图为例，它主要由机床电气设备布置图、控制柜及控制板电气设备布置图、操纵台及悬挂操纵箱电气设备布置图等组成。电器元件布置图可按电气控制系统的复杂程度集中绘制或单独绘制，但有能见到的及需表示清楚的电气设备，均用粗实线绘制出简单的外形轮廓。图 6 - 38 所示为 CA6140 型卧式车床电器元件布置图。

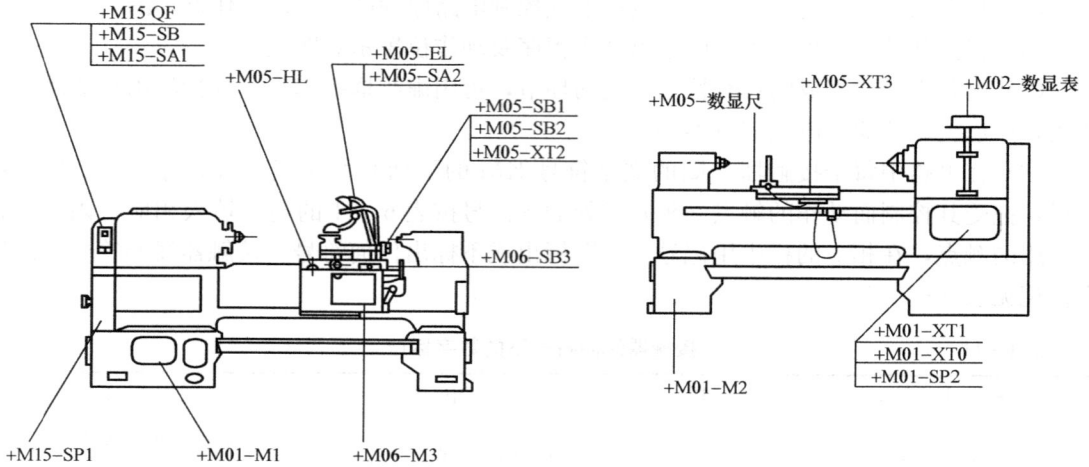

图 6 - 38　CA6140 型卧式车床电器元件布置图

三、电气安装接线图

电气安装接线图，是用于安装电气设备和电器元件进配线或检修电气故障服务中的。其中可显示出电气设备中各元件的空间位置和接线情况，可在安装或检修时对照原理图使用。它是根据电器位置布置、合理经济等原则安排的。图 6 - 39 是根据图 6 - 37 电气原理图绘制的接线图，它表示机床电气设备各个元件之间的接线关系，并标注出外部接线所需的数据，根据机床设备的接线图就可以进行机床电气设备的总装接线。对某些较为复杂的电气设备，

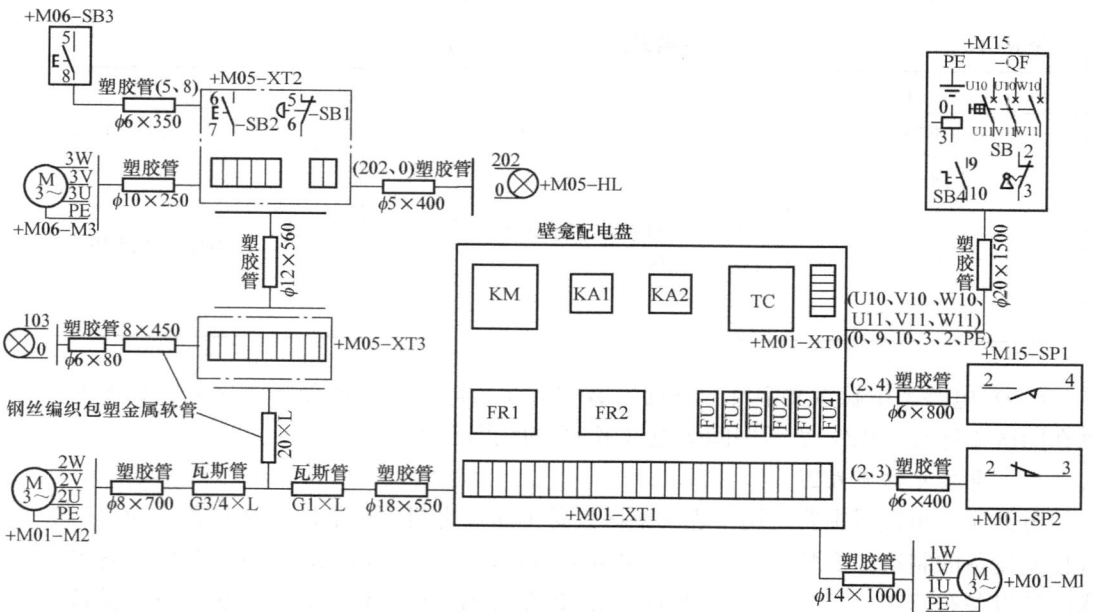

图 6 - 39　CA6140 型卧式车床电气安装接线图

仅画出接线图就可以了。实际工作中，接线图常与电气原理图结合起来使用。CA6140 型车床的电气安装接线图如图 6-39 所示。

图 6-39 表明了该电气设备中电源进线、按钮板、照明灯、行程开关、电动机与机床安装板接线端之间的连接关系，标注了所采用的包塑金属软骨的直径和长度，也有标注连接导线的根树、截面积及颜色等。

6.3　低压电器基本控制线路

6.3.1　三相异步电动机全压起动控制电路

将三相交流额定电压直接加在电动机的定子绕组上，使电动机起动旋转即全压起动。全压起动简便、可靠、经济、起动转矩较大，但起动电流很大，一般可达到电动机额定电流的 4～7 倍，特别是有大容量电动机或多台电动机需要同时起动时，过大的起动电流会造成电网电压下降，直接影响在同一电网中其他电器设备的正常工作。因此，采取直接起动方式要结合电网电源容量和电动机容量综合考虑，可用下面经验公式来确定，即

$$\frac{I_{st}}{I_N} \leqslant \frac{3}{4} + \frac{S}{4P}$$

式中　I_{st}——电动机全压起动电流，A；

　　　I_N——电动机额定电流，A；

　　　S——电源变压器容量，kVA；

　　　P——电动机额定功率，kW。

一般容量小于 10kW 的电动机常用直接起动。

一、单向连动控制电路

图 6-40 所示为接触器控制单向连动控制电路。其工作过程如下：

（1）先闭合电源开关 QS。

（2）起动控制。按下起动按钮 SB2，接触器 KM 线圈得电吸合，其中三个动合主触头闭合，与起动按钮并联的接触器动合触点也闭合，从而使主电路电动机接通电源旋转；当松开 SB2 时，线圈 KM 通过其自身动合辅助触点继续保持通电，电动机得以连续运转。这种依靠接触器自身辅助触点保持线圈通电吸合的电路，称为"自锁"或"自保"电路，其辅助动合触点称为自锁触点。

（3）停止控制。按下停止按钮 SB1，接触器 KM 线圈断电释放，动合主触头与辅助触点（自锁触点）均断开，电动机停止运转。

单向连动控制电路的保护环节如下：

（1）短路保护。熔断器 FU1、FU2 分别在主电路和控制电路起短路及严重过载保护作用，短路时，若不迅速切断电源，会产

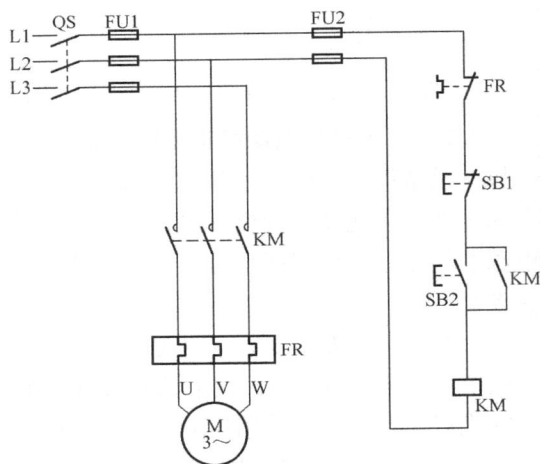

图 6-40　接触器控制单向连动控制电路

生很大的短路电流和电动力，使电气设备损坏，故一定要装设熔断器短路保护，一般熔断器安装在靠近电源端电源开关后面。

（2）过载保护。由热继电器 FR 实现电动机的长期过载保护，当电动机长时间过载时，串接在定子电路中的热继电器双金属片因过热变形，导致其串接在控制电路中的动断触点打开，切断接触器 KM 线圈电路，电动机停止运转，实现过载保护。否则电动机长期超载运行，其绕组温升将超过允许值，造成绝缘材料变脆，寿命减少，甚至使电动机损坏。

（3）欠压失压保护。接触器 KM 在电路中具有失压、欠压保护。当电源电压出现严重欠压或失压时，接触器 KM 线圈电磁吸力急剧下降或消失，导致衔铁释放，接触器动合主触头与自锁触点均断开，电动机停止运转，而当电源电压恢复正常时，电动机也不会自行起动运转，防止了事故的发生。这种为了防止电网失电后恢复供电时电动机自行起动的保护叫做零压或失压保护。当电动机正常运转时，如果电源电压过低，将引起一些电器释放，可能产生事故。对于电动机，会造成绕组电流增大，电动机发热甚至烧毁，还会引起转速下降甚至停转。因此，在电源电压降到允许值以下时，需要采用保护措施将电源切断，这就是欠电压保护。

二、点动和连续运转混合控制电路

如图 6-41 所示为点动和连续运转混合控制电路。其工作过程如下：

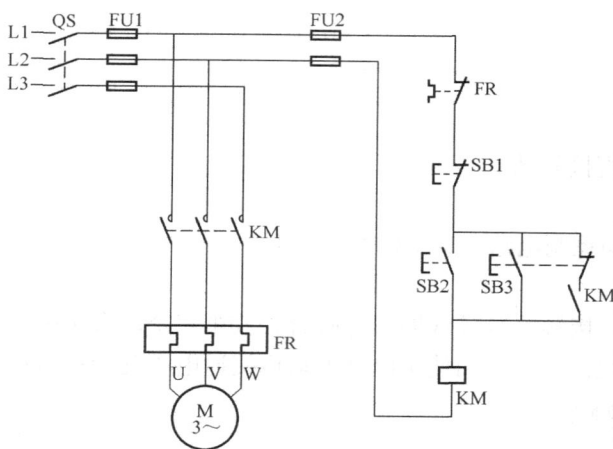

图 6-41　点动和连续运转混合控制电路

（1）先闭合电源开关 QS。

（2）连动控制。按下起动按钮 SB2，接触器 KM 线圈通电吸合并自锁，电动机 M 起动并连续运转。松开 SB2，电动机通过自锁回路仍连续运转。

（3）停止控制。按下停止按钮 SB1，接触器 KM 线圈断电释放，动合主触头与辅助触点（自锁触点）均断开，电动机停止运转。

（4）点动控制。按下起动按钮 SB3，它的动断触点断开接触器 KM 的自锁回路，可实现电动机点动控制。

6.3.2　三相异步电动机正反转控制电路

机械设备经常需要运动部件可以实现正、反两个方向运动，例如主轴的正反转和起重机的升降等就要求拖动电动机可以正、反向旋转。由电工学知识可知，改变三相异步电动机三相电源的相序，使任意两相接线对调，就能改变电动机的旋转方向。下面介绍几种常见的正反转控制电路。

一、按钮、接触器复合（双重）互锁的正反转控制电路

图 6-42 所示为按钮、接触器复合（双重）互锁正反转控制电路。这种电路将上述两种电路的优点结合起来，采用接触器的动断触点进行连锁，不论什么原因，当一个接触器处于吸合状态，它的连锁动断触点必将另一接触器的线圈电路切断，从而避免发生熔焊时引起的短路故障，不需按停止按钮就可直接换向，具有电气、机械双重互锁功能，是常用的、较可

靠的电动机正反转控制电路。

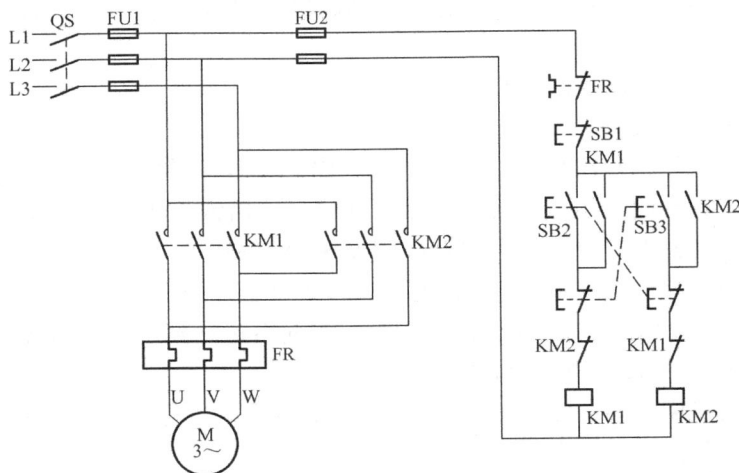

图 6-42 按钮、接触器复合互锁的正反转控制电路

二、行程开关控制的正反转控制电路

按钮控制电动机正反转是手动控制,利用机械设备运动部件在工作中压动行程开关实现电动机正反转控制就是自动控制,生产机械设备自动往复循环运动,就是利用这样的电路实现的。

图 6-43 所示为行程开关控制的正反转自动控制电路。

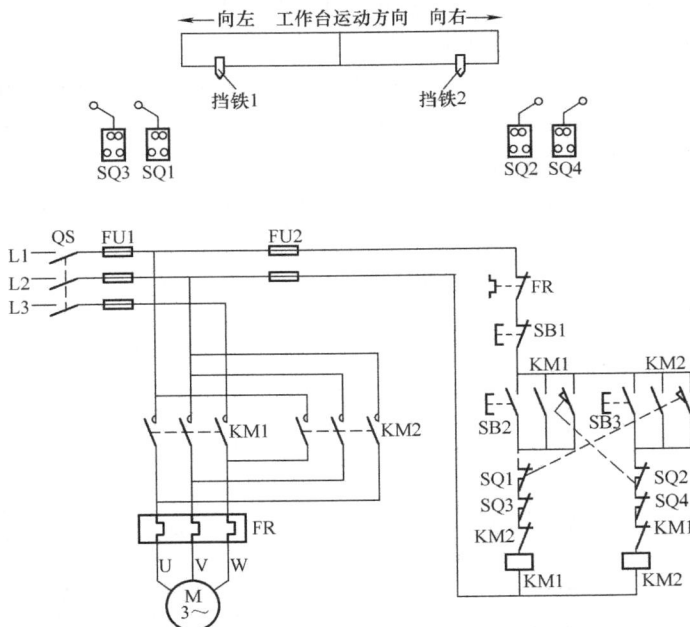

图 6-43 行程开关控制的正反转控制电路

由图 6-43 所示,电动机的正反转可通过 SB1、SB2、SB3 手动控制,也可用行程开关 SQ1、SQ2、SQ3、SQ4 实现自动控制。行程开关 SQ1、SQ2、SQ3、SQ4 分别固定安装在

床身上，SQ1、SQ2反映加工起点、终点位置；SQ3、SQ4限制工作台往复运动的极限位置，防止行程开关SQ1、SQ2失灵，工作台运动超出行程而造成事故。挡铁1、2安装在工作台移动部件上。

行程开关控制的正反转控制电路工作过程如下：

（1）先合上电源开关QS。

（2）正转（向左移动）控制。按下正向起动按钮SB2，接触器KM1通电自锁，电动机正向旋转，拖动工作台向左移动；当运动加工到位时，挡铁1压下行程开关SQ1，使SQ1动断触点断开，接触器KM1线圈断电释放，电动机M停转。

（3）反转（向右移动）控制。与此同时，SQ1动合触点闭合，又使接触器KM2线圈通电吸合，电动机M反转，拖动工作台向右运动，当向右运动到位时，挡铁2压下行程开关SQ2，使接触器KM2线圈断电释放，电动机M断电。

用行程开关按机床运动部件的位置或机件的位置变化来进行的控制，称行程控制，是机械设备应用较广泛的控制方式之一。

6.3.3　三相异步电动机降压起动控制电路

降压起动是指在起动时，通过某种方法降低加在电动机定子绕组上的电压，从而减小起动电流，待电动机起动过程结束（转子转速接近额定转速）后，再将电压恢复到额定值。大容量笼型异步电动机的起动电流很大，会引起电网电压降低，甚至影响同一供电电网中其他设备的正常工作，所以不能进行直接起动，应采用降压起动；但同时起动转矩也将降低，因此降压起动适用于空载或轻载下起动。三相笼型异步电动机减压起动的常用方法有：定子电路串电阻或电抗器降压起动、Y-△降压起动、自耦变压器（补偿器）降压起动等。

一、定子电路串电阻降压起动控制电路

图6-44所示为电动机定子电路串入电阻减压起动控制电路。电动机串电阻降压起动是电动机起动时，在三相定子绕组中串接电阻分压，使定子绕组上的电压降低，起动后再将电阻短接，电动机就可在全压下运行。

图6-44中KM1为串电阻降压起动接线接触器，KM2为短接电阻全压运行接线接触

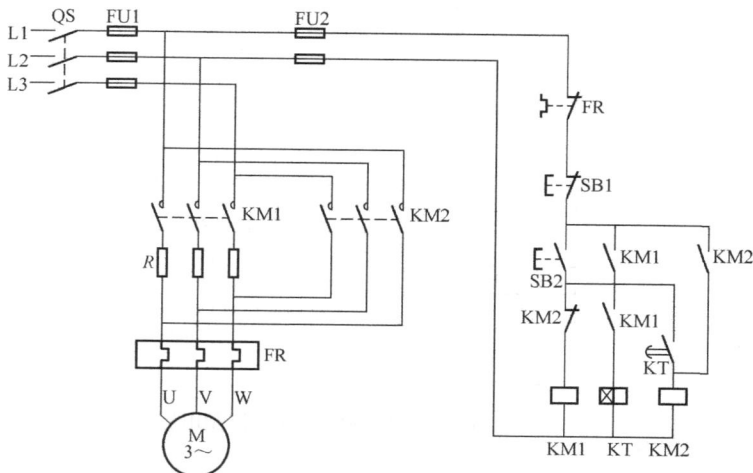

图6-44　电动机定子串电阻减压起动控制电路

器，KT 为时间继电器，控制电路按时间原则实现从起动状态到正常状态的自动切换。

电动机定子电路串电阻降压起动控制电路的工作过程如下：

（1）先合上电源开关 QS。

（2）降压起动。按下起动按钮 SB2，接触器 KM1 线圈通电，KM1 主触头闭合，KM1 自锁触点闭合，电动机串联电阻降压起动，同时 KM1 辅助动合触点闭合，时间继电器 KT 线圈通电。

（3）全压运行。经过一定时间，电动机的转速上升到接近额定转速时，KT 的延时闭合触点闭合，KM2 线圈得电，KM2 互锁触点断开，使 KM1 线圈断电，其触点复位，时间继电器 KT 的线圈也断电，触点复位，同时 KM2 主触头闭合，自锁触点闭合，将电阻短接，电动机全压运行。

（4）停止。按下 SB1，KM2 线圈断电，各触点复位，电动机断电停止运行。

定子电路串电阻降压起动方法不受接线方式的限制，设备简单，操作方便，但串接电阻电能损耗较大，只适用于中小型设备控制，在机床点动调整时可用来限制起动电流。

二、Y-△降压起动控制电路

Y-△降压起动是指电动机起动时，将定子绕组接成 Y 形连接降压起动，当转速上升至接近额定转速时再将其换接成△形连接全压运行。Y-△降压起动只适用于正常工作时定子绕组作三角形连接的电动机。

图 6-45 所示为时间继电器自动切换 Y-△降压起动控制电路。起动时电动机定子绕组按 Y 形连接降压起动，经时间继电器 KT 延时后（电动机转速已接近额定转速），自动转换到△形连接全压运行。

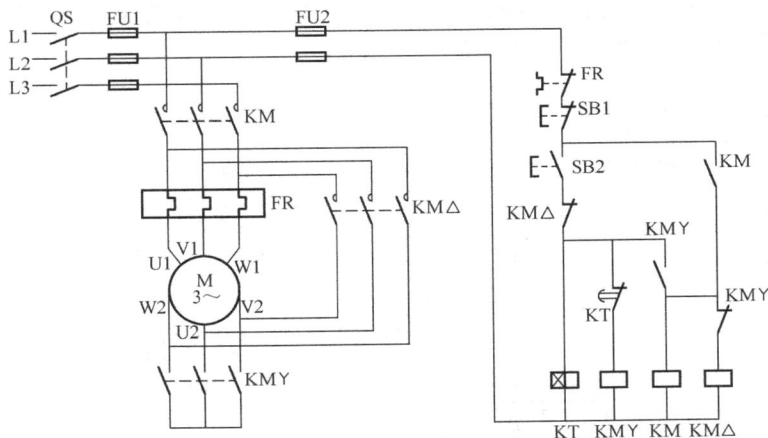

图 6-45　时间继电器自动切换 Y-△降压起动电路

Y-△降压起动的工作原理如下：

（1）先合上开关 QS。

（2）降压起动。按下按钮 SB2，接触器 KMY 和时间继电器 KT 的线圈通电，KMY 动合主触头、动合辅助触点闭合，使接触器 KM 线圈通电并自锁，KM 主触头闭合，电动机 M 按 Y 形连接起动。同时接触器 KMY 动断辅助触点断开，使接触器 KM△线圈不能通电，实现电气互锁。

（3）全压运行。经时间继电器 KT 延时一定时间后，KT 动断触点延时断开，使 KMY 线圈断电，动合主触头断开，动断互锁触点闭合，使接触器 KM△ 线圈通电并自锁，KM△ 动合主触头闭合，电动机恢复△形连接全压运行。KM△ 的动断互锁触点断开，使时间继电器 KT 线圈断电。KT 触点复位，为下次起动备用。

Y-△降压起动的优点在于 Y 形起动电流只是原来△形接法的 1/3，起动电流特性好、结构简单、价格低、使用较为普通；缺点是起动转矩只有△形接法的 1/3，转矩特性差，故只适用于电网电压 380V，空载或轻载起动的额定电压 660/380V，Y/△接法的电动机。

6.3.4　三相异步电动机电气制动控制电路

许多由电动机驱动的机械设备需要能迅速停车和准确定位，如万能铣床、起重机等。但由于惯性作用，电动机从断电到完全停转，总是要运转一段时间才能停止转动，这就要求对电动机进行制动，强迫其立即停转。

三相异步电动机的制动方法一般有机械制动和电气制动两种。机械制动采用机械抱闸式或液压装置制动，而电气制动实质上是使电动机产生一个与原来转子的转动方向相反的制动转矩来进行制动的。常用的电气制动方法有反接制动和能耗制动。

一、反接制动控制电路

反接制动实质是改变三相异步电动机定子绕组中三相电源相序，产生一个与转子惯性转动方向相反的反向制动转矩，在制动转矩作用下，使电动机的转速很快降到零。但电动机转速降为零时，应立即切断电源，否则电动机将反转。在控制电路中常用速度继电器来实现其控制功能。

图 6-46 所示为单向起动反接制动控制电路。图中，KM1 为控制电动机正常运行接触器；KM2 为控制电动机反接制动接触器；KS 为速度继电器；R 为主电路反接制动电阻，目的是限制反接制动电流，以减小冲击电流。

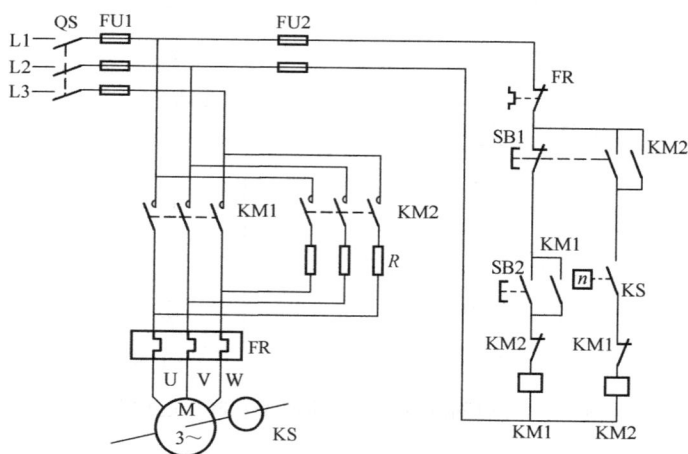

图 6-46　单向起动反接制动控制电路

单向起动反接制动控制电路的工作原理如下：

（1）先合上电源开关 QS。

（2）起动控制。按下起动按钮 SB2，接触器 KM1 线圈通电吸合并自锁，KM1 主触头闭合，电动机起动运转。当电动机转速升高到一定值（高于 120r/min）时，速度继电器 KS 的动合触点闭合，为反接制动接触器 KM2 接通做准备。

（3）制动控制。按下停止按钮 SB1，其动断触点断开，动合触点闭合，接触器 KM1 线圈断电释放，KM1 动断互锁触点闭合，接触器 KM2 线圈通电吸合并自锁，KM2 主触头闭合，串入电阻 R 进行反接制动，使电动机转速迅速降低。当电动机转速低于 100r/min 时，速度继电器的动合触点 KS 断开，接触器 KM2 线圈断电释放，电动机断电，制动结束。

反接制动时，由于反向旋转磁场与转子转速的相对速度很大，定子电流也很大，因此制动迅速，但制动时冲击大，对传动部件有害，能量消耗也较大，通常仅适用于不经常起动和制动的 10kW 以下的小容量电动机。

二、能耗制动控制电路

三相异步电动机的能耗制动是电动机在切断三相电源的同时，在定子绕组中通入直流电流，产生阻止转子旋转的制动转矩，从而使电动机迅速制动停转。

根据直流电源的整流方式，能耗制动分为半波整流能耗制动和全波整流能耗制动。

图 6-47 所示为以时间继电器为原则的能耗制动控制电路。图中整流装置由整流变压器和整流组件组成，KM1 为正常运行接触器，KM2 为制动接触器，KT 为时间继电器，VC 为桥式全波整流电路。

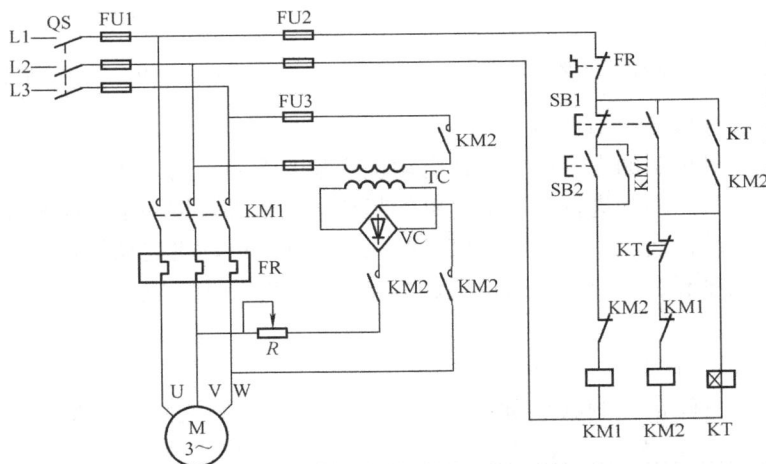

图 6-47　能耗制动控制电路

该电路的工作原理如下：

（1）先合上电源开关 QS。

（2）起动控制。按下起动按钮 SB2，接触器 KM1 通电并自锁，电动机 M 起动运转。

（3）能耗制动。按下停止按钮 SB1，KM1 线圈断电，电动机 M 惯性旋转。同时接触器 KM2 和时间继电器 KT 的线圈通电吸合，KM2 主触头闭合，KT 瞬动动合触点、KM2 辅助动合触点闭合保持自锁，电动机定子绕组通入全波整流直流电进行能耗制动，经一定延时转速为零，能耗制动结束，KT 动断延时断开触点断开，KM2 线圈断电释放，KM2 主触头断开全波整流脉动直流电源，时间继电器 KT 的线圈断电，触点复位。

能耗制动的优点是制动准确、平稳、能量消耗小；缺点是需要一套整流设备，故适用于要求制动平稳、准确和起动频繁的容量较大的电动机。

6.3.5　其他典型电路

一、电动机的多地点控制电路

在大型机床设备中，为了操作方便常要求能在多个地点进行控制。如图 6 - 48 所示，将起动按钮并联，停止按钮串联，分别装在两个地方，就可实现两地操作。

在大型机床设备中，为了操作安全，要求几个操作者都发出主令信号，如同时按下起动按钮，设备才能工作。如图 6 - 49 所示，把起动按钮串联，就可实现多点控制。

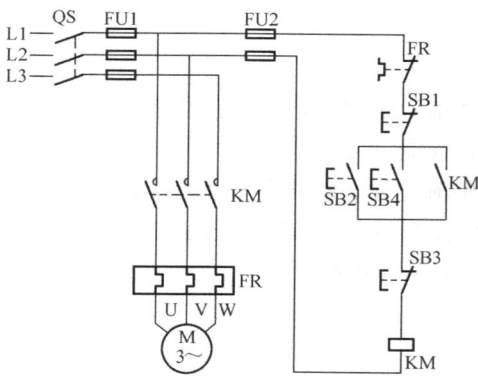

图 6 - 48　两地控制电路

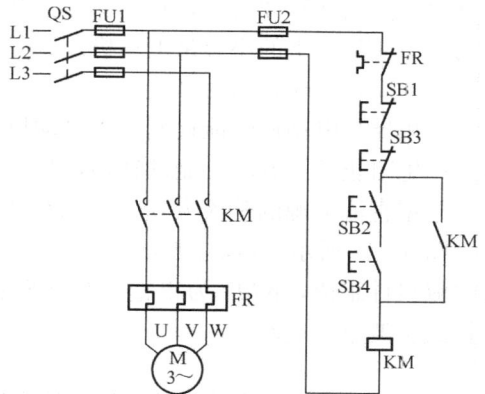

图 6 - 49　多点控制电路

二、多台电动机顺序控制电路

具有多台电动机拖动的生产机械，各电动机所起的作用不同，在操作时为了保证设备的安全运行和工艺过程的顺利进行，对电动机的起动、停止必须按一定顺序来控制，如液压泵电动机要先于主电动机起动，主轴电动机又要先于切削液电动机起动等，这就称为多台电动机的顺序控制。顺序起、停控制线路包括顺序起动、同时停止，顺序起动、顺序停止，顺序起动、逆序停止等。

（一）顺序起动、同时停止控制线路

顺序起动、同时停止控制线路如图 6 - 50 所示。接触器 KM1、KM2 分别控制电动机 M1、M2。由于 KM2 线圈接在 KM1 自锁触点后面，只有 KM1 得电，即 M1 起动之后，M2 才可能起动。而按下停止按钮 SB1，KM1、KM2 均断电，M1、M2 同时停止。

（二）顺序起动、顺序停止控制线路

顺序起动、顺序停止控制线路如图 6 - 51 所示。接触器 KM1、KM2 分别控制电动机 M1、M2、KM3 的一个辅助动合触点与 M2 的起动按钮 SB1 串联，另一个辅助动合触点与 M2 的停止按钮 SB2 并联。因此，只有在 KM1 的电吸合后，M2 才可能起动，即 M1 先起动，M2 后起动；而停止时，只有 KM1 先断电，KM2 才能断电，即先停 M1，再停 M2。

（三）顺序起动、逆序停止控制线路

顺序起动、逆序停止控制线路如图 6 - 52 所示。从图

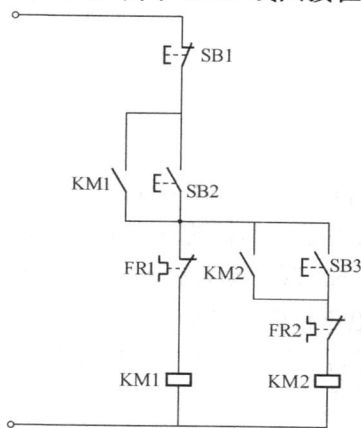

图 6 - 50　顺序起动、同时停止
控制线路

可见，KM1 的一个动合触点串联在 KM2 的一个动合触点并联在 KM1 的停止按钮 SB1 上。因此起动时，必须 KM1 先得电，KM2 才能得电；停止时，必须 KM2 先断电，KM1 才能断电。KM1、KM2 分别控制电动机 M1、M2，故起动顺序为先 M1 后 M2，停车顺序为先 M2 后 M1。

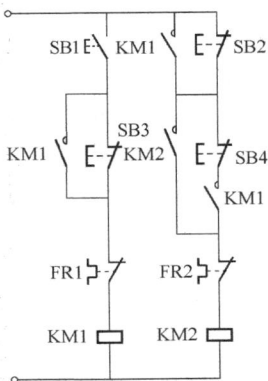

图 6-51　顺序起动、顺序停止控制线路　　　　图 6-52　顺序起动、逆序停止控制线路

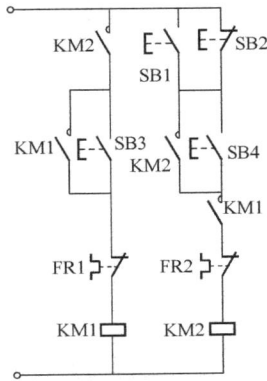

不难发现，设计顺序起、停控制线路有规律可循：将控制电动机先起动的接触器的动合触点串联在控制后起动电动机的接触器线圈电路中，用若干个停止按钮控制电动机的停止顺序，或者将先停的接触器的动合触点与后停的停止按钮并联即可。

6.4　技　能　训　练

6.4.1　三相交流异步电动机正转控制

一、训练内容

（1）熟悉控制电路中各电器元件结构、型号规格、工作原理、使用方法及其在电路中所起的作用。

（2）熟悉三相异步电动机正转控制电路的工作原理。

（3）掌握三相异步电动机正转控制电路安装接线的步骤、方法、调试及排除故障的方法。

二、器材准备

代　号	名　　称	数　量	备　注
QS	刀开关	1	
FU1	螺旋式熔断器	3	装熔芯 3A
FU2	直插式熔断器	1	装熔芯 2A
KM	交流接触器	1	线圈 AC220V
FR	热继电器	1	
T	控制变压器	1	
SB1	按钮开关	1	绿色
SB2	按钮开关	1	红色
M	三相笼型异步电动机	1	380V/△

三、训练要求

（一）电气原理图（图6-53）

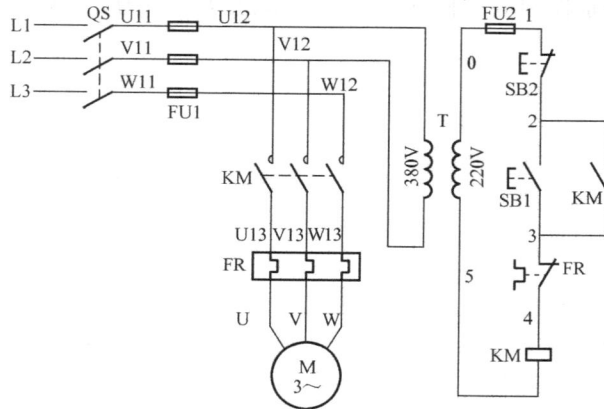

图6-53 三相异步电动机正转控制电路

（二）实验步骤

（1）熟悉、检查电器元件。查看本次实验各电器元件，并将其型号规格等填入表6-13中。

表6-13　　　　　　　　　　　　　　电器元件的型号规格

名　称	文字符号	型号规格	数　量	用　途
异步电动机				
接触器				
热继电器				
熔断器				
按钮				
刀开关				
变压器				

　　检查各电器元件的质量，用万用表的欧姆档检测各电器的动合、动断触点的通断情况及熔断器、空气开关的通断情况。

　　（2）按图接线。按图6-53接线，从刀开关的下端开始自上而下地接线，先接主电路，后接控制电路；先串联，后并联；先控制点，后保护点的接线规律连线，最后接电源进线。

　　（3）检查电路。接线完成后，仔细检查电路有无漏接、短接、错接及接线端的接触是否良好。检查主电路，断开FU2切除控制电路，用万用表欧姆档对各接点作通断检查。检查控制电路，断开FU1，接通FU2，用万用表欧姆档对各接点作通断检查。

　　自检无误后，清理线头杂物，把主令开关安放在便于操作的位置上，查看三相电源电压是否正常。经指导教师检查后，再接通电源。

　　（4）通电实验。

　　1）电动机正转起动、停止控制。合上电源开关QS，接通电源，按下按钮SB1，观察接触器 KM 动作情况及电动机运行情况。放开按钮 SB1，接触器 KM 的动合触点闭合进行"自保"，电动机仍继续运转。按下停止按钮 SB2，接触器 KM 失电，电动机停转。反复操作 SB1、SB2，观察电路的工作情况。

2）热继电器的触点动作对电路的影响。可用手动断开热继电器 FR 的动断触点，观察电动机停转情况。

3）故障的分析及排除。实验过程中若出现异常现象，应立即切断电源，并记录下故障现象。分析并排除故障，再通电实验（也可由指导教师人为设置故障点）。

4）结束实验。实验完成后，先切断电源，再拆线并清点整理电器元件和实验器材。

（三）注意事项

（1）把电路接好后，先进行自检，经指导教师检查正确后，再通电实验。

（2）实验中如发现有接触器振动、有噪声、主触头燃弧严重、电动机不能正常起动等异常现象，应立即切断电源，分析原因，排除故障后再通电实验。

（3）热继电器安装时应使盖板向上以便散热，确保在工作时使其保护特性符合要求。

四、成绩评定（见表 6-14）

表 6-14   成 绩 评 定 标 准

序号	技 术 要 求		配分	得分
1	器件选择	选择错误一个器件，扣 2 分	10	
2	整体工艺	器件布局合理性，酌情扣 2~5 分	20	
3		走线美观性，酌情扣 2~5 分		
4		接线牢固，否则每处扣 1 分		
5		线路交叉，每个交叉点扣 2 分		
6	正确性	触点使用正确性，错误每处扣 5 分	60	
7		接线柱压线合理，错误每处扣 1 分		
8		接线方式正确性，错误每处扣 5 分		
9		完成的功能正确性，否则酌情扣 5~10 分		
10	文明生产	听从指导教师指挥，否则酌情扣 2~3 分	10	
11		材料节约，施工清洁，否则酌情扣 3~4 分		
12		安全文明，否则酌情扣 1~2 分		
合计得分				

6.4.2 自动延时往返控制电路

一、训练内容

（1）熟悉控制电路中各电器元件结构、型号规格、工作原理、使用方法及其在电路中所起的作用。

（2）熟悉三相异步电动机自动延时往返控制电路的工作原理。

（3）掌握三相异步自动机自动延时往返控制电路安装接线的步骤、方法、调试及排除故障的方法。

二、器材准备

代　号	名　　称	数　量	备　注
QS	刀开关	1	
FU1	螺旋式熔断器	3	装熔芯 3A
FU2	直插式熔断器	1	装熔芯 2A
KM	交流接触器	2	线圈 AC220V
FR	热继电器	1	
T	控制变压器	1	
SB	按钮开关	3	
SQ	行程开关	4	
KT	时间继电器	2	
M	三相笼型异步电动机	1	380V/△

三、训练要求

（一）电气原理图（见图 6 - 54）

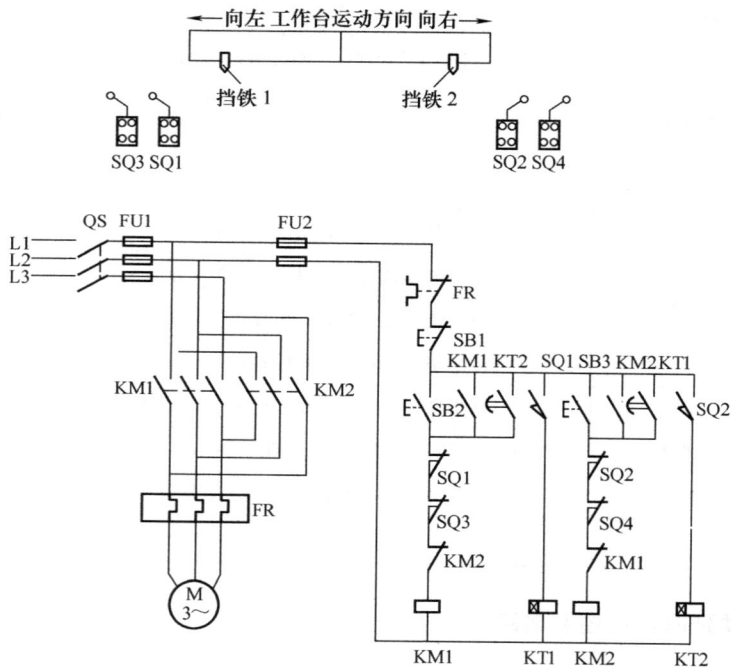

图 6 - 54　三相异步电动机自延时往返控制电路

（二）实验步骤

（1）熟悉、检查电器元件。查看本次实验各电器元件，并将其型号规格等填入表 6 - 15 中。

表 6 - 15　　　　　　　　　　　　　　实验一电器元件的型号规格

名　称	文字符号	型号规格	数　量	用　途
异步电动机				
接触器				
热继电器				
熔断器				
按钮				
刀开关				
变压器				
行程开关				
时间继电器				

检查各电器元件的质量，用万用表的欧姆档检测各电器的动合、动断触点的通断情况及熔断器、刀开关的通断情况。

（2）按图接线。按图 6 - 54 接线，从刀开关的下端开始自上而下地接线，先接主电路，后接控制电路；先串联，后并联；先控制点，后保护点的接线规律连线，最后接电源进线。

（3）检查电路。接线完成后，仔细检查电路有无漏接、短接、错接及接线端的接触是否良好。检查主电路，断开 FU2 切除控制电路，用万用表欧姆档对各接点作通断检查。检查控制电路，断开 FU1，接通 FU2，用万用表欧姆档对各接点作通断检查。

自检无误后，清理线头杂物，把主令开关安放在便于操作的位置上，查看三相电源电压是否正常，经指导教师检查后，再接通电源。

（4）通电实验。

1）电动机正转起动、停止控制。合上电源开关 QS，接通电源，按下正向起动按钮 SB2，接触器 KM1 通电自锁，电动机正向旋转，拖动工作台向左移动；当运动加工到位时，挡铁 1 压下行程开关 SQ1，使 SQ1 动断触点断开，接触器 KM1 线圈断电释放，电动机 M 停转。同时 SQ1 动合触点闭合开，时间继电器 KT1 线圈得电延时，经过 5s KT1 延时闭合的动合触点闭合，接触器 KM2 动作，电动机 M 反向旋转，拖动工作台向右移动，如此循环往复。按下停止按钮 SB1，接触器 KM1、KM2 线圈断电释放，电动机 M 停转。

2）电动机反转起动、停止控制。合上电源开关 QS，接通电源，按下反向起动按钮 SB3，接触器 KM2 通电自锁，电动机反向旋转，拖动工作台向右移动；当运动加工到位时，挡铁 1 压下行程开关 SQ2，使 SQ2 动断触点断开，接触器 KM2 线圈断电释放，电动机 M 停转。同时 SQ2 动合触点闭合开，时间继电器 KT2 线圈得电延时，经过 5s KT2 延时闭合的动合触点闭合，接触器 KM1 动作，电动机 M 正向旋转，拖动工作台向左移动，如此循环往复。按下停止按钮 SB1，接触器 KM1、KM2 线圈断电释放，电动机 M 停转。

3）限位开关 SQ3、SQ4 的作用。

4）热继电器的触点动作对电路的影响。可用手动断开热继电器 FR 的动断触点，观察电动机停转情况。

5）故障的分析及排除。实验过程中若出现异常现象，应立即切断电源，并记录下故障现象。分析并排除故障，再通电实验（也可由指导教师人为设置故障点）。

6）结束实验。实验完成后，先切断电源，再拆线并清点整理电器元件和实验器材。

（三）注意事项

（1）把电路接好后，先进行自检，经老师检查正确后，再通电实验。

（2）实验中如发现有接触器振动、有噪声、主触头燃弧严重、电动机不能正常起动等异常现象应立即切断电源，分析原因，排除故障后再通电实验。

（3）热继电器安装时应使盖板向上以便散热，确保在工作时使其保护特性符合要求。

四、成绩评定（见表 6-16）

表 6-16　　　　　　　　　　　成 绩 评 定 标 准

序号	技 术 要 求		配分	得分
1	器件选择	选择错误一个器件，扣 2 分	10	
2	整体工艺	器件布局合理性，酌情扣 2~5 分	20	
3		走线美观性，酌情扣 2~5 分		
4		接线牢固，否则每处扣 1 分		
5		线路交叉，每个交叉点扣 2 分		
6	正确性	触点使用正确性，错误每处扣 5 分	60	
7		接线柱压线合理，错误每处扣 1 分		
8		接线方式正确性，错误每处扣 5 分		
9		完成的功能正确性，否则酌情扣 5~10 分		
10	文明生产	听从指导教师指挥，否则酌情扣 2~3 分	10	
11		材料节约，施工清洁，否则酌情扣 3~4 分		
12		安全文明，否则酌情扣 1~2 分		
合计得分				

思 考 题

6-1　什么是低压电器？其在电路中有何作用？

6-2　简述交流接触器的工作原理。分析交流接触器铁芯上的短路环起什么作用。

6-3　分别叙述热继电器与熔断器的工作原理和在电路中的作用。它们是否能相互替代？为什么？

6-4　接触器与电磁式继电器有何相同与不同之处？

6-5　时间继电器与中间继电器在电路中各起什么作用？

6-6　画出时间继电器的线圈及触点的图形符号，并注明其所含意义。

6-7　行程开关与接近开关的作用什么？它们有什么区别？

6-8　什么是直接起动？采取直接起动方法应考虑哪些因素？

6-9　举例说明什么是自锁控制。接触器自锁线路为什么具有欠压和失压保护功能？

6-10　什么是互锁控制？在电动机的正反转控制线路中，为什么必须要有互锁控制？

6-11　什么是降压起动？有哪几种常用降压起动方法？

6-12　异步电动机的电气制动方法有哪几种？其制动原理是什么？

6-13　画出两地控制同一台电动机的起停控制电路，要求有短路及过载保护。

6-14　画出两台三相交流异步电动机的顺序控制电路，要求其中一台电动机 M1 起动后另一台电动机 M2 才起动，M2 停止后 M1 才能停止。

参 考 文 献

[1] 仇超. 电工实训. 北京：北京理工大学出版社，2008.

[2] 杨利军. 电工技能训练. 北京：机械工业出版社，2005.

[3] 常文平. 电工实习指导. 北京：机械工业出版社，2006.

[4] 韩钢. 电机检修实训教程. 北京：中国电力出版社，2009.

[5] 唐继跃. 电气设备检修技能训练. 北京：中国电力出版社，2007.

[6] 王文槿. 电工技术. 北京：高等教育出版社，2005.

[7] 商福恭. 电工基本操作技巧. 北京：中国电力出版社，2006.

[8] 周治鹏. 电气设备安装、使用与维修问答. 北京：机械工业出版社，2001.

[9] 金续曾. 三相异步电动机使用与维修. 北京：中国电力出版社，2003.

[10] 金续曾. 单相电动机使用与维修. 北京：中国电力出版社，2003.

[11] 金续曾. 电动机常见故障修理. 北京：中国电力出版社，2003.

[12] 何报杏. 怎样维修电动机. 北京：金盾出版社，2002.